テクノロジーの日常化を考える

ケータイのある風景

松田美佐・岡部大介・伊藤瑞子 編
M.Matsuda D.Okabe M.Ito

Mobile Phones in Japanese Life
Personal, Portable, Pedestrian

北大路書房

PERSONAL, PORTABLE, PEDESTRIAN : Mobile Phones in Japanese Life edited by Mizuko Ito, Daisuke Okabe, and Misa Matsuda
Copyright © 2005 Massachusetts Institute of Technology

This translation published by arrangement with The MIT Press through The English Agency (Japan) Ltd.

日本語版によせて

　本書は M. Ito, D. Okabe and M. Matsuda (eds.) 2005 *Personal, Portable, Pedestrian : Mobile Phones in Japanese Life.* MIT Press の日本語版である。ただし，原著にあるいくつかの章は本書には収録しておらず（伊藤による Introduction，小檜山賢二による3章，松田による6章，宮木由貴子による14章：いずれも原著の章立て），また収録した各章も執筆者の判断で，オリジナルのほぼ翻訳となっているものもあれば（序文，1章，2章，4章，5章，8章），その後の状況の変化を加えて大幅に加筆修正したものある（序章，6章，7章，9章，10章）。さらには，新たに書き起こした章もあるため（3章，11章），翻訳書であるというよりも，原著を下敷きにした新しい本ととらえていただきたい。

　原著の *Personal, Portable, Pedestrian* は，日本のケータイ研究の進展と多様性を，英語で発表することで，日本語を解さない人びとに広く知らせることを目的としたものである。その Introduction で伊藤が述べているように，1999年のiモードの登場とその「成功」以降，日本のケータイ事情は諸外国から注目されてきた。しかし，日本から発信されるケータイ事情のほとんどは，ビジネスとしての成功談か，アニメやビデオゲームなど日本発のテクノカルチャーの文脈で語られるものであった。しかし，社会文化的状況を踏まえたケータイ研究は，他の国々や地域と比較しても，日本では早くから盛んであり，その成果を早急に英語で発表する必要があると考えたのである。

　幸いなことに出版後すぐに Wired News が取り上げたほか，数多くの好意的な反応を受け取ることができた。また，New Media and Society 誌などの学術雑誌でも紹介され，既に再版されただけでなく，ペーパーバックでも出版された。原著は，今日の日本社会と切り離すことのできないケータイについての新たな理解につながったものと確信している。

　さて，私たち編者は，原著の編集作業が終わるとすぐに，日本語での翻訳出版を企画し始めた。もっとも，英語での出版企画が始まったのは2002年のことであり，大半の章は日本語で執筆したものを英語に翻訳する形をとったため，出版までかなりの時間を費やした。このため，今回の日本語版の企画にあたって，いくつかの章を追加し，ケータイをめぐる急速な技術的変化を視野に入れた構成をとった。しかしながら，私たちは，あえて「最新のケータイをめぐる研究」の論文集を目指さなかった。

　なぜならば，日本語版である本著の上梓には，次のような意義が考えられるからだ。

　第一の意義は，日本においてケータイをめぐる状況が「落ち着いてきた」ことに関

わる。数年前からケータイ市場が飽和化し、非接触 IC カード機能の搭載やワンセグ放送など新しい技術の導入もあるものの、人びとのケータイ利用自体は成熟化してきた。ケータイの存在や利用は「あたりまえ」となり、ごく自然に人びとに利用されるようになっている。このような状況において必要なのは、いたずらに「新機能」に焦点を当てた「最新のケータイ」をめぐる研究ではなく、社会に埋め込まれたケータイと私たちの関係性を慎重にとらえる研究であろう。本書に収録した論文はいずれも、このような視点から執筆されている。

第二の意義は、第一点目と関係するのだが、「ケータイがある社会」の成熟化にともない、ここ 1、2 年にケータイ研究が多様化していることに関わる。たとえば、山崎敬一編『モバイルコミュニケーション』（大修館書店、2006年）はケータイの通話やメールの会話分析であり、また、日本記号学会編『ケータイ研究の最前線』（慶應義塾大学出版会、2005年）には、考古学、認知科学、マクルーハン理論などさまざまな領域からのケータイ研究が集められている。このようなケータイをめぐる「最新の研究」の中に、本書をあらためて日本語で位置づけることにより——本書収録のいくつかの章自体、従来のケータイ研究とは異なったアプローチをとっているが——、ケータイ研究がさらに豊潤化するよう刺激したいと考えている。

第三の意義は、英語で出版した原著を、日本の読者——特に、ケータイの最も熱心な利用者であり、ケータイ研究にも関心が高い大学生を中心とした若年層に、入手しやすい文献とすることである。収録した論文の多くは、若年層とケータイの関係性を取り上げたものであるだけに、彼ら／彼女らに読んでいただければ、必ずやその問題関心を深める契機になると思われる。

執筆者のみなさんにはお忙しい中、かなりタイトなスケジュールで翻訳とリライトをお願いした。編者らの無理な申し出に対して、ご協力をいただき感謝している。また、最後になるが、メールでの突然のお願いにもかかわらず、出版の機会を与えていただいた北大路書房と編集部の奥野浩之さん、木村健さんに心から感謝したい。

2006年 8 月

編者一同

目　次

序文　ケータイをめぐる言説　*1*
- 1節　はじめに　*1*
  - 移動電話ではなくケータイ　*2*
- 2節　ビジネスマンの道具から若者のメディアへ　*3*
  - 1　「かっこ悪い」ケータイ　*3*
  - 2　公共空間におけるケータイ　*5*
- 3節　モラル・パニック　*7*
  - 1　コギャルとジベタリアン　*7*
  - 2　匿名の人間関係とメディア：ベル友から出会い系へ　*9*
- 4節　ケータイと人間関係の変容　*9*
  - 1　ポケベルと若者の新しい"やさしさ"　*10*
  - 2　選択的人間関係とフルタイム・インティメイト・コミュニティ　*11*
  - 3　ケータイの影響と利用者特性　*13*
  - 4　ケータイと家族，ジェンダー　*14*
- 5節　iモードの「成功」とテクノ・ナショナリズム　*15*
  - 1　「IT革命」と「デジタル・デバイド」　*15*
  - 2　テクノ・ナショナリズム　*16*
  - 3　ケータイ・メールとケータイ・インターネットの利用実態　*18*
  - 4　ケータイ「拒否」から「有効活用」へ　*20*
- 6節　結論　*22*

序章　ケータイの生成と若者文化
　　　―パーソナル化とケータイ・インターネットの展開―　*25*
- 1節　はじめに　*25*
- 2節　パーソナル化　*26*
- 3節　マルチメディアとしてのケータイ・インターネット　*31*
  - 1　文字メッセージ　*33*
  - 2　着メロ　*39*
  - 3　モバイル・カメラ　*40*
- 4節　移動メディアの社会的構成　*43*

第1部　文化と想像

1章　反ユビキタス的「テリトリー・マシン」
　　　―「ポケベル少女革命」から「ケータイ美学」にいたる「第三期パラダイム」―　*47*
- 1節　異文化現象の総体をつらぬく「パラダイム」　*47*
- 2節　「ながらメール」，二宮金次郎，ミニスカート　*50*

3節　ケータイの嗜好品化と，「ケータイ美学」の可能性　*59*
4節　反ユビキタス的「テリトリー・マシン（居場所機械）」　*62*

2章　日本の若者におけるケータイをめぐる想像力　*71*
1節　はじめに：ケータイの先駆的利用者モデルとしての若者　*71*
2節　「二世界問題」という分析フレーム　*72*
3節　「ケータイをめぐる物語制作」という教育プログラム　*74*
4節　物語のパターン　*76*
  1　「ケータイ外し」物語と対面神話：二世界（対面 対 メディア）のコントラスト化した作品　*76*
  2　「出会い」物語＝新しい縁が生まれる：会ったら知り合いだったという逆転劇　*80*
  3　その他の物語　*82*
  4　補足：2004年度と2005年度の物語　*82*
5節　欠落の彼方へ：道具としてのメディアと心のためのメディア　*83*

3章　「ケータイを調査する」から「ケータイで調査する」へ　*87*
1節　ケータイによる生活スタイルの変容　*87*
2節　ケータイにできること　*88*
  1　写真を撮る　*88*
  2　数える　*89*
  3　位置を知る　*90*
  4　歩数を記録する　*91*
  5　音を採集する　*92*
  6　データを収集・蓄積する　*92*
3節　ケータイがひらく新しい社会調査　*93*
  1　調査に関わるコスト感覚の変容　*94*
  2　プロセスとしての調査　*94*
  3　自発的・不可避的なデータの蓄積　*95*
4節　モバイルリサーチの可能性　*95*

第2部　ソーシャル・ネットワークと社会関係

4章　モバイル化する日本人
　　―パソコンとケータイからのインターネット利用が社会的ネットワークに及ぼす影響―　*99*
1節　日本でのインターネット利用　*99*
2節　固定したコミュニティからネットワーク化したコミュニティへの変化　*100*
3節　日本と世界のケータイ文化－若者を中心に　*101*
4節　山梨県におけるインターネット利用状況　*102*
  1　年齢，性別とケータイやパソコンの使用　*103*

2　ケータイ・メールの達人　*105*
　　3　ケータイ・メールおよび PC メールによる社会的ネットワークとのつながり　*105*
　5節　強いつながりの人々・弱いつながりの人々との通信　*108*
　　1　サポートを提供してくれる紐帯数　*108*
　　2　社会的ネットワークの多様性　*110*
　　3　社会的ネットワークの規模　*110*
　　4　ケータイ・メールおよび PC メールの両方を利用している人々の社会的ネットワーク　*111*
　6節　結論　*114*
　　1　調査結果からみえてきたこと　*114*
　　2　日本：モバイル化された社会　*115*
　　3　ネットワークでつながれた個人主義への道　*116*

5章　高速化する再帰性　*121*

　1節　はじめに　*121*
　2節　「出会い」という文化　*122*
　3節　調査方法　*124*
　　1　インタビュー調査　*124*
　　2　量的調査　*125*
　4節　利用状況　*125*
　5節　出会い文化の変容　*128*
　6節　他者の選択可能性と存在論的不安　*131*
　7節　自己の代替可能性の増大　*133*
　8節　テレ・コクーン　*135*
　9節　考察　*135*
　10節　結語　*137*

6章　ケータイとインティメイト・ストレンジャー　*140*

　1節　「匿名性」について　*140*
　　1　シュッツの匿名性　*141*
　　2　インターネット社会における「匿名性」　*143*
　2節　社交性について　*147*
　3節　親密性の変容　*148*
　4節　インティメイト・ストレンジャー　*149*
　5節　音声サービスとインティメイト・ストレンジャーの起源　*151*
　　1　テレクラ：新しい電話ナンパ　*151*
　　2　伝言ナンパダイヤル　*151*
　　3　社会問題になったダイヤル Q^2　*152*
　　4　第二次テレクラブーム　*152*
　　5　新しい友だち「ベル友」　*154*
　6節　ネット恋愛と出会い系サイト　*154*

        1　パソコン通信と「パソ婚」　*154*
        2　恋するネット　*155*
        3　ケータイの出会い系サイト　*156*
    7節　ケータイ・ネットワーク：オンライン・コミュニティからパーソナル・ネットワークへ　*157*
        1　オンライン・コミュニティと PC インターネット　*158*
        2　ケータイによるパーソナル・ネットワーク　*160*
    8節　「嵐の夜」から「吹雪の明日」へ　*162*

第3部　実践と場所

7章　ネゴシエーションの場としての電車内空間　*167*
    1節　日本の電車とケータイ　*167*
    2節　公共空間とケータイ　*168*
    3節　電車内ケータイ利用フィールドワークの方法　*169*
    4節　電車内ケータイ利用規範　*169*
    5節　電車内フィールドワーク：関与と関与シールド　*170*
    6節　電車内のケータイマナーに関する歴史的変遷　*174*
        1　技術の社会的構成　*174*
        2　社会的アクターとしてのビジネスユーザー　*175*
        3　論争の勃興　*176*
        4　新たな社会的アクターとしての若者：論争からコンセンサスへ　*177*
        5　新たな社会的アクターとしてペースメーカー利用者　*177*
    7節　まとめ：ネゴシエーションの場としての公共空間　*179*

8章　家庭・主婦・ケータイ
　　　　　―ケータイのジェンダー的利用―　*181*
    1節　はじめに　*181*
    2節　テクノロジーと家庭，テクノロジーと主婦　*182*
    3節　主婦の活動の流動性とケータイの可動性　*185*
    4節　家族関係のマネージメント　*189*
    5節　ケータイへの所有の感覚　*192*
    6節　社会技術的存在としての「主婦」　*195*

9章　修理技術者たちのワークプレイスを可視化するケータイ・テクノロジーとそのデザイン　*200*
    1節　観点と目的　*200*
    2節　ワークプレイスにおけるケータイ利用のエスノグラフィー　*203*
    3節　エリアを可視化するテクノロジーとしてのケータイ　*205*
        1　エリアの生態系　*205*

2　エリアを可視化するテクノロジー　*207*
　4節　センターとフィールドの関係の再編　*211*
　　1　修理活動のネットワークの再編　*211*
　　2　派遣の権限と緊張関係の再編　*212*
　　3　組織構造の再編　*213*
　5節　デザイン・プロセス：デザイン・ネットワークの構築　*214*
　　1　活動のネットワークの理解と再編　*215*
　　2　ユーザー・コミュニティとのリンク　*216*
　　3　ネットワーク・インフラのコミュニティとの同盟関係の構築　*217*
　6節　ワークプレイスにおけるケータイ・テクノロジーの意味の再考　*218*

10章　テクノソーシャルな状況
　　　　　――ケータイ・メールによる場の構築――　*221*
　1節　はじめに　*221*
　2節　方法論的／概念的枠組み　*222*
　　1　調査概要　*222*
　　2　テクノソーシャルな状況／場　*223*
　3節　ケータイ・メールと若者　*225*
　　1　メールチャット　*226*
　　2　バーチャルな場の共有感　*228*
　　3　「集まり」の拡張　*231*
　4節　テクノソーシャルな状況から，テクノソーシャルな秩序へ　*236*

11章　カメラ付きケータイ利用のエスノグラフィー　*238*
　1節　はじめに　*238*
　2節　コミュニケーションダイアリーを用いたデータ収集　*240*
　3節　カメラ付きケータイ利用パターン　*240*
　　1　パーソナル・アーカイビング　*240*
　　2　親しい人どうしのヴィジュアル・シェアリング　*242*
　　3　仲間どうしのニュース・シェアリング　*244*
　4節　まとめ　*245*

文　献　*247*
事項索引　*261*
人名索引　*263*
執筆者一覧
編者紹介

序文
ケータイをめぐる言説

松田美佐

1節　はじめに

　今日の日本社会において移動電話(モバイルフォン)，いやケータイは欠かせない存在となっている。ついそこまで出かけただけでも，ケータイを使っている人を目にする。コンビニの前で若者が，公園で子どもを遊ばせている母親が，時には自転車に乗っている人までもが，手の中の小さな端末を食い入るように見つめている。今日ではごくありふれた光景だが，わずか10年ほど前にはけっして見られなかったものだ。

　現在，日本の携帯電話加入数は9700万を超え，その他にPHSが500万（2007年4月末）。1人が1台持っていると仮定すると，80％を超える普及率となっている（ちなみに，10数年前の1994年3月時点での携帯電話加入数は213万台であった）。普及率自体は諸外国と比べてさほど目立つものではないものの，さまざまな年齢層への浸透やモバイル・インターネットの高い普及率など，「ケータイと日本社会」は特筆すべき特徴をもっている。

　本書の各章は，今日の日本社会からは切り離すことのできないケータイと人びととの具体的な関わりやより一般的な言説を分析・検討することで，日本社会についてはもちろん，技術と社会の関係性一般をも考察するものである。これらの論文の背景を示すために，序文である本章では日本社会におけるケータイをめぐる言説の推移と社会学的な研究の動向を概観する。後で示すとおり，1990年代半ば以降，ケータイをめぐる現象は「若者の問題」として語られてきた。もっとも，最初に携帯電話を採用したのは，エグゼクティブであり，次に使用を始めた（始めさせられた）のは，ビジネスマン（ウーマン＝女性は除く）であった。彼らがケータイの使用をやめたわけではない。それ以上に，若者の間でのケータイの爆発的な普及とその利用が，社会的な注目を集め，研究者たちの関心を引いたのだ。

以下，はじめにビジネスマンの道具として導入されたケータイが若者メディアへと変貌をとげる過程を追う。ここで中心となるのは，初期のケータイ・イメージである「かっこわるさ」と公共空間でのケータイ・マナー問題である。次に，ケータイが「若者の問題」へと構築されていくなかでみられたモラル・パニックについて，その中心的アクターとされたコギャルやジベタリアンなどを紹介しながら，議論する。ついで，若者のメディアとなったケータイについて，それが若者の人間関係に与える影響を研究者がどのようにとらえてきたのかを検討する。最後に，ケータイ・インターネットの普及以降，一転したケータイ・イメージについて，テクノ・ナショナリズムとの関係で議論したうえで，ケータイ研究の広がりを概観する。

移動電話(モバイルフォン)ではなくケータイ

その前に，なぜ「ケータイ」という表記をとるのか，簡単に説明をしておきたい。携帯電話(セルラーフォン)や移動電話(モバイルフォン)ではなく，なぜケータイなのか。

本書に寄稿している富田英典，藤本憲一，岡田朋之と筆者は，1995年にケータイ研究を始め，その成果は1997年の『ポケベル・ケータイ主義！』，2002年の『ケータイ学入門』などにまとめられている。このグループは当初から，研究対象である携帯電話とPHSをあわせてケータイと表記してきた。その1つの理由は，既に携帯電話が日常会話のなかでケータイと省略されてよばれていたことにある。と同時に，あるいはそれ以上に，そのような選択をとったのは，日常語であるケータイを採用することで，「外部から導入される新しいテクノロジー／メディア」としてではなく，「社会に埋め込まれる／埋め込まれたテクノロジー／メディア」として，携帯電話やPHSとそれらをめぐる現象を考察することを明確にするためであったのだ。

すなわち，携帯電話(セルラーフォン)や移動電話(モバイルフォン)，モバイル・コミュニケーション・メディアではなく，ケータイを研究することとは，他ではない「日本」という1つの社会に埋め込まれたメディアを考察することであり，ひいてはケータイのある「日本」という社会を検討することである。ただし，これはケータイをめぐる現象が，日本文化「固有」の問題であるという立場をとるからではない。既に，伊藤が述べているように (Ito, 2005b)，テクノロジーと社会，あるいは文化を切り離して議論する立場を批判し，両者の不可分性を強調するがゆえである。だから，ケータイをめぐる諸現象からみえてくるのは，移動電話(モバイルフォン)の遍在／偏在する現代社会でもある。

さて，ケータイという言葉の成り立ちを考えると興味深いこともみえてくる。日本語での「携帯電話」とは，「携帯」と「電話」という漢字2文字からなる単語を組み合わせた四字熟語である。相澤（2000）が指摘しているように，日本語では通常，複合熟語を省略する場合，それぞれの単語の頭の1字をとることが一般的である――この場合，「携帯」と「電話」のそれぞれを1文字とり「携電」となる。「携電」なら

ば,「携帯」と「電話」の両方の意味が残る。しかし,「携電」は一般化せず,ケータイが日常語となった。「電話」は消されたのだ。

　ケータイという呼称の普及は,その後の移動電話(モバイルフォン)の発展を暗示していたかのようである。多くが認めるように,電子メールやインターネット,カメラなどの機能を備えた今日の移動電話(モバイルフォン)は,電話であって既に「ただの電話」——声による1対1のコミュニケーション・メディア——ではない(カメラ付きケータイの利用については,3章と11章を参照)。特に,若者の間では,ケータイとは電話ではなく,第一に「メール機」である。また,実際,携帯電話とPHSは特に区別されることなく,ケータイとまとめてよばれることが多い。区別する必要があるときのみ,PHSが「PHS」,あるいは「ピッチ」(若者の間で)と有標化されるのである[i]。

　いずれにせよ,ケータイこそが今日の日本における移動電話(モバイルフォン)の考察において最適な呼称である。よって,本書でも基本的には,携帯電話とPHSをさして,ケータイとし,特に区別が必要な時にのみ携帯電話とPHSという用語を使うこととする。

2節　ビジネスマンの道具から若者のメディアへ

　日本では1979年に自動車電話が,続いて,車外に持ち出すことのできるショルダー・フォンが1985年に,そして,1987年に携帯電話サービスが開始された。しかし,利用者は順調に増えたのではなく,普及が本格化するのは1993年に入ってからである(序章を参照)。普及が進まなかった理由はいくつか考えられるが,最も大きいのは料金の問題であろう[ii]。たとえば,契約時に限っても,新規加入料が5万円弱(94年に36000円に値下げ),加えて保証金10万円(93年9月末に廃止)が必要であり,利用者は携帯電話利用が仕事上で必要な男性が中心であった(中村,1996a；松田,1996a)。

1　「かっこ悪い」ケータイ

　この時期,ケータイとその利用者は,どのようなイメージでとらえられていたのであろうか。ケータイを中心的に取り上げた社会学的分析の最も初期のものの1つが川浦(1992)である。川浦はケータイをめぐるトラブルを新聞記事や投書から引用し,「場所」から自由になるというケータイのメディア特性との関係で論じている。具体的に取り上げられているのは,運転中の通話の危険性と電車など公共空間でのマナーについてであるが,引用されている記事には,現在からみると興味深いものがいくつも見受けられる。

　その1つは,携帯利用者へ向けられていた負の符帳だ。

ある女性雑誌は,「こんな男は大きらい！」を特集するなかで,「携帯デンワを持っている男」を巻頭ページにかかげるほどである。
　「ほんとは全然,忙しくないもんだから,持っていても鳴る気配がない。自分でかけるだけでしかもたいした用事じゃないの。"ゴクロウさん"って感じよね」。隣のカットには,「ヒマさえあればケータイデンワで『なんかデンワ入ってない』と聞いている」とまで書かれている（クリーク,91年5月20日号）。

(川浦,1992, p.307)[iii]

　時期的には少し後になるものの,エッセイストの酒井（1995）は,「ケータイ嫌いの独白」というエッセイのなかで,ケータイが「下品」なのは,「派手な外見をしているギャル,突然金回りが良くなった人,社会的に『軽い』といわれがちな仕事をしている人が持つケータイがやたらと目立つ」だけではなく,ケータイを持つこと自体が「"アタシはいつでもどこでも他人と連絡を取りたいし,連絡がほしいの"という,一種の焦りのような意志を持っているという事実」を他人にさらけ出すからだと述べている。
　このようなケータイ利用者に向けられていたマイナスのイメージは,その後の爆発的な普及をみると,川浦（1992）が述べていたように,単に「持っていない者のひがみ」であったのかもしれない。しかし,たとえそうであったにせよ,当初,高価であるためにステータス・シンボルとして機能していたケータイは,多少普及が進んだ90年代前半には「格好の悪いもの」「下品なもの」という位置づけを与えられるようになっていた。91年にバブルは崩壊したものの,「突然金回りが良くなった人」も目立つ時期であったからかもしれない。他人の前でのケータイ利用は,「金を持っている私」「忙しい私」「他人から必要とされる私」を見せびらかす道具として嫌われたのである。
　そして,このころ,ケータイの利用者自身もケータイに対して,あまりよいイメージをもっていなかった。利用者の多くは仕事での利用が中心であり,ポケベルにかわる新たな「束縛のメディア」としてケータイを受け止めていたのである。コラムニストの綱島（1992）は週刊誌のコラムで,「トイレの中でまで使うなよな！」と,駅の公衆トイレの個室でケータイを使っている人をみかけたことにふれながら,「この忙しい日本,いつでもどこででも電話を受けられる態勢にしておかなければならない人,というのは必ずいるのだ」と,同情しながらその人に理解を示している。
　これらケータイのネガティブ・イメージは,90年代半ば以降,若者の間での爆発的な普及が始まると急速に変容する。ネガティブであることは変わらないが,その「質」が変容するのだ。この点については,若者とケータイについて取り上げるところで議論することとして,先にここで取り上げたいのは,普及初期から今日まで続いている公共空間でのケータイ利用にまつわる言説についてである。

2 公共空間におけるケータイ

　移動電話(モバイルフォン)は公私の区分を曖昧にするといわれる。日本では1990年代の初頭から「電車内での傍若無人な携帯電話利用」「マナー違反の大声での通話」といったかたちで，公共空間でのケータイ利用が問題視されるようになった。1990年3月からJR東海が新幹線の座席での携帯電話使用を控えるようにというアナウンスを始めたのをきっかけに，多くの公共交通機関が同様のアナウンスを開始する。そんな車内放送自体が耳障りだという意見も少なくなかったにもかかわらず。

　新聞への投書を整理した川浦（1992）は，公共空間でのケータイ利用の違和感は，1)物理的な騒音源（呼び出し音，音声），2)知りたくないことを知らされるというプライバシーの侵害，3)空間を共有しない相手との会話（という不気味さ），4)異質な空間の出現：公的空間の「私」化，場違いという印象といったあたりに原因があるとする。さらに，富田（1997c）はミルグラム（S. Milgram）の「不関与の規範（norms of noninvolvement）」の概念を軸に，次のように分析する。

> 　こちらは「聞こえぬ振り」をしてやっているのに，ケータイで話している本人は，そんな周りの配慮を全く気にせず話しているように見える。周りが「聞こえぬ振り」をしているのだから，そちらは「聞かれていない振り」をしてしかるべきである。（中略）ところが，ケータイの本人はそんなルールをまったく無視し，本当に無関心でいるかのように周りには映る。それゆえ車内の「不関与の規範」がかき乱されるのである。
> 　　　　　　　　　　　　　　　　　　　　　　　　　（富田，1997c，p.69）

　物理的な「音」が問題なのではない。むしろ，ケータイでの通話によって，都市空間の秩序が乱されることが問題なのである。ケータイは，「公共空間でのふるまい方」に関する暗黙の約束事を反故にするというのだ。

　当初，このような「約束違反」を行なうのは，初期採用者の中心，仕事上でケータイを必要とするビジネスマンであった。軋轢の舞台が，おもに新幹線のグリーン車，ホテル，ゴルフ場などであったことも，それを裏づけている。しかし，90年代半ば以降，若者の間でケータイが普及すると，マナー違反は「若者の問題」とされていく。その過渡期，翌月開始されるPHSを取り上げた新聞記事には，次のようなコメントが引用されている。

> 　PHSは割安なので，マナーにうとい若者が使う可能性が高い。電話公害が多発し，会話を聞かされたくない権利，嫌聞権を主張する人が現れるのではないか。
> 　　　　　　　　　　　　　　　　（『日本経済新聞』1995年6月17日夕刊7面）

後述するように，90年代半ばには，特に20代の若者を中心にケータイが爆発的に普及した。その普及を受けて，実際に「公共空間で若者がケータイを傍若無人に利用する」ことも多くなったであろう。しかし，現実化する前から，ケータイのマナー違反は「若者の問題」として構築されはじめていたのである。その理由については次節以降で取り上げることし，ここでは，「若者の問題」とされたマナー問題が，90年代後半どのような展開をみせたのか，続けることにしよう。

興味深いのは「電磁波問題」だ。マナー問題との関係で取り上げられたのは，ケータイの電磁波が心臓ペースメーカーを狂わせる恐れがあることである[iv]。そして，混雑した車内でのケータイの利用は，「他人に迷惑をかけない」というマナーの問題ではなく，「人命を危険にさらさない」という，より倫理的な問題とされ，公共空間でのケータイ利用はマナー問題からずれていく[v]。しかし，武田（2002）が正しく指摘しているように，ペースメーカー問題は「弱者救済」という建前で引き出されているのにすぎない。

このような言説の推移を受けて，公共交通機関はラッシュ時などでは「使用はご遠慮ください」（自粛）から「電源をお切りください」（禁止）の方向へと動くもの，ケータイの利用可能な車両と利用禁止の車両を設けて棲み分けを図るものなど，試行錯誤が重ねられている。

その「お陰」とでもいうべきか，近年，目につくようになったのは，「日本人の移動電話のマナーのよさ」である。仕事上，数多くの国に出かけることも多いモバイル・インターネットキャピタルの社長，西岡郁夫はウェブ上のコラムで，

> 世界のどこもが移動電話の利用に関して大いに寛大である。日本だけが例外的に厳しく制限されている。人口密度の高い日本の満員電車でみんながケータイを使い出すことを想像したら確かにマナー違反でしょうね。それが日本の実情だ。
>
> （西岡，2003）

と紹介する。

なお，マナー問題が関心を集めるにつれて，いくつかの実証的な研究もなされてきた。たとえば，石川（2000）は大学生を対象とした調査をもとに，電車内でのケータイ使用の違和感は，車内の共同性を破ることよりも，物理的なうるささが大きいとの調査結果を示している。あるいは，末増と城（2000）はパーソナル・スペースの観点から，周囲の物理的空間に対する意識がケータイ使用者では低いことが，不快感の原因の1つではないかとする。また，三上（2001）は質問紙調査をもとに，ケータイ利用マナーをめぐる意識や行動と一般的な公衆マナー意識に関連性があること，女性より男性が，年齢が高い人より若い人の方が，公衆マナーに対して「寛容」である傾向がみられるとしている。本書では，この問題について，7章で公共空間におけるケー

タイ利用の参与観察をもとに岡部と伊藤が議論している。

3節　モラル・パニック

　序章で詳しく紹介するように，ケータイより一足早く，会社からの呼び出し道具から個人のコミュニケーション・ツールへと移行したのはポケベルであり，次にPHSであった。若者の間にこれらのテクノロジーが広がるにつれて，ある種のモラル・パニック（Moral panic）（Cohen, 1972）が現われた。それは，電話利用をめぐる「常識」のずれが原因である。「電話というものは本来，用件があってするものだ」という旧来の「常識」からすると，仕事上の必要からのケータイ利用は理解できる。しかし，若者の利用は友だちと話すためだ。「単なる『おしゃべり』のために，ケータイを利用するとはけしからん！」といったある種の道徳的な反応が強かったのだ。
　さて，「若者とケータイ」は彼ら/彼女らの他者とのつきあい方との関連で「社会問題」として語られるようになる。ここでは，若者の人間関係に対する2種類の「社会問題」として整理しておこう。1つは，若者に他人との関わり合いの忌避傾向がみられることへの憂慮であり，もう1つは，若者が「匿名の人間関係」を構築していることへの違和感である。両者とも，その根底には「新しい」メディアによって，「伝統的」な人間関係が失われつつあることに対する懸念がある。

1　コギャルとジベタリアン

　ポケベルの最盛期の1996年頃，「今時の若者」としてマスコミでさかんに取り上げられたのがコギャルであり，それに少し遅れるものの，若者間でケータイの普及が進む1997〜98年頃に話題になったのが，ジベタリアンである。いずれも繁華街に集う若者をさしているが，大きな違いは，コギャルは文字通り少女のみであるが，ジベタリアンは男女を問わず使えるカテゴリーであることだ。コギャルの特徴とされたのは，茶髪の化粧，超ミニスカートにした制服にルーズソックスをはき，プリクラや撮りきりカメラで写真を数多くとり，ポケベルあるいはケータイを使って友だちと常に連絡をとり合っていることなどだ（1章を参照）。少女売春が「援助交際」と名前を変えたのも，このコギャルたちによってであるとされた。一方，ジベタリアンは名前の由来通り，歩道のへりや商店街の片隅などにしゃがんだり，座り込んだりしていることが特徴であった[vi]。特に何もすることなく，コミュニケーション・メディアを通じて社交生活を活発に繰り広げる都市を浮遊するコギャルや同年齢の男性を示すために採用されたのがこの言葉だ。
　そして，両者ともその「マナーの悪さ」が非難の的になった。「電車の中で化粧を

し，着替えをするコギャル」「路上に座り込むだけでなく，ものを飲み食いするジベタリアン」。従来の感覚に照らし合わせるならば，恥ずかしくてできないはずのことを「平気で」行なうコギャルやジベタリアンを「理解」するために，「公私の区別ができない若者」「仲間以外は目に入っていない若者」「公的な場所をプライベート空間にしてしまう若者」といった論評がなされた。

彼ら／彼女らのケータイ利用も同じ文脈で語られる。彼ら／彼女らが「用もないのに電車の中で話す」のは，仲間以外の「他人」に関心がないからだ。同時に，ケータイは，「離れた場所にいる相手とつながることによって，目の前の他人とのコミュニケーションの重要性を損なう」と批判される。はたして，ケータイが「目の前の他人」との関係性を損なうのか，それとも，「目の前の他人」との関係に関心がないから，彼ら／彼女らはケータイを使うのか。その因果関係はあまり問われることなく，コギャルやジベタリアンとケータイの親和性が強調され，そのうえで，こういった言説は，コギャルやジベタリアンに限らず，広く若者一般にあてはめられていった。

ここで主張したいのは，「本当は若者はマナーが悪くない」ということでも「ケータイ利用が若者の人間関係に影響を与えない」ということでもない。「本当のところ」がどうであれ，若者の「マナーの悪さ」と彼らの人間関係，そしてケータイ利用が直感的につなげられて「社会問題」として取り上げられてきたことに注目したいのだ。羽渕（2002b）が，モバイル・コミュニケーション研究会（2002）のデータでは，公的な空間でのケータイの通話利用者には特にきわだった属性要因がみあたらないこと，言い換えれば，特に若者がよく通話するわけではないことから主張するように，若者のケータイ・マナー問題とは，旧世代が「若者には"恥"がないことにしたいがためだけ」に提起された問題ともみえてくる。

いつの時代でも，若者の態度や行動，価値観は年長者からは，常識はずれなものとして，あるいは理解不能なものとしてとらえられてきた。日本では特に1980年代以降，その文脈に，「新しい」メディアが関連づけられてきた。たとえば，ウォークマンやファミコン，VCRなどが次々と登場し，普及した80年代，日本では「新人類」というよび名で当時の若者たちについて論議されたが，彼らの特徴の1つとして挙げられていたのが，このような当時最新のメディア機器を使いこなすことであった。そして，1980年代末には「オタク」が登場する。後日その意味も多様化するものの，当初，それは「メディア漬けの環境で育ったがゆえに，人とのコミュニケーションが苦手である」といったネガティブな若者像であった。このような展開を示してきた若者論とメディア論を論じた石田（1998）は，青年もメディアもある社会に対する「新しさ」という文脈のなかで論じられ，両者がお互いに対して説明の根拠となっているような事態があるとし，この関係性を「『青年論』と『メディア論』の不幸な結婚」とよんでいる。この「不幸な結婚」は，1990年代を通じて，ポケベル，ケータイと若者についても，もちろんあてはまっていたのだ[vii]。このような年長者の見方に対して，

若者たち自身はポケベルそしてケータイをどのように位置づけ，理解してきたのかについては本書の1章や2章をご覧いただきたい。

2　匿名の人間関係とメディア：ベル友から出会い系へ

　1990年代半ばの若者の間でのポケベルの流行とともに，マスコミの関心を集めたことの1つに，ベル友がある。ベル友とは，ポケベルでメッセージ交換を行なうだけの友だちをさすのであり，一度顔をあわせてしまえば，厳密にはベル友とはよべなくなる。ベル友と日に何十回とメッセージ交換をする若者がおり，なかには「(悩み事などを) 友だちには言えなくても，ベル友には言える」と考えている若者がいることなどが，驚きをもってマス・メディアで伝えられた。

　富田による6章で論じられているように，このベル友は突如現われたものではない。それ以前から，テレクラや伝言ダイヤルなどメディアを介して成立する匿名の人間関係は存在しており，若者の利用するメディアが，家庭の電話や公衆電話から，ポケベルへ，そして，ケータイやインターネットへと変わっていくにつれ，形を変えながら存在し続けているのである。そして現在，注目を集めているのは出会い系である。ここで指摘しておきたいのは，これらメディアが提供する匿名の人間関係が，常に否定的に語られてきたことだ。

　対面の関係を至上のものとする価値観からは，顔を合わせたことのないベル友に心を打ち明けることは「おかしなこと」と問題視される。しばしば，「対面のコミュニケーションが苦手である」がゆえに，メディアを介したコミュニケーションに「はまる」とされる。あるいは，傷つきたくないがゆえに，匿名の人間関係を選ぶとされる。この「対面神話」が，年長者だけでなく，当該の若者たちにも根強いことは，本書2章で加藤晴明が紹介しているとおりだ。では，出会い系に「はまる」若者と忌避する若者の違いはどこにあるのか。この点を検討しているのが羽渕による5章である。

　これら「匿名の人間関係」に否定的なイメージが強いのは，古くはテレクラ，現在では出会い系などをきっかけとした犯罪がいくつも報道され，その危険性が強調されてきたからだ。性風俗のイメージも強く，教育者や警察官向けの業界誌などでは，近年，問題行動・逸脱行動としての出会い系サイトの利用とその対策といったテーマが，さかんに論じられている。

4節　ケータイと人間関係の変容

　さて，「ポケベルと若者」「ケータイと若者」をめぐって，どのような研究がなされ

てきたのか[viii]。ケータイに対する研究者の関心は、若者の独自の利用方法にあった。たとえば、連絡をつけるための道具であったポケベルは、若者たちによって、双方向のコミュニケーション・メディアとなった。若者の利用がテクノロジーを変化させたのだ。いや、これこそがテクノロジーが社会に受容されていく過程であろう。テクノロジーが一方向的に社会を変えるわけでも、社会がテクノロジーを「便利な道具」としてそのまま受け入れていくのでもない。テクノロジーと社会の相互作用を目の当たりにできる事例として、ポケベル、そしてケータイをめぐる若者の利用が、研究者の関心を集めたのである。他にも、「ワン切り」や「ワンコ」(コール1回で切ること[ix])や松田(Matsuda, 2005)が紹介する「番通選択」など、若者独自の、あるいは若者が中心となっているケータイの使い方はいくつかある。

1 ポケベルと若者の新しい"やさしさ"

はじめに、精神科医の大平健の議論を紹介しておこう。大平(1995)は近年やさしさの意味に「ねじれ」が起こってきたと主張する。旧来の「やさしさ」とは、相手の気持ちを察し共感することで、お互いの関係を滑らかなものにすることであったのに対し、近年の若者にとっての"やさしさ"とは、「不用意に『親切そーなこと』をして」相手の気持ちに立ち入らないことである。そして、ポケベルとは「双方がコミュニケーションの第一歩を相手にゆだねてしまうことができる、いわば"受け身になるための道具"」(p.88)であるとしたうえで、かかってきたら応答せざるを得ない電話との対比で、ポケベルは新しい"やさしさ"に適合的な道具であると位置づけている。なぜなら、電話は直接相手を電話口に呼び出すために相手を「わずらわせる」が、ポケベルにメッセージを送っておけば相手に自分の都合にあわせて読んでもらえるからだ。それに、電源を切ったり、気がつかなかったと言い訳ができたりするので、持っている側も気楽であるというのだ。

最近の若者は、常に一緒に過ごす友人の数は多いが、議論や悩みごとの相談はせず、深入りしないようにつきあっているため、孤独感を感じている。

大平だけではない。1990年代前半から、マスコミでは、若者の人間関係について、このような言説が数多くみられるようになっていた。時を同じくして、若者の間に、まずはポケベル、続いてごく短期間のPHSの流行を経て、携帯電話が普及したため、若者の人間関係とモバイル・メディアは関連づけて取り上げられることが多くなったのだ[x]。いわく「ポケベルやケータイはいつでも電源を切ることができる。これは、人間関係の葛藤を避けようとする若者に適しているのだ」「若者の友人関係は、メディアを通じたコミュニケーションばかりで維持されており、表面的である」「孤独であるがゆえに、若者たちはケータイで常につながりを求めている」。

若者の間でポケベルが全盛期を迎えた1995～96年には、ベル友が数百人いる若者が

「発見」され，その人間関係の広さと浅さ，それゆえの孤独感が，「実例」としてマスコミでさかんに取り上げられた。しかも，そこでのやりとりは，何らかの必要性があってなされるものではない。「おはよう」「元気？」「がんばって」といった，気持ちをやりとりするだけの，あるいは，誰かと「つながっている」ことを確認するだけのものである。このことも，若者の孤独を裏づける「証拠」とされた。

このような状況に対して，中村（1996b）は大学生を対象とした質問紙調査をもとに，ポケベル利用者が表層的な人間関係をもっているとの見解やポケベルがそれを助長するとの見方を否定している。さらに，中村（1997）では，大学生に対するパネル調査により，ポケベルやPHS利用が若者の人間関係に与える影響を探り，

> ポケベルやPHSの利用者は活発に対面接触をとる傾向がある。しかし，概してそれらのメディアを利用することによる外出行動の変化はみられない。移動通信メディアの利用は日常生活における外出行動を増やしてはいないのだ。一方，移動体通信メディアは対面接触を活発化させる傾向がある（p.27）。

とポケベル利用が表層的な人間関係につながるとの見解を否定している。

一方，岡田（1997）はメディア論の観点から，ポケベルも利用される関係性しだいでは「暴力的なメディア」であり（たとえば，会社から持たされている場合），ポケベルそのものを"やさしい"とみなすことはできないと大平の議論を批判し，メディアが利用される「状況」に焦点を当てた研究の必要性を説く。その点，当時の若者たちが具体的にどのようにポケベルを利用していたかを詳述している高広（1997a，1997b）は興味深い[xi]。

2 選択的人間関係とフルタイム・インティメイト・コミュニティ

さて，1996年をピークにポケベルの加入者は減少し，若者たちのケータイ利用が増えていく。1995年からフィールドワークやインタビュー調査を中心にポケベルやPHS，携帯電話といったメディアを用いるモバイル・コミュニケーション研究を進めてきた富田，藤本，岡田，松田，羽渕は，1996年から1998年にかけて東京や大阪の繁華街で行なったインタビュー調査をまとめた論文（松田ら，1998）を出している。そのなかで，彼らは，若者が番号通知サービスを利用することで，人間関係を峻別，選択していく傾向が生じつつあることを指摘している（岡田・富田，1999も参照）。

ところで，「若者の人間関係希薄化」論に対して，橋元（1998）は，1970年以降総務庁やNHK放送文化研究所が行なってきた調査を経年比較し，少なくとも実証データからは否定されると主張した。さらに，総務庁が1996年に行なった調査を再分析し，ケータイやポケベルをふだん利用する人ほど，友人との深いつきあいを好み，交

友関係も広い傾向にあると述べた[xii]。

これらを受けて松田（1999a, 2000a）は「若者のケータイ利用の特徴」との兼ね合いで，彼らの友人関係を希薄化論ではなく，選択的関係論からとらえることを主張する。たとえば，「番通選択」という電話利用の新しい様態は，若者に多くみられる行為であるが，彼らはそうすることで，「広く浅い友人関係」を維持しているというより，「状況に応じた友人の選別」を行なっている。このため，その関係性は，必ずしも「浅い」ものではないというのである。そのうえで，このような関係性の増大は「若者」に限るものではなく，むしろ「日常的に接触可能な人口」の増加に起因する「都市的な問題」として考えられるとし，「ケータイを通じた若者の友人関係」は，「ケータイ」や「若者」という視座からだけではなく，「日常的に接触可能な人口」の増加という，より広い文脈に位置づけることで，社会的ネットワーク論や都市論などと結びつける契機を探った[xiii]。

同様に，辻大介（1999）も橋元（1998）をふまえて「希薄化論」を批判し，それに代えて，対人関係のオン・オフの切り替え自在なコミュニケーションを好む傾向（フリッパー指向）が若者の間で強まっているとする。そのうえで，そのようなあり方を理解するためには「自我」構造を見直す必要があると論じる。すなわち，同心円状の自我を想定する限り，切り替え自在の友人関係で充実感を感じる「今日の若者」は理解できない。その代わりに，複数の中心をもつ自我を想定すれば，対人関係の部分化と「希薄化しないこと」が両立できるというのだ。さらに，そのような傾向と若者間で普及が進むインターネットやケータイが親和的であると述べている。

辻大介（1999）や松田（2000a）のこれらの議論に対して，いくつか検証がなされてきた（三上ら，2001；宮田，2001；小寺，2002）。なかでも，岩田（2001）は高校生を対象とした質問紙調査をもとに希薄化論を退けたうえで，選択的関係論でも説明できない点を挙げ，辻大介（1999）同様，自我モデルの見直しを論じる。あるいは，辻泉（2003）は若者の人間関係をケータイのメモリを通じて調査することで，「選択」の実態とその多様性を浮かび上がらせている。

ケータイと自我について，興味深い議論を展開しているのは，羽渕（2002a）である。彼女は，若者がケータイを手放せない理由を，ケータイが仲間内での「自分の評価」を表示してくれるメディアであるからとする。しかも，若者たちが常時接続のケータイを所有することにより，常に仲間のなかでの位置づけを把握し，作り変えざるを得ない状況に追い込まれていることを，ギデンズ（A. Giddens）の再帰性（reflexibility）の概念を援用しながら論じている。また，北田（2002）も，コンサマトリーな若者のケータイ利用において伝達されているのは，情報価値をもったメッセージではなく，「私はあなたとコミュニケーションしようとしていますよ」というメタ・メッセージであるとして，ケータイがつながりの社会性を顕在化させるメディアとして機能していると述べる。そのうえで，ケータイは都市空間を「接続されていないかも

しれない私」に絶えず向かい合わねばならない過剰な儀礼空間へと変容させてしまったと議論する。

さて,「ケータイと若者の人間関係」については,もう1つの議論を紹介する必要がある。仲島ら(1999)は,若者を対象に行なった4つの質問紙調査をもとに,ケータイ利用者の特徴,利用動機,利用者の効用認識などを分析し,ケータイのもつ社会的意味について考察している。そのなかで関心を集めたのが,「フルタイム・インティメイト・コミュニティ」という概念である。これは,若者の間でケータイは,ごく親しい友人や彼氏・彼女など10人にも満たない特定の少数の仲間とのコミュニケーション手段として使われていることをさしている。しかも,その相手は日常的に顔を合わす相手であり,若者はケータイを用いることで,限られた相手とあたかも心理的に24時間一緒にいるような「心理的共同体」を築いているというのである。この概念についても検証が繰り返されている(橋元ら,2000；三上ら,2001；石井,2003)。

3 ケータイの影響と利用者特性

さて,ケータイが与える影響はコミュニケーションに関してだけではない。吉井(2001)によれば,ケータイの料金を自分で払っている大学生の5割近くが「自分で自由になるお金」が減ったと答え,「洋服や装飾品」「マンガ」「CD」への出費についてもそれぞれ2割程度の学生が減ったと答えた一方で,「アルバイトをする時間」は33%の学生が増えたと答えたという。若者,特に大学生にとってケータイは必需品となっているために,彼らの消費行動や生活時間[xiv]も変化が余儀なくされているのである。カラオケやCD,外食産業の売り上げが減っているのは,若者の消費がケータイにとられてしまっているから,という言説はマスコミではおなじみだ(小田,2000)。しかし,ことはそう単純ではない。

女子大生・女子短大生を対象とした調査では,ケータイをよく利用するグループは,アルバイトも多く行なっており,可処分所得が高く,おしゃれ消費(洋服や化粧品)にお金をかけているという結果もあるのだ(渡辺,2000)。しかし,このような一見矛盾する調査結果は,「より積極的な人ほどケータイ利用が多い」と理解すれば,納得できる。

人間関係に限っても,ケータイの利用者と非利用者では利用者の方が社交的であり(仲島ら,1999；岡田ら,2000；橋元ら,2000),ヘビーユーザーほど社交的である(宮木,1999；岡田ら,2000；松田,2001b)。より社交的である人ほど,ケータイをよく利用し,ケータイを使うことでより社交性を増す。若者を対象とした吉井(2001)の調査でも,ケータイを利用するようになって,友だちと会うことが「増えた」と感じている人は63%,逆に「減った」は1%にすぎない[xv]。

4 ケータイと家族,ジェンダー

20代から10代へ,高校生から中学生へとケータイ利用が低年齢化するにつれて,ケータイが「家族」に与える影響にも関心が高まってきた。その際中心となった問いは,はたしてケータイは家族をバラバラにするのか,それとも,結びつけるのか,というものである。

バラバラ派の主張はこうだ。パーソナルなコミュニケーション・メディアであるケータイを通じて,家族それぞれが「外部」と連絡をとるようになる。特に,ケータイによって,子どもの対人関係を親が把握できにくくなるため,場合によっては犯罪に巻き込まれたり,非行につながったりする,と[xvi]。一方,結びつける派とは,正確にはケータイで家族がバラバラになることもあれば,逆に結びつきを強化することもあるという立場だ。基本的には,ケータイはそれまでの家族関係を強める方向に機能するという。だから,それまでコミュニケーションをとる傾向にあった家族は,ケータイを用いてよりコミュニケーションをとるようになるが,コミュニケーションをとらない傾向にあった家族は,ケータイでもコミュニケーションをとらない (Matsuda, 2005)。

辻大介(2003a, 2003b)は16〜17歳を対象とした調査をもとに,ケータイ利用は通話の場合もメールの場合も,友人関係を重点的に活発化させる一方で,親子関係にはあまり変化をもたらさない可能性を示している。すなわち,ケータイ利用は,友人関係を親の知る範囲外へ遠ざけるような効果をもち得るものの,現状での親に対する信頼感や関係満足度の高さからすると,家族関係を弱める方向には向かないと考えられるとしている。

なお,ケータイと親子については宮木(阿部)が,ケータイを含むコミュニケーション・メディアと若者については総務庁(現内閣府)におかれた青少年対策本部が,継続的に実態調査を行なってきている(阿部, 1998;宮木, 2001;Miyaki, 2005;総務庁青少年対策本部, 2000;内閣府政策統括官, 2002)。

松田(2001a)は松田(2000a)で提起した「選択的関係論」とケータイとの関係性をとらえるべく,首都圏の20〜59歳を対象に行なった調査の検討から,番通選択の実行やメモリの「余分な数」が,性別や結婚状況に関連していることをみいだし,その原因をそれぞれのパーソナル・ネットワークに求める。そして,男女のケータイ利用の違いは,両者がおかれている社会構造上の位置の違いからくると議論する。ラコウとナバロ(Rakow & Navarro, 1993/2000)が男女の携帯電話利用の差から議論したように,他の新しいメディア同様ケータイは「旧来の社会的政治的慣習を破壊し,社会階層制度(ハイアラーキー)を再配置し,公的なものと私的なものの境界を再編する潜在力(p. 106)」をもっているが,「特定の政治経済的文脈内で機能するジェンダー・イデオロギーが

男女に異なる生活と異なるテクノロジー利用をもたらす（p.122）」のである。本書では土橋が主婦へのインタビュー調査をもとに，ケータイをめぐるジェンダー・ポリティクスとケータイを含めたテクノロジーの利用を通じて社会技術的統一体として成立する主婦を描き出している（8章）。

5節　iモードの「成功」とテクノ・ナショナリズム

　さて，このような「若者メディア」としてのケータイ，ネガティブな存在としてのケータイ・イメージが変容するのは，2000年頃。iモードを皮切りに1999年2月に始まったケータイからのインターネット接続サービス（以下，ケータイ・インターネット）が普及しはじめてからである。「ケータイは日本経済の救世主」「ケータイで日本型のIT革命を」と，突如ケータイは期待の星となる。

　iモードをはじめとしたケータイからのインターネット接続サービスの「成功」は諸外国の注目を集めている。実際，ケータイ加入者に占めるケータイ・インターネット加入者の割合は諸外国と比べ日本が飛び抜けて高く72.3%，続いて韓国が59.1%，フィンランドが16.5%，カナダが13.8%と続き，「インターネット先進国」の米国は9.4%にすぎない（2001年末現在）。このデータを紹介する『平成14年版情報通信白書』の項目名は，「世界をリードする携帯インターネット」となっているほどだ。

　また，NTTドコモが発表した2004年1～3月のiモードの単独ARPU（Average monthly revenue per unit）は1970円であり（ちなみに，音声ARPUは5640円），そのパケット比率の内訳はウェブ利用が88%，メール量が12%となっている（NTTドコモHPより）。この数字からもケータイ・インターネットが広く注目を集める理由がみてとれる。なぜなら，ケータイ・インターネットはドコモという通信事業者にとって新しい収入源になっただけでなく，セキュリティに対する不安から普及が進まない電子商取引の新たなビジネスモデルと考えられるからだ。

1　「IT革命」と「デジタル・デバイド」

　ただし，ケータイ・インターネットは新たなビジネスモデル以上の「期待」を背負っている。バブル崩壊以降，日本は長く続く不況に苦しんでいる。それとは対照的に，1980年代の不況を克服し90年代好景気が続いた米国では，経済再生の鍵がITにあったとされた。ITによるニュー・エコノミー（インフレなき持続的経済成長）の成立という議論は今日見直しされているものの，バブル崩壊以降不況に悩む日本においては「景気回復にはITこそが必要である」との期待論が90年代後半頻出するようになった。

しかし,「IT」の中心的なメディアであるインターネットは,ケータイの爆発的な普及とは対照的に,日本では期待通りには普及しなかった。回線速度の遅さや回線使用料の高さ,当時インターネット接続の前提となっていたパソコン自体の普及の伸び悩みなどがその原因として挙げられ,これらインフラの改善は政策上の大きな課題となる。たとえば,2000年11月成立のIT基本法では「広く国民が低廉な料金で利用することができる世界最高水準の高度情報通信ネットワークの形成」促進がうたわれている。

このような状況のなかに登場,普及したのが,ケータイ・インターネットである。iモードの開発に携わった松永真理(2001)があくまで「普通の電話」にこだわったと述べているように,ビジネス利用が中心のパワーユーザー向けではなく,一般ユーザー向けに導入されたケータイ・インターネットはケータイ・ブームのなかで爆発的に普及し,日本のインターネット普及率自体を押し上げた(1999年末でのインターネット普及率は21.4%にすぎなかったが,2001年末では44.0%と倍増している)。

さらに,このケータイ・インターネットは,IT時代の大きな問題であるデジタル・デバイド——ITを利用できる人と利用できない人の間に生じる格差(デバイド)——を解消する救世主としても注目されるようになる。というのも,ケータイ・インターネットは親指のみで利用でき,簡単である。パソコンやパソコン経由のインターネットのような複雑な設定や操作は不要であるからだ。また,その端末はあくまで「電話」であるため低価格である。パソコンを使ったインターネットの普及を阻んでいた操作性と価格という大問題が,ケータイ・インターネットにはないからだ。

そして,実際にケータイ・インターネットはインターネット未利用層へ普及範囲を拡大しているという。たとえば電通総研(2000)は情報リテラシーの高低に基づいて分類した調査対象者のうち,パソコンやインターネットとの親和性が高いのは高リテラシー層,ケータイと親和性が高いのは低リテラシー層であると報告している。しかも,その低リテラシー層はケータイ・インターネット利用率が比較的高く,この層こそが「ウェブ携帯電話の世界を進化させていく」と報告書は結んでいる[xvii]。

2 テクノ・ナショナリズム

ゆえに,「ケータイでIT革命を」といったキャッチフレーズが現われる。「NTTドコモグループは,我が国の主要ISPと比較して,最も契約数の多いISPとなっている」との記述が登場するのは,『平成12年版通信白書』だ。「インターネットではアメリカに遅れをとったが,ケータイでIT革命をリードしよう」というのであろう。

これまで"パソコン+インターネット"の世界では,インターネット発祥の地,米国が常に他国をリードしてきた。今日の米国経済の興隆も,こうして情報

化をリードし続けたことと無関係ではない。それに対して，ウェブ携帯電話をゲートにする情報化では，日本が先鞭を切っており，新しい情報化ソーシャルモデルとして定着すれば，大いなる国際貢献として誇れるし，なによりも日本社会や日本経済の活性化に資することができる。　　　　　　（電通総研，2000，p. 18）

『ケータイが日本を救う！』というタイトルの本に現われるのは以下のような文章だ。そこでは，日本におけるケータイの「達成」は，日本文化と日本人の特徴／特長を主張する「日本人論」に重ね合わされる。

　　米国人はパソコンのような大容量，超高速の世界で強いが，日本人はケータイのように小容量，極小画面の世界で強みを発揮する。資源の豊かな国と資源貧乏の国の違いかも知れないが，いつしかケータイは日本人の得意技になってしまった。　　　　　　　　　　　　　　　　　　　　　　　　　　　（塚本，2000，p. 47）

このような言説のなかには，たとえば1989年に発売され，その小ささ（350g）が衝撃を与え，その後の端末小型化の流れを作ったモトローラのMicroTACの存在はけっして出てこない。
　――「優秀な日本の技術」により生み出された「小型高性能」なケータイによって国際的な競争に勝ち抜く――。「ケータイ」を「トランジスタラジオ」「小型車」などと入れ替えることができるように，このような言説はすっかりおなじみのものである。これはある種のテクノ・ナショナリズムであり，戦後の日本の自画像の典型的なパターンの1つなのだ。
　しかし，日本はけっして「昔から」ハイテク国家であったのではない。ソニーの創業者の盛田昭夫もその著書のなかで振りかえるように，国際的には1950年代までの日本製品はむしろ粗悪品のイメージが強かったのであり，ハイテク分野で日本企業が市場を拡大していったのは1970年以降のことである。しかも，吉見（1998）が述べるように，それは単に，日本製品の技術水準が世界のなかで卓越していったためではなく，1970年代にアメリカを中心とした世界的な技術評価の機軸が重厚長大なテクノロジーから精密機器に代表される軽薄短小なテクノロジーに移っていったこととも関連している。
　そして，「日本＝ハイテク」のイメージが国際的にも通用するようになると，その「技術」の由来を日本「固有」の特徴によって説明しようとする言説が登場するという。たとえば，盛田（Morita, 1986／1987）はテクノロジーを「生き抜く手段」と位置づけたうえで，日本が厳しい自然や狭い島国であり，天然資源に恵まれていないこと，また，日本人の信心深い心や倹約を美徳とする性質，「何事につけても正確さを大切にし，それを几帳面に実行しなければ気がすまない性格」，さらには，歴史的に

も、さまざまな外国産の技術（例として挙げられているのは、中国からの漢字とポルトガルからの火縄銃である）が日本のシステムへ組み込まれてきたことなどから、日本の技術的な「適性」を説明する。

「日本『固有』の文化が生み出した『優秀な技術』の結晶としてのケータイ・インターネット」という言説が1990年代以降日本で広まったのは、単なる「不況の克服」という経済的期待からだけではない。それ以上に、不況により傷つけられた「国民的なプライド」を救うものであったからだ[xviii]。

3 ケータイ・メールとケータイ・インターネットの利用実態

しかし、その普及率やビジネス成功談とは対照的に、利用者側からみると、ケータイ・インターネットの利用は多くなく、多様でもない（三上ら、2001；橋元ら、2001）。利用の中心はケータイ・メールであり、ウェブ利用も着メロや待ち受け画面のダウンロードが中心だ。

日本においてケータイ単体で文字を送り合うことが可能になったのは、1996年4月のこと、DDIセルラーグループ（現 au）によるサービスからである。ショート・メッセージと総称されるこの種のサービスは、すぐに他の事業者も提供を始めることとなった。ここで重要なのは、当初、契約しているケータイ事業者が違うと文字のやりとりができなかったことだ。サービス名称も各社それぞれであり、たとえば、DDIセルラーは「セルラー文字サービス」、NTTドコモは「ショートメール」、J-フォン（現ソフトバンク）は「スカイメール」といった名称となっている。つまり、ここでいうショート・メッセージは SMS（short message service）ではない。これは、日本では GSM（Global System for Mobile Communications）標準が採用されなかったためだ。

このショート・メッセージの導入と展開に積極的であったのは、1995年にサービスを開始した PHS 事業者たちである。若年層のポケベル利用者を取り込み、先行する携帯電話との差別化を図るためであった。先にも述べたように、当初ショート・メッセージは、同じ事業者のケータイ間でのみ利用可能であったため、1998年頃には若年加入者の多い DDI ポケットに他社 PHS ユーザーが乗り換える現象が現われるほどであった。

その後、1997年11月に J-フォンがケータイ単体で電子メール送受信が可能なサービスを提供したのを皮切りに、ケータイ単体での電子メール利用が広がっていく。電子メール送受信が可能になるということは、いうまでもなく、ケータイ間のみならず、パソコンとのメール交換が可能になるということである。また、利用できる文字数も、ショート・メッセージが数十文字程度であるのに対して、電子メールでは百〜数千であることも、電子メール利用が増えていった原因として大きかった。このよう

に，日本ではケータイでのメール利用はショート・メッセージから始まり，しだいに電子メールが中心になってきた。ポケベル利用の若年層が移行してきたものが多く，10代や20代の若年層での利用が多く，男性より女性の利用率が高い（橋元ら，2000, 2001；モバイル・コミュニケーション研究会，2002）。ケータイでのショート・メッセージ利用と電子メール利用には大きな差がみられないことから，以下，両者を併せてケータイ・メールとよぶ[xix]。

では，どのような人がケータイ・メールを好み，その利用は彼らの対人関係にどのような影響を与えているのであろうか。調査データからみると[xx]，ケータイ・メールの利用が多い学生ほど，友人の数が多く，社交的である（松田，2001b）。また，自己開示性が高く，対人不安が少なく，孤独感が低い（辻・三上，2001）。中村（2003）も同様の結果――ケータイ・メールの利用頻度の高い人ほど，外向的で対面関係が活発，友人も多く，深い人間関係を好み，孤独感も少ない――を示す一方で，孤独に対する恐怖感や孤独に耐える力の欠如もみられるとしている。そのうえで，ケータイ・メールにおけるコンビニ的人間関係（相手の事情を気にせず，24時間，好きなときにコンタクトをとれる）に慣れてしまうと，孤独耐性がなくなるのではないかとの危惧を示している。

さて，中村（2001a）は，そんな若者の間でのケータイ・メールの表現も検討している。それによると，若者の間でのケータイ・メールの特徴は「軽佻な口語体」であり，擬音語や幼児語，方言などもみられる。加えて，機種依存の絵文字が用いられることも多く，親指だけでの文字入力の困難さにもかかわらず，250〜3000字を1回で送ることのできる電子メールでは，かなりの長さの文章が送られている。また，絵や動画，音声，ウェブへのリンクも文中に混ぜられるという（三宅，2000；『日本語学』2001年9月号も参照）。

若者が，どのような頻度でどんなメッセージを交換しているのか，より具体的に示しているのが，伊藤と岡部による10章である。一般的には，ケータイ・メールは栗原（2003）が述べているように，音声通話ほどの押しつけがましさもなく，それでいて即時にメッセージを伝えることができる「適当な距離感」を与えてくれるメディアであろうが，若者たちの間では，「すぐに返事を返さないと相手に悪い」との意識ももたれている。その結果，伊藤と岡部が紹介するようなモバイル・テクスト・チャットが成立するのである。また，絵文字が多用されるのも，「文字だけでは伝わりにくい感情をより適切に伝えるため」だけでも，「絵文字を入れてメッセージをかわいくしたい」からだけでもなく，「絵文字を入れないと，怒っていると誤解される」という対人関係に関する「配慮」もはたらいている（黒葛原，2004）。ポケベル同様ケータイ・メールも，常に"やさしい"メディアではない。

さて，ケータイ・インターネットについては，ワールド・インターネット・プロジェクト（http://www.soc.toyo.ac.jp/~mikami/wip/）のデータを分析した石井（Ishii,

2004）が，

> モバイル・インターネットは友人との社交を促進するが，パソコンからのインターネット利用にはそういった効果はない。移動電話を通じた電子メールは主に親しい友人や家族の間で交わされる一方，パソコンからの電子メールは仕事関係で利用される。このような結果は，パソコンは社会的機能の観点では多様であることを示している。言い換えれば，モバイル・インターネットは電話のような時間圧縮装置と共通性を持つが，パソコン・インターネットはTVのような時間置き換えテクノロジーにより似ている。(p.57)

とまとめたうえで[xxi]，

> 新しいタイプの通信サービスを推進したのは技術的な優位性や通信政策のどちらでもないことを，日本のこのような経験は示している。1995年以降の日本の経験からは，高い普及率とモバイル・インターネットの独自の利用パターン（たとえば，ベル友や写真メール）がユーザーのニーズからもたらされたことがわかる。日本政府は移動電話よりブロードバンドに政治的な重要性をおいてきたのだ。(p.57)

としている。本書でも宮田らがパソコンからのインターネット利用とケータイ・インターネット利用の差異を調査し，論じている（4章）。

4　ケータイ「拒否」から「有効活用」へ

　ここまでみてきたように，1990年代半ば以降，ケータイは「若者が私的に利用するもの」ととらえられてきた。その利用マナーや「用もないのに利用する」ことは批判の対象となり，ケータイでつながる関係性は「浅い」と危惧された[xxii]。10代の利用については，問題行動／逸脱行動との兼ね合いで議論されることも多く，高校では，当初は「持ち込み禁止」であった。その後，若者の間での普及が広まるにつれ，「授業中に鳴らさなければ，かまわない」とケータイは「黙認」されるようになり，ここ数年は，メディア・リテラシー教育の観点から，生徒／学生にケータイとのつきあい方を教育する動きもみられるようになった[xxiii]。また，ほぼ100％の大学生が所有していることから，ファカリティ・ディベロップメントの導入，展開を受けて，大学ではケータイを用いたライブ授業評価の試みなども出てきている（武山・猪又，2002；原・高橋，2003）。

　さて，ケータイ利用調査を概観するとわかることだが，ケータイは若者だけのメデ

ィアでもなかったし，私的な目的でしか使われないメディアでもなかったし，今日もそうではない。ケータイの所持率が最も高いのは，確かに20代だが，次は10代ではなく，30代である。モバイル・コミュニケーション研究会（2002）の調査では，ケータイを複数台所有している人が10.2％いるが，その人たちは30〜40代の男性に多く，管理職や会社・団体役員，自営業主などに多い。このデータを紹介するなかで，「おそらく仕事用と私用に分けているのではないか」との推察が示されているが，そのとおりであろう。通話のヘビーユーザーは男性に多く，フルタイムで働いている人に多い。自分のケータイ通話利用の何割がプライベートであるかを見積もってもらったところ，100％と答えた人が，26.0％，90％が15.5％と多いが，逆に10％と答えた人も12.8％，半分も12.0％いる。当初そうであったように，ケータイは仕事のメディアでもあり，「働き盛り」のメディアでもあり続けたのだ。

　このことを踏まえると，ケータイという問題設定は，90年代後半を通じて，その利用実態からずれるかたちで，「若者の問題」として，「プライベートの象徴」として，社会的に構築されてきたということができる。

　このような状況に変化がみられるのは，ケータイが爆発的な普及期を過ぎ，定着期に入った2000年以降，あるいは，ケータイ・インターネット普及以降のこととなる。ケータイが「あたりまえ」になったことで若者以外の利用が「再発見」され，また，同時にケータイ・インターネットが「マルチメディアの道具」としてビジネスで活用されるようになったのだ。たとえば，ｉモード登場1年半後には，「『ｉモード』が職場にやってきた　『持ち運べ，操作も簡単』」との見出しのもと，次のような新聞記事がみられる。

　　電車の中で，「ケータイ」に大声で話す若者が減ったと思ったら，今度は一心不乱に指を動かす姿が目立ちます。インターネットに接続できる『ｉモード』（NTTドコモ）などの機種が登場して，電子メールや情報チェックの遊びの幅がぐっと広がったためです。が，考えてみれば，『いつでも，どこでも』使え，操作も親指一本で済む機能は，ビジネスに向かないはずがありません。おずおずと使い始めてみれば，即断即決を求められる経営，最前線でのしれつな販売競争に予想以上の威力を発揮。若者文化発の『ｉモード』が，中高年の仕事のツールに広がり始めて，ビジネスの現場のスタイルを変える気配です。

（『朝日新聞』2000年9月16日夕刊）

以下，この記事では職場でのｉモードによる電子メール利用の実態の紹介が続く。

　　…ある会社の社長は社用車に乗り込むと人事部長あてのメールを仕上げて送信する。役員同士の簡単な連絡や部下との確認もｉモードメールで。早ければ10分

以内に返事が来る。会長ともメールのやりとりをする。別の会社の部長の朝は，満員の通勤電車でたまったメールに目を通すことから始まる。その場での回答の送信も多い…

このようにパソコンを利用したインターネット，なかでも電子メール交換の普及を前提に，ビジネスでもケータイ単体での電子メール交換が広がっていったのである。

しかし，そのようなビジネスでのケータイの活用についての研究はほとんどないのが現状であるだけに，ケータイ電子掲示板システムの職務上での活用に関する田丸と上野の論考（9章）は興味深い。

6節　結論

さて，ここまで駆け足で1990年代のケータイをめぐる言説の展開を紹介してきた。伊藤（Ito, 2005b）の言葉を借りれば，技術的インフラとして定義される「携帯電話（セルラーフォン）」でも，固定的な場所からの解放として定義される「移動電話（モバイルフォン）」でもなく，「ケータイ」という通称が象徴するような，日本固有のモバイル・コミュニケーションのありようを紹介しながら，各章の位置づけを明確にしたわけだ。本書において，私たちは，日本という文化「固有」の問題としてケータイを取り上げたのではなく，日本という文脈からは切り離せないものとしてケータイを取り上げた。それぞれの論考が，モバイル・メディアとそれが存在する現代社会――それなしには，いられない今日の人間関係，社会システムについての，鋭い考察となっていることを確信している。

注)

i) 後で述べるように，PHSは当初は若者ユーザーが多く，利用実態も携帯電話と大差なかった。しかし，若者ユーザーの多くが携帯電話に流れると，低料金であるPHSは携帯電話との使い分け利用が増えてきている。PHS利用者の44.6%はケータイ（＝携帯電話もしくはPHS）の複数台利用者とのデータもある（モバイル・コミュニケーション研究会，2002）。PHSを中心としたケータイの変遷については，Kohiyama（2005）を参照。

ii) ケータイの普及を促進したエピソードとして大きいのは，1995年1月の阪神淡路大震災である。神戸を中心に起きた大地震の被災地で実際に携帯電話が役立ったとの話から，「非常時に強いメディア」としてケータイに対する期待感が増した。非常時のケータイについては，中村と廣井（1997）。

iii) この雑誌記事ではまだ「ケータイ」とは記述されていない。川浦のこの論文中で引用されている他の記事でも，「ケータイ」という表記はみられない。

iv) 松田（1996b，1997）は，携帯電話がもたらす個人的な健康被害についての言説をうわさや都市

伝説の観点から検討することで,「新しい」メディアである携帯電話が社会に受け入れられていくプロセスを議論している。

v) ケータイのマナー問題に関するネットニュースや新聞記事を分析した森と石田（2001）によれば, 1995年まではケータイの問題はおもに音であったのに対し, 1996〜1997年には音と電磁波の2つとなり, 1998年以降再び音が中心になっているという。

vi) ジベタリアンもケータイとの関連は深い。ジベタリアンを取り上げた新聞記事には, 彼らが街中で座り込む理由として,「①体力がなくて疲れる②歩道などがきれいになった③落ち着いて通話したい④通信費などに回すお金を節約するため, など諸説がある」とある（『朝日新聞』1997年10月25日夕刊）。

vii) 1990年代の日本の若者についての社会学的な考察として, 宮台（1994）の一連の著作や, 富田と藤村（1999）などを参照のこと。また, 1970年代以降の若者論の推移を概観できるものとして, 小谷（1993）。

viii) 日本での携帯電話の普及と若者への影響について, 英語で概観できるものとして, Hashimoto（2002）。

ix) コール1回で切ると, 着信履歴は残るものの, 通話料金は発生しない。お金を使わずに,「私はあなたのことを考えている」というメッセージを送ることができるのである。

x) ただしPHSの普及初期の利用者は, テクノロジーに関心をもつ高学歴, 高収入の男性が多かった（Ishii, 1996）。しかし, その後すぐに「若者のメディア」となり, 一時期加入者を増やすが, 携帯電話との競争に敗れていく（松田, 2003）。

xi) 「ポケベルと若者」については, 藤本（1997）, 富田ら（1997）,「ポケベル・イメージの変遷」については, 松井による一連の研究（1998, 1999a, 1999b）を参照。

xii) その後に行なわれた調査でも, 携帯電話利用者の方が, むしろ人との深いつきあいを好む傾向がみいだされている（橋元ら, 2000, 2001）。

xiii) 強い紐帯／弱い紐帯の議論を援用しながらケータイ利用について分析しているものとして, 宮田（2001）。日本に住む留学生のケータイ利用とそのソーシャル・ネットワークや異文化適応の関係性について検討したものとして, 金（2003）。

xiv) 生活時間に対するケータイの影響については, NHK放送文化研究所がいくつもの調査を行なっている。たとえば, ケータイはパソコンからのインターネットほどテレビや睡眠時間を減らすことはない（Kamimura & Ida, 2002）。また, 若者はテレビや食事,「友人との会話」など他の活動と同時にケータイを利用することも多い（中野, 2002）。

xv) なお, ケータイ利用者のデモグラフィック特性, 利用動機, 利用頻度, 通話時間, 利用料金, 利用相手などについては, 中村（2001a）, 三上ら（2001）やこの論文集でもデータが引用されているモバイル・コミュニケーション研究会（2002）の全国調査や橋元ら（2000, 2001）の首都圏調査が詳しい。また, World Internet Project（http : //www.soc.toyo.ac.jp/~mikami/wip/）の調査結果は, 英語で入手可能である。

xvi) ここ数年「プチ家出」という言葉も流行している。これは, 本格的な家出ではなく, 10代の若者が数日から数週間, 友人宅などを泊まり歩いて自宅に戻らないことをさす。「ケータイで連絡がとれるために」家族は警察に捜索願を出さないし, しばらくすると何事もなかったかのように本人は戻ってくるため, 従来の家出とは異なる現象とされている。

xvii) しかし, この「低リテラシー層」とは若年層が中心で, よりパソコンやインターネット利用の少ない高齢層のインターネット「窓口」となるとは, 現状では考えにくい。なお, 木村（2001a）は, ①ケータイ・インターネットのビジネスモデルはダイヤルQ2などと同じで, ビジネスモデルとしては特に新しくないこと, ②機器の「保有」と「利用」に大きな開きがあること, ③ケータイ・インターネットはポケベルに始まり, PHS, ケータイへとつながる典型的な"顕示的消費（conspicuous consumptions)"であることなどから,「iモードは救世主にあらず」と批判している.木村(2001b),松田(2002)も参照のこと.

xviii) もっとも,「小型高性能＝日本」は,日本国内でのみ成り立つ言説ではない.数年前米国やヨーロッパのメーカーや事業者たちは,「超小型端末はあまりに『日本的』であり,自国市場では消費者に受け入れられないであろう」と考えていたが,それらの市場でも実際に普及したことなどを考えると,モーレイとロビンス(Morley & Robins, 1995)が論じるようなテクノオリエンタリズムの観点からとらえるべき現象であると考えられる.

xix) ここでは紹介しないが,ケータイでの電子メール利用が普及するにつれて,スパムメールやチェーンメールの増加が社会問題化してきた.このことを取り上げたものとして,松田(2000b),中村(2001b)など.

xx) なお,ケータイ・メール利用者特性については,注 xv)を参照.ケータイ・メール利用が多い大学生を対象とした調査として,岡田ら(2000),松田(2001b),辻と三上(2001)など.

xxi) 松田(2001b)も大学生を対象とした調査結果から,ケータイ・メールヘビーユーザーはケータイ通話ヘビーユーザーとは共通する面が多いが,パソコンからの電子メールヘビーユーザーとはかなり異なる傾向をもつと述べている.

xxii) とはいえ,いまだにケータイとの関係で若者の「コミュニケーション不全」を論じるものは引き続き数多い.たとえば,小此木(2000),正高(2003).特に後者は,タイトル『ケータイを持ったサル:「人間らしさ」の崩壊』の巧さもあって,新聞や雑誌の書評で数多く取り上げられ,ベストセラーとなっている.

xxiii) ただし,学校へのケータイ持ち込みを認めている高校の教頭補佐,前田(2001)へのインタビューの前文には,「〇〇高校では,全国でもめずらしく携帯電話の所持を禁止せず,学校への持ち込みを認めているという」とある.

序章

ケータイの生成と若者文化

パーソナル化とケータイ・インターネットの展開

岡田朋之

1節　はじめに

　日本におけるケータイ・コミュニケーションの特徴として，メディアの社会的受容と変容のプロセスが，若者層の利用のあり方やそれを取り巻くポピュラー文化と密接に結びついてきたことが挙げられる。本章では，これらの系譜をたどりつつ，ケータイがメディアとしていかにして社会的に構成され，消費の対象となってきたかを明らかにする。

　この問題を検討していくうえでは，技術システムの社会構成主義理論が有効な枠組みを提供してくれる。バイカーとロー（Bijker & Law, 1992）は「知識とは，自然に対峙する（多少の傷はある）鏡というよりも，社会的な構成物である」とし，さらに「テクノロジーやテクノロジカルな実践は社会的構成や交渉の過程に埋め込まれている。その過程は関係者の社会的な利益によって方向づけられるように見えることがしばしばである」という。

　このアプローチを通信の領域でよりラディカルに進めたのがフィッシャー（Fischer, 1992）であった。彼はその著作のなかで「社会構成主義の多くは，これまで製造業者や販売業者，技術システムの専門家たちに関心を向けてきた」といい，彼自身としては「議論をもう一歩進めて，テクノロジーを利用する大衆の存在を強調すべき」だとする。確かにバイカーは蛍光灯の発展過程をたどった論文のなかで，「消費者の側はその歴史の中で自分たち自身の声を持たなかった」と述べており，市場調査の結果とメジャーな技術ジャーナリズムの分析がこの層の考え方を反映するとみなされる，とするにすぎない（Bijker, 1992）。これに対してフィッシャーは消費という局面を重視し，テクノロジーの社会的な意味合いを理解するには，消費者に焦点を当てることが必要だという。

本章で明らかにするように，日本におけるケータイ，あるいはケータイ・コミュニケーションを検討するにあたって，この使用者あるいは消費者への視点は重要であり，また不可欠でもある。それゆえ，ここで私はフィッシャーのアプローチを参考に，技術的なエポック，利用者たちが受け入れる状況についてのさまざまな情報を重ね合わせながら議論を進めていく。

以下の議論で用いる資料としては，各種の利用者調査，統計データとともに，私たちの研究グループが行なった街頭でのインタビュー調査の一部も紹介したい。私たちは1995年から日本における移動体メディアの利用実態について研究を進めてきた（その成果として，富田ら，1997；松田ら，1998；岡田・松田，2002など参照）。その際，まず利用者の実態や動向の把握を街頭でのインタビュー調査から始めた。1990年代半ばはケータイが急速な普及をとげた時代であって，その先導役を若者が担ってきたことは周知の事実だ。だが，こうしたユーザーを無作為抽出による質問紙調査から把握することは当時非常に困難であった。その時点ではまだ国内でも普及率は半数にもほど遠く，また急激に増加した利用者の中核をなす若者は，質問紙調査における回収率が比較的低いためである。それゆえ，私たちの研究グループは東京の渋谷や原宿，大阪ミナミの「アメリカ村」など，とりわけ10代から20代の若者が多数集まるとされる地点で街頭でのインタビュー調査から，その動向を読みとろうと試みてきた。渋谷と原宿で1996年夏と1998年夏，ミナミでは1997年冬と1998年夏のそれぞれ2回にわたって聞き取りを実施した。その後は質問紙調査を大学生を対象として1999年と2001年の2回，60歳以上の高齢者を対象として2000年に1回実施し，継続的に状況を探っているが，こちらについてはここでは取り扱わない。なお，インタビューデータの引用の際には，そのプロフィールについて（被調査者の性別，年齢，調査地，調査時期）の順で記すこととする。

2節　パーソナル化

日本における移動体メディアの歴史は，最初の実用的サービスが1953年の港湾船舶電話に始まったとされる。これはおもな港湾に入港している船舶と地上の電話を結ぶものだった。その3年後には列車と固定電話を結ぶ列車公衆電話の試験サービスが大阪〜名古屋間の近鉄特急で開始される。それがずっとのちになって，1979年の世界最初の移動電話サービスである自動車電話の開始というかたちで発展し，さらには1985年に自動車電話を車外に持ち出して使用できるようにした「ショルダーホン」が登場，1987年にはついに世界最初の携帯電話機が提供されるようになった。この時点での携帯電話は，従来の固定電話がオフィスや組織など場所に属して使われている状況から離れて利用できるようにしたものであった。こうしてみると，はじめは公衆電話

として始まった点に体現されているように，移動電話はもともと公共的な場や組織集団のなかで用いられるメディアであったということがわかる。たとえば，今のように1人1台という状況があたりまえになる以前，建設工事の現場などで固定電話が引かれていないような場所では，代表者に1台だけ携帯電話を持たせるというのは別段珍しいことではなかった。現在の私たちは，自分の所有物でないケータイの着信音が持ち主不在のまま鳴ったとしても，よほどの理由がない限り，代わりにでるということをしない。しかし，その当時の携帯電話は誰か特定の個人が持つものというよりも，現場の代表者の名義で借り出されたものであり，本人が何らかの事情で電話にでられない場合は誰かが代わって電話口にでるようになっていたわけである。

こうした傾向は，移動体メディアとしては一足普及が早かったポケベルの場合も同様であった。当初はおもに企業などの組織で用いられ，それも個々人に1つずつ割り当てられるというよりも，営業マンが外回りに出る際などに，必要に応じて持ち出すというかたちが少なくなかった。この時代の端末は「トーンオンリー型」とよばれるもので，呼び出し音が鳴るだけの機能しかなく，呼び出してくる相手といえば，雇い主の事業所しかまずありえない。それゆえ当時のポケベルは，これを持つ者にあたかも会社組織に鎖でつながれているかのように感じさせる「束縛のメディア」なのだった（高広，1997a）。

だが，1990年代を通じて移動体メディアの普及が進むにつれて，個人利用と私的利用への拡大がみられるようになる。こうした側面を「パーソナル化」と位置づけることができる（松田，1999b）。ここにいたる流れがかたちづくられるうえで大きな役割を果たしたのが，1980年代の「通信の自由化」であった。日本電信電話公社が1985年に民営化されてNTTとなり，それまでの国内通信事業の独占体制があらためられて他の事業者が参入していった。そのなかで，各事業者間のサービス展開や価格面での競争が始まったわけである。

パーソナル・メディアとしてのポケベルが大きく変容をとげるきっかけは，1987年の4月に起こった。まだドコモに分社する前のNTTは，前年に参入してきた東京テレメッセージなど，新規事業者（NCC）に対抗するサービスとして，端末の液晶画面上に数字や文字を表示できる「ディスプレイ型」ポケベルの提供を開始する（図序-1）。このタイプでは呼び出す際に，かける側がコールバックしてほしい番号を入力してやると数字が画面に表示されるので，誰から呼び出されているのかがわかるようになった。これにより，特定の1人あるいは1か所から呼び出されるためのメディアから，職場，家庭，友人など，さまざまな相手から呼び出されても対応できるメディアとなったわけである。こうしてポケベルは，オフィス・シーンでの利用だけでなく，私的，パーソナルな領域へと利用を拡大していくことになる。

その後，使用料も大幅に値下げされ，利用者の年齢層も下がってきたことから，女子大学生・高校生の個人連絡用のアイテムとして用いられるようになっていく。1987

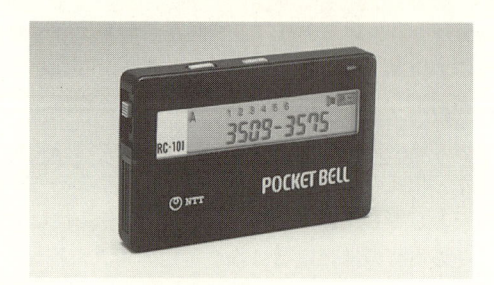

図 序-1　最初のディスプレイ型ポケベル，NTT のポケットベル D 型（1987年）
写真提供：NTT ドコモ（株）

年に事業者間の競争が始まった時点で，契約数は対前年同月比で19%を越える伸びを示したが，92年春で16%，93年春では約13%と徐々に伸び率は低下していた。ところが93年6月から前年同月比の伸び率が再び上昇を始めた。同年9月に保証金が値下げされたことにより，加入時の費用が従来の半額程度の8000円にまで下がった。これらを受けて12月では19%近い伸びを示すようになった（『平成6年版通信白書』）。また，事業者へのヒヤリングから得られた情報として，この年の新規契約者のうち約70%が個人契約者であり，またその中心は10代から20代にかけての若年層であったという。

中村は，東京エリアでサービスを行なっていた東京テレメッセージにおいて，1990年まではビジネスアワーと同じで朝10時と午後2～3時がピークの時間帯だったが，1993年には午後10時頃に利用のピークが来るようになったことを挙げ，1991年から92年にかけてポケベルの利用に構造変化が生じて私的利用が中心となってきたことを示している。またこの93年では同社の個人の新規申込者のうち約8割が10～20代の若者であったという（中村，1996c）。

1995年には端末の売り切り制導入でレンタル時の保証金が廃止されて，さらに利用コストは軽減された。これに加えて，94年からカナ文字の受信可能な端末が導入されたことも，若者への普及をより拡大することになった。

ポケベルの加入者数は，1996年6月に1077万7千に達したのがピークとなった。この年に東京都で12歳から18歳の中・高校生を対象に実施された調査では，女子高校生の実に48.8%がポケベルを所有していた（東京都生活文化局，1997）。また，97年の総務省の調査から，ポケベルの利用内容をみると，仕事で使用する頻度についての項目で，「仕事では全く使用しない」という回答が前年で36.4%にとどまっていたのが，このときの調査では47.9%にまで達しており，プライベートでの利用が大幅に拡大したことがうかがえる。

ポケベルが急激に若者の間で浸透をみせたのと相前後して，移動電話も普及の大幅な拡大をみせた。総務省の調査によれば，1995年と96年の世帯普及率を比較すると，携帯電話で10.6%から24.9%に，PHSでは0.7%から7.8%へとそれぞれ増加してい

る。この背景にはやはり加入時のコストや使用料が大幅に低下していったことが大きくはたらいていることは間違いない（『平成9年版通信白書』）。1994年4月には，携帯電話の端末売り切り制が導入され，95年6月にはNTTドコモが新規の加入料を大幅に値下げし，それまで24700円だったのが9000～12000円へと半額以下になった。また，96年12月には携帯電話各社がいっせいに新規加入料を廃止している。さらに，95年7月からPHSのサービスが開始されたことで，従来の携帯電話よりも安価に移動電話が手に入るようになった。またPHSの各事業者は各販売店に対し，新規加入者獲得のたびに販売奨励金を出すことで販売店は無料あるいはそれに近い金額で端末を新規加入者に提供する戦術をとった。携帯電話事業者もその商戦に巻き込まれていくなかで，新規加入者獲得の競争が繰り広げられ，さらなる普及の拡大へとつながっていったのである（松葉，2002）。

それでもこの時点での若者の利用はまだけっして多くなかった。先の東京都の調査でみても，高校生女子の場合で携帯電話とPHSの所有率は28.3%（高校生男子では26.3%）にとどまり，10代にとって移動体メディアの中心はまだポケベルであったことがわかる。ただし全体の調査でみると，携帯電話を「仕事ではまったく使用しない」という回答が95年の14.0%から96年には25.8%と大幅に増加していることから，ポケベルと同様に私的利用が拡大していたことは間違いない（『平成9年版通信白書』）。このように，ポケベルや携帯電話，PHSなどの移動体メディアは1990年代の半ばを通じて着実に普及と私的利用への拡大を進めていった。いずれの場合も移動体メディアは公共の場や組織に強く結びついて利用されるメディアであったのだが，時代を経るにつれて，所有する個人にダイレクトにつながる手段へとなっていくようすがみてとれる。

ただし，メディアの「パーソナル化」を通じて個々人が組織や集団の枠を越えて直接とり結ばれていく過程は，固定電話においても既にみられていた現象である。吉見らは固定電話が家庭のなかで設置される場所の変遷に着目した。一般家庭に電話が入ってきはじめた頃，そのありかは玄関先あたりになるケースが多かったといわれる。その後電話の場所は居間へと移り，さらに1980年代半ばからはコードレス電話や親子電話など家庭内の個室に持ち込む端末設置が一般化していく（吉見ら，1992）。つまり，はじめのうちは家庭から外部社会への物理的な出入り口となる玄関と，コミュニケーションの出入り口ともいえる電話の設置場所という2つの「場」はほぼ一致していたのが，徐々にコミュニケーションの出入り口である電話が家庭の内部に置かれるようになっていくのである。ここから吉見らは，電話が個室の中の個人と外部社会を直接とり結ぶ媒体としてはたらくことをみいだす。これらのことをふまえれば，空間に拘束されず，個々人と行動をともにする移動体メディアは，こうした傾向をより強めていく方向で普及していったということができるだろう。

こうしたパーソナル化の局面は，1970年代以降に進んだテレビやラジオなどのマス

メディアにおける個別化とも大きく関係している。カラーテレビ普及率は80年頃にほぼ100%となり，それ以後テレビは家族で視聴するメディアから，個人で視聴するメディアとしての側面を強めていく。実際，個人視聴率調査の導入については1990年頃から議論があり，1997年3月にはビデオリサーチ社がテレビ放送の機械式個人視聴率調査を東京地区で開始している。テレビの普及以前に家庭内で共同に接するメディアとしてはラジオがあったが，テレビにとって代わられてからは深夜放送を中心に，個室化した若者を擬似的にネットワーク化するメディアとしての機能を果たすようになる（平野・中野，1975）。また「ウォークマン」の展開にみられるように家族で利用する機器から個人利用の機器へと消費の中心が移っていく状況もみられる。こうした一連の傾向を，奥野（2000）は「家メディア」から「個メディア」への変化であるとした。

さらには消費生活や都市化の進展で若者を中心に在宅時間が減少し，戸外で行動することが多くなったことも移動体メディア普及の要因としては重要であろう（表 序-1）。こうした傾向の社会的背景としては，とりわけ1980年代半ばから国内経済において円高不況が収束したのち，90年代初頭にかけていわゆるバブル経済の時代に入り，急速な消費社会化が日本社会のなかで進行したことを無視できない。若者もその流れのなかに組み込まれ，外出時間の増大，余暇時間を街中で過ごすことがあたりまえになってきたのである。先の東京都の調査に戻ると，「遊んでいて帰宅が午後9時以降になる」ことが「週に一度以上ある」と回答した者が，中学では5.1%にすぎないが，高校生では18.8%にのぼる。また，学校の帰りに寄り道を「たいていする」者は，中・高校生全体の21.1%に及ぶ。「(学校以外で)友達とちょっとおしゃべりをする場所」として「友達または自分の家」を挙げる者が全体の20.5%いる一方で，「路上・街頭」をあげる者が30.3%と最も多く，「ファーストフード店」が21.4%とそれに続いている。また，「コンビニの前」という回答も全体の6.0%あった。こうした点をみても，若者たちがその自由時間を広い意味での「街中」で過ごす傾向があったといえるだろう（東京都生活文化局，1997）。これらのさまざまな要因が関わり合って，個人利用メディアとしての移動体メディアが広まったのである。

表 序-1 起床在宅時間の変化 (NHK放送文化研究所「国民生活時間調査」集計表より作成)

	1975年	1980年	1985年	1990年	1995年	2000年
男16～19歳	7時間14分	7時間05分	7時間05分	6時間57分	6時間35分	6時間13分
男20歳代	5時間15分	4時間55分	4時間55分	4時間37分	4時間53分	5時間6分
女16～19歳	7時間26分	7時間45分	7時間28分	7時間12分	6時間59分	7時間17分
女20歳代	9時間54分	9時間09分	8時間33分	7時間30分	7時間17分	7時間15分

1995年から調査方法が変わっているため，90年以前の結果と直接比較はできない。

3節 マルチメディアとしてのケータイ・インターネット

　日本でのメディアとしての携帯電話を特徴づけるのは,『平成14年版情報通信白書』において,「世界をリードする携帯インターネット」とうたわれた,インターネット機能の充実ぶりにあることは周知の事実である。日本におけるケータイ・インターネットの普及には,ｉモードのサービスで展開されたバリューチェーン・モデルが有効にはたらいたことは,発案者である夏野剛の著作などをはじめとしてよく言及される。しかし夏野や,その同僚だった松永真理も指摘しているように,そこには若者のコミュニケーション行動やそのスタイルが大きく関与してきた(夏野, 2000, 2002；松永, 2000)。実際,ケータイ・インターネットの利用度は年齢層が下がるほど高い(図 序-2)。しかも,利用率の高いジャンルは図 序-3でみるようにメールや着メロなど若者文化との結びつきが強い領域ばかりなのである。以下で紹介するように,ケータイ・インターネットの主要なサービスを構成するこれらの領域を含め,メディアとしてのケータイは多様な情報のモードと,コミュニケーションの機能を担っている。それゆえ,移動体メディアの発展過程におけるもう1つの傾向は,「マルチメディア化」として位置づけられる。

　ケータイをマルチメディアとして検討するにあたっては,まずマルチメディアとは何かについて位置づけておく必要があるだろう。マルチメディアの担い手として比較

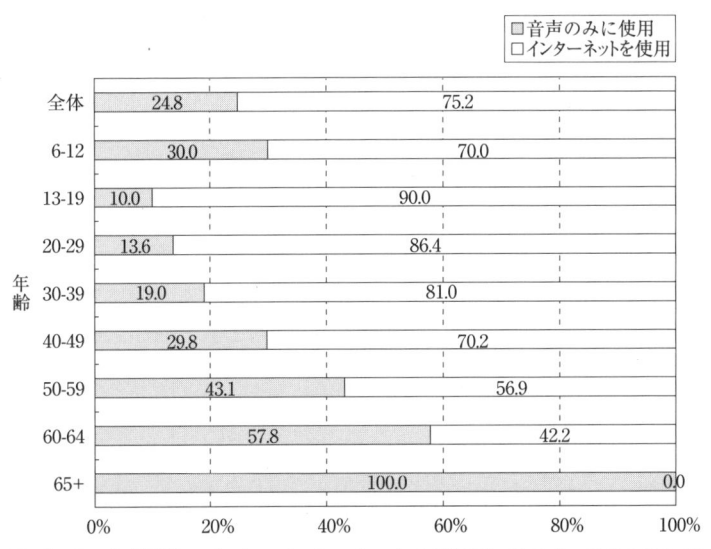

年齢	音声のみに使用	インターネットを使用
全体	24.8	75.2
6-12	30.0	70.0
13-19	10.0	90.0
20-29	13.6	86.4
30-39	19.0	81.0
40-49	29.8	70.2
50-59	43.1	56.9
60-64	57.8	42.2
65+	100.0	0.0

図 序-2　年代別ケータイ・インターネットの利用率（総務省, 2003より作成）

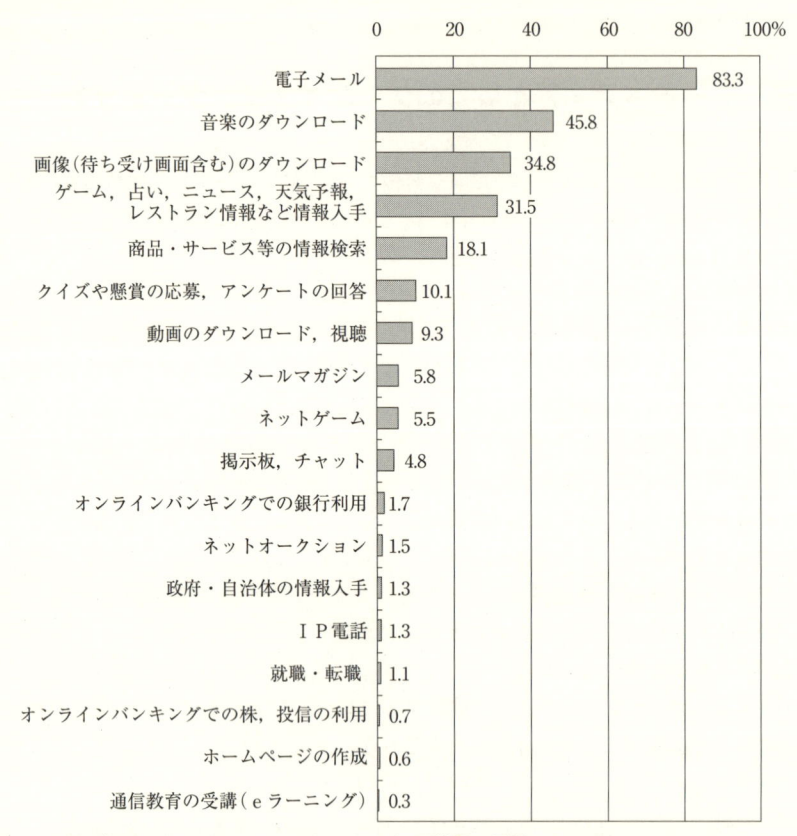

用途	%
電子メール	83.3
音楽のダウンロード	45.8
画像(待ち受け画面含む)のダウンロード	34.8
ゲーム，占い，ニュース，天気予報，レストラン情報など情報入手	31.5
商品・サービス等の情報検索	18.1
クイズや懸賞の応募，アンケートの回答	10.1
動画のダウンロード，視聴	9.3
メールマガジン	5.8
ネットゲーム	5.5
掲示板，チャット	4.8
オンラインバンキングでの銀行利用	1.7
ネットオークション	1.5
政府・自治体の情報入手	1.3
ＩＰ電話	1.3
就職・転職	1.1
オンラインバンキングでの株，投信の利用	0.7
ホームページの作成	0.6
通信教育の受講（eラーニング）	0.3

図 序-3　ケータイ・インターネットの利用の用途（総務省，2003より作成）

的歴史をもち，最もなじみ深いのはパソコンと，そこからアクセスできるインターネットであろうが，最近ではデジタルテレビ放送についてもにわかに期待が高まってきている。いずれの場合も，マルチメディアとして認められる上では，文字，音声，映像などの複数のコミュニケーションのモードを，双方向的に操れることが前提になっているといえよう。

　日本国内でこれらマルチメディアへの関心が高まってきた1990年代半ば，小林宏一がマルチメディアの概念を次のようにまとめている（小林，1995）。彼によれば，マルチメディアとは「〈マルチメディア化〉として一括できる一連のメディア開発動向ないしイノベーション過程」を構成する以下の5つのトレンドであるという。すなわち1)「マルチ・モード化」，2)「インタラクティヴィティ」，3)「ハイパーテキスト性」，4)「ディジタル・プラットフォームへの傾斜」，5)「ネットワーク化」というのがそれである。

iモード（NTTドコモ），EZ-web（au），Yahoo！ケータイ（ソフトバンク）といったウェブ接続サービスを利用できる機能を備えたケータイは，ほぼここで列挙される機能を満たしているといってよい。その意味で今のケータイが名実ともにマルチメディアであることに疑いの余地はない。

しかしながら，小林の議論で注目されるのは，上で挙げた5つのトレンドのうち，1)～3)までの動向はコミュニケーションのコンテンツ（内容）それ自体の問題ではなく，コミュニケーションのモード（様式）に関わる問題であることを指摘している点だ。これらは情報の受発信において，「重層的なモード，スタイル，様式による対応が迫られていることを意味」し，それは「既存メディアによってもある程度可能であること」を認識すべきだ，とする。要は，マルチメディア的なコミュニケーションのあり方が，前もって広く行なわれていたのではないか，ということである。

ポケベルへの液晶ディスプレイ搭載，携帯電話での発信者番号表示や文字メッセージ機能の導入などはまさにそれにあたる。また，最近では携帯電話へのデジタルカメラの内蔵があたりまえになった。こうした流れは単にテクノロジーの革新だけでなく，ユーザーの利用動向からも大きく性格づけられてきたものである。この点を，携帯電話における通話以外の特徴的な機能の由来からみてみることにしよう。それらは同時代の若者文化の強い影響を受けてきたと同時に，そうした文化のさまざまな局面をメディアそのもののなかに取り入れていくことで，きわめて重要な位置を占めるようになっている。言い換えれば，日本におけるケータイ・インターネットは，ポケベルに始まる文字メッセージの交換，着メロなどの設定，デジタルカメラなどによる視覚コミュニケーションといった，若者文化に背景をもつ個別のサービスを統合的に展開するなかで，高度な発展と幅広い普及を達成してきたということができるのである。この点について，おもな領域を順に紹介してみよう。

1　文字メッセージ

日本における若者のケータイ・インターネット利用の特徴として挙げられるのは，メールの多用である。メール利用自体は，フィンランドにおけるカセスニエミとラウティアイネンの指摘（Kasesniemi & Rautiainen, 2002）にもあるように移動体メディアの普及した地域ではけっして珍しいことではない。しかし日本の場合はその傾向が突出していて，若年層の場合，音声通話の回数をはるかにしのいでいる。これについて「学生」という属性でみた調査結果によると，携帯電話の通話利用頻度は「週に2～6通話」（27%）や「1日に1～2通話」（23%）というのが最も多くなる。この値は「全体」で「週2～6通話」（24%），「1日に1～2通話」（27%）であるのとそれほど差のある値ではない。これに対して，メールの利用回数は，「全体」で1週間あたりのメール発信数が平均28.2通，受信数が34.2通である一方，「学生」は発信数が

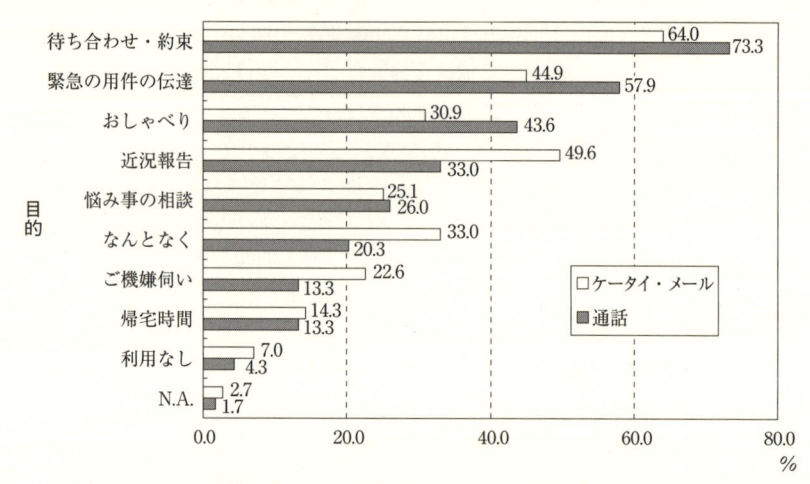

目的	ケータイ・メール	通話
待ち合わせ・約束	64.0	73.3
緊急の用件の伝達	44.9	57.9
おしゃべり	30.9	43.6
近況報告	49.6	33.0
悩み事の相談	25.1	26.0
なんとなく	33.0	20.3
ご機嫌伺い	22.6	13.3
帰宅時間	14.3	13.3
利用なし	7.0	4.3
N.A.	2.7	1.7

図 序-4 ケータイ・メール利用者の友人への通話目的とメール目的
(モバイル・コミュニケーション研究会, 2002)

66.3通,受信数が71.8通となり,「学生」の間では1日あたり平均10通前後のメール交換がなされているとみてよい。

では,このなかで交わされる内容はどのようなものなのであろうか。上記の調査で,全体のうちでメール利用者に対して,使用目的について尋ねた項目をみると,「友人」が相手のときだと次のようになっている。通話の場合上位にくるのは「待ち合わせ・約束」(73.3%),「緊急の用件の伝達」(57.9%),「おしゃべり」(43.6%),「近況報告」(33.0%)などとなっている。これに対してメールの場合では「近況報告」(49.6%)「なんとなく」(33.0%)「ご機嫌伺い」(22.6%)といったものが増え,「緊急の用件の伝達」(44.9%)「おしゃべり」(30.9%)といったものが減っている。すなわち,「友人」どうしで用いる場合,メールを利用するときには比較的緊急性の低いメッセージが交わされているとみていいだろう(図 序-4)。

こうしたメールの使われ方の源流をたどっていくと,ケータイによる文字メッセージ普及以前にポケベルによる文字コミュニケーションが浸透していたという事実にたどり着く。文字メッセージ機能は,まずポケベルに数字列を表示する機能から始まった。1987年にドコモが分社する前のNTTが取り入れたものだが,当初これは呼び出す側が発信元の番号を入力することを主眼としていた。それが,93年の加入時保証金値下げや95年の端末買い取り制導入で,加入コストが大幅に下がったことにより若者の利用が飛躍的に増大し,そのなかで彼らは,数字列を語呂合わせで読んだり,オリジナルな暗号を用いたりすることで,短いメッセージを交換する端末として利用するようになった。

高広(1997a)はこうした利用動向をふまえて,ロジャース(Rogers, 1986)によ

るニューメディアの特性に関する3つの項目「相互性（interactivity）」「脱マス化（de-massification）」「非同時性（asynchronity）」を引き，ポケベルのコミュニケーションは「マルチメディア／ニューメディア」としての性格をもっていることを示した。ポケベルそれ自体としては受信機能しかもたないが，固定電話と複合させて使うことにより，コミュニケーションのプロセス全体としては，マルチ・モードで情報の交換がなされているというわけである。

このとき，おもに女子高校生たちの間から広まったといわれるのが，数字の配列を語呂合わせで読むことによって，メッセージを伝える「ポケコトバ」というものだった。「0840」なら「オハヨウ」，「724106」であれば「ナニシテル」といった具合である。単なるコールバックのための手段であったポケベルについて，電話のプッシュボタンをメッセージ送信用のキーボードとして組み合わせることで，彼女たちは文字通信のためのメディアとして進化させたわけだ。

通信事業者はこのようすをみて，ポケベルの数字による表示に「11」なら「ア」「21」なら「カ」というかたちで，数字をカナ文字に変換ができる機能を与えた。これにより，従来なら「ポケコトバ」の解読に共通の了解事項やセンスが必要だったのが，誰にでもわかりやすいメッセージを交換できるようになった。こうしてポケベルの利用は若者の間でさらに拡大し，1996年，ポケベル加入者数はついに1000万を突破するまでにいたった。これらの点は前節でみてきたとおりである。その利用実態がどのようなものであったかを私たちのインタビュー調査のなかからのぞいてみよう。

【女，19歳，東京渋谷，1996年夏】
　───どんな時によくケータイとかベルとか（かけるの）？
　ベルは？ なんていうかケータイにかけて話すほどの用事ではないんだけど，でも，なんか「おやすみ」だけとか「おはよう」だけとか「元気にしてる」とかそれだけ。

【2人とも女，16歳，東京渋谷，1996年夏】
　───どういうときかけるの。
　A　待ち合わせ。
　B　待ち合わせとか。
　A　あと，ヒマなとき。
　B　ヒマなときとか。
　A　ちょっと一言伝えたいとき。
　B　伝えたいときとか。
　───じゃあ，入れるメッセージとか？
　B　えっ，何入れるだろう。何でも入れるよね。
　A　何でも入れるよね。
　B　「おはよう」，「おやすみ」とか。
　A　……は余裕で入れるし。
　A　「疲れた」とか「おなかすいた」って。
　B　大体，そんなところです。文字で伝わりやすいようなこと，やっぱり入れちゃうよね。

【女，19歳，東京渋谷，1996年夏】
　——どういうときにかけたり，メッセージ入れたりするの？
　　どういうときに？　もし友だちにね，「きょうヒマ？」とか入れて……（笑い）。

【女，20歳，東京渋谷，1996年夏】
　日曜日なんかお休みとかでね，「おはよう」とか，あいさつみたいな。電話をかけなくっても，なんかとりあえずつないでおこうみたいな，そんなのベルで1回だけ入れとけば，それでつながっているから。

　この，いわば「ポケベルブーム」とでもいうべき状況の担い手であった若者たちにとって，当時の携帯電話やPHSはそれほど魅力的なものではなかった。月々の基本料は高く，また着信があれば電話にでなければならないことがわずらわしく感じられたのである。わざわざ電話するまでもないメッセージを送ることのできるポケベルには，他のメディアに代えがたいメリットがあった。

【大阪ミナミ，アメリカ村三角公園，1997年1月】
　——PHSとか携帯欲しいと思う？
　少年　思う，お金があれば。
　——携帯とかPHS持ったらポケベルどうする？
　少年・少女　持っとく。
　——なんで？
　少年　ええ，なんか離されへん。
　少女　なぁ。さみしいなぁ，鳴らへんだったらなぁ。
　——電話でも鳴るやん。
　少年　ちゃう。なにか……，ポケベルだけのなんかってあるねん。
　少女　電話やったらな，「おはよう」なんかできへんもんな。
　少年　そうそうそう。

　この例が示すように，私たちが街頭で聞き取り調査を行なったところでは，相手をわずらわせることなく，気軽に文字でコミュニケーションをとることができるポケベルの特性が評価されていた（岡田・羽渕，1999）。
　一方，携帯電話やPHSの事業者も，若者のポケベル人気を傍観していたわけではなかった。双方向で文字メッセージの送受信が可能な点をアピールしてこの市場への参入を図っていく。まず96年4月に携帯電話のDDIセルラーグループ（現au）がセルラー文字サービスを開始したのを皮切りに，IDO（同）やNTTドコモ，PHSでもDDIポケット（現ウィルコム）などがそれぞれサービスを始めた。やがて97年末にはインターネットの電子メールともメッセージ交換が可能な「スカイウォーカー」のサービスをJ-フォン（現ソフトバンク）が開始する（たとえば太田，2001）。その際，一時的に従来，若者のなかでNTTドコモのユーザーの少なからぬ部分がJ-フォ

図 序-5　最初の i-mode 携帯電話機　富士通製 F501i（1999年）
写真提供：NTT ドコモ（株）

ンに乗り換える現象が生じた。シェアの急減に危機感を抱いたドコモは，本格的なケータイ・インターネットのサービスであるi モードを1999年に開始，その際にはドコモの頭打ち感に歯止めをかける切り札としての意義も期待されていたという（図 序-5）。

　また，この動きと並行してパソコン的な端末を使ってメール交換を行なうことも一時期広まった。ポケベルや携帯電話による文字メッセージ交換は，若い女性がその中核を担っていた。この状況をみたドコモは，"パソコンは持っていないけれどもEメールをやりたい"という女性の潜在需要を視野に，女性を開発担当者にすえ，『安い』『簡単』『コンパクト』をコンセプトに『ポケットボード』を開発し，1997（平成9）年12月に販売を始め」た。PDAほどのサイズとデザインをもった端末で，電話機からケーブルで接続し，メールの送受信に使うというものであった。販売開始から約 2 年で，この「ポケットボードは累計約70万台を突破」したという。また，「購入者像をアンケート調査（1998年11月分）でみても，女性が80％で，そのうち20歳代の女性が70％を占め」「会社でも個人でもデータ通信の経験がないという人が60％」に及んでいたという。このポケットボードをメディアとして位置づけるなら，ポケベルからケータイ・メールへのつなぎとでもいうべきものであろう（NTTドコモ，1999）。

　高広が分析したようなディスプレイ型ポケベルによるメッセージ交換では，あくまでもマルチメディア「的」コミュニケーションにとどまっていたが，ケータイを使ったさまざまなサービスが始まり，携帯電話という単一の装置内で完結したプロセスが可能になったことで，携帯電話は正真正銘のマルチメディアとなったのである。こうした動きと並行し，携帯電話やPHSのコストも引き下げられていくなかで，若者の間ではポケベルから携帯電話やPHSへのシフトが生じた。そして，90年代の終わりになると，ポケベルでメッセージ交換をしていた若者たちは，ケータイのメッセージで緊密なコミュニケーションを交わすようになっていたのである。

【男，17歳，東京，1998年夏】
──今の文字を送れるのと，それから声とどっちも使えますよね。その文字のほうは使ってますか？
あっ，使ってます。
──どちらをよく使っていますか？　文字と声。
文字のほうがよく使うと思う。
──それはどうしてですか？
簡単なことなら，文字で送ったほうが話すまでもいかない，（笑い）……こととか。
──1日にじゃそれはどのくらい送ったりするんですか？
でも5，6回じゃないですか。

【男，21歳，東京原宿，1998年夏】
──そのスカイウォーカー（ソフトバンク〔当時はJ-フォン〕のケータイメールサービス）に対応しているやつ，文字も使えてしゃべることもできますよね。どっちのほうをよく使っていますか？
そうですね。結構，スカイウォーカーのほうが多いかな。
──それはどうしてですか。
まぁ，とりあえず安い，安いというのもあるんですよね。結構，まわりも持ってたりとか，あといろいろ友だちがいるから，知り合った友だちとかとやりとりするのも楽だし，あともう時間考えずに送れちゃうっていうのもありますしね。まぁ，ですね。1回5円というのはやっぱ強いですかね。はい。
（中略）
──文字機能で話をするお話と，しゃべる内容っていうのは違いますか？
えーやっぱり，それはもちろん違うんですけれども，やはり持っている人っていうのもやっぱりさすがに限られてしまうんですけども，話をする人間はおもにピッチやらほかの電話やらという人たちなんで，そうですね。あと，ちょっと違うんですけど，ホームページ，スカイウォーカーのホームページをやっている人がいて，その人がEメールのメーリングリストみたいなのを作っているんですね。ここでだいたい100人以上いるんですけれども，そういう所からスカイウォーカーでたくさんいろいろ情報をやりとりしたいとか，そういうふうなこともやっていたりとかするんで……，そうですね。情報とかそういう感じでメールはやりとりして，ほんとに話は緊急というか，すぐにやりとりして，相談したりとか，そういう時ぐらいですね。

【女，17歳，大阪ミナミ，1998年夏】
──Pメールでどんなメッセージをやりとりするんですか？
うーん，「何したー」とかね，「今どこにいるー？」とかね。もうくだらないこと，「今何してたー」とか，うーん。
──しゃべるほうとPメール，どっちをたくさん使っていますか？
やっぱPメールじゃないかな。

こうしてポケベルの加入数は減少に転じ，2005年末には約52万7千にまで落ち込むにいたった。このような若者たちのポケベルからケータイへの乗り換えを端的に象徴しているのは，1996年からNTTドコモのポケベル広告のイメージ・キャラクターを

つとめ，文字通り「ポケベルの顔」であったアイドル・タレントの広末涼子が，同社のiモードのサービス開始時からそのイメージ・キャラクターもつとめたことだろう（松永，2000）。奇しくもこのとき彼女は高校を卒業し，大学に入学するという時期に重なっていた。すなわち広末は当時，ポケベルを「卒業」し，ケータイ・インターネットに乗り換えるさまをシンボリックに演じたのである。

2　着メロ

　マルチメディアとしてのケータイを考える際に，忘れてはならないものにケータイの着信音として鳴らされる音楽の「着メロ」がある。もともとこの言葉は1997年6月から，PHSのアステル・グループが行なっている「着信メロディ呼び出しサービス」の登録商標である。それゆえ，他の事業者でこの「着メロ」という呼称を使うことはできない。

　現在のシステムでは1曲ダウンロードするごとに約5円の著作権料を日本音楽著作権者協会（JASRAC）に支払う仕組みになっているが，ダウンロードによる著作権料収入の総額は2004年で年間78億8千万円，オリジナル音源を用いた着うたも含めると86億8千万円に達する。この年のCDなどオーディオディスクの売り上げにともなう著作権料収入が267億円なので，着メロ，あるいは着うたによる収入はその約3分の1近い金額に及んでいる（日本音楽著作権者協会，2005）。このことから，現在では日本の音楽産業において，着メロや着うたの配信がいかに重要な領域を占めているかがわかるだろう。

　だが，着信音にメロディを流すのはポケベルや一般固定電話の端末でもそれ以前からみられる現象である。ケータイにオリジナル着信音を登録可能になったのは，1996年9月，IDO（現au）がオリジナルの着メロ入力可能な機種（D319）を発売したのが最初であった。そのメカニズムは数字キーで音程とリズムを一音一音手入力し，曲を登録するものだった。流行現象として注目されはじめたのは，最初の着メロ入力用マニュアル本とされる，『ケータイ着メロ♪ドレミBOOK』（双葉社刊）が発売された98年7月頃からのことらしい（『産経新聞』1999年2月6日大阪版夕刊8面「楽しく着メロ・私らしさ演出」による）。これ以後，ヒットチャートの有名曲を網羅した着メロ本が次々に出版され，『ケータイ着メロ♪ドレミBOOK』は1998年の書籍総合年間ベストセラーのランキング（トーハン調べ）で第9位に入ったのである。

　自宅や職場の電話機であれば，かかってきた電話を周囲の誰かがとらなければならないので，着信音が鳴ることは必須である。しかしながら，ケータイは基本的に個人が持ち歩く端末であるので，所有者にさえ何らかのかたちで着信したということが伝わればよい。それゆえ，マナーモードなどに設定している状態で，振動などで着信がわかるようであれば，音を鳴らす必要性はない。それならば，「着メロ」などという

機能は徐々に滅びていくべきもののはずである。

にもかかわらず，着メロ機能はさらに発展をとげ最初単音のメロディを再生していたのが，1999年8月にはアステル東京で初の和音の着メロサービス（3和音）が開始され，まもなく競合他社でも導入される。この年9月に楽器メーカーのヤマハは，携帯電話用音源チップとして，4和音まで発音可能なものの出荷を開始，音色も128種類内蔵していたほか，音色合成も可能だった。楽器のシンセサイザーやパソコンのサウンドカードに使われるものと同じ発音方式をもっており，単なるビープ音ではないきわめて豊かなサウンドの表現を可能にした。翌2000年6月には16和音まで同時演奏可能となり，デジタルサンプリングされた生の音も再生できる機能が組み込まれた。これはすぐに各社端末に採用され，16和音の着メロサービスが始まる。さらに2001年には40和音，そして2002年12月からは，CDの音の一部をそのまま着信音として再生できる「着うた」サービスをauが開始した。今やそのなかでは最新ヒット曲をネット上からダウンロードできるようになっている。電話機に本来必要なレベルをほとんど逸脱してまで，なぜこのような機能が進化するのだろうか。

アウトドアで自分の好みの音楽を鳴らす，という形態から連想されるのは，ヘッドホンステレオやラジカセなどのオーディオ機器である。ガンパートはその機能について，身のまわりに音響環境を創出すること，あるいは「音の壁」による「縄張り」の形成であるととらえた（Gumpert, 1987）。また，音楽学者の細川は，同様にこれらのメディアを「都市空間を劇場と化す」ものだとしていた（細川，1981）。すなわち着メロとは，ケータイを所持する個々人が，音楽学者シェーファーのいうところの「サウンドスケープ」（Shafer, 1977）を自身のまわりにつくりだすものなのである。

その後，さまざまなデータ圧縮技術を使って，音楽ソフトをケータイなどの端末に配信するサービスの試みも始められている。こうしたケータイとポータブルオーディオとの融合に向かう可能性を視野に入れる限り，着メロ現象は単なる遊び的な流行の域を超えて，マルチメディアとしての可能性を探る動きの1つのなかに位置づけることができるだろう。

3 モバイル・カメラ

『平成17年版情報通信白書』によると，2005年3月末の時点で，日本国内のカメラ内蔵型携帯電話の稼働数は合計で約6637万に達しており，携帯電話契約数に占める比率は実に76.3％に及ぶ。少しさかのぼって2003年の調査をみると，カメラ内蔵型携帯電話の普及が進みつつあった時期においては，年代別でみると10〜20代の保有率が特に高く，年齢が上がるほど保有率は下がっていく傾向にあったことがわかる。また，利用頻度も10〜20代の方が高かったという（図 序-6）。

最初のデジタルカメラ内蔵端末は，1999年7月に京セラが発売したPHS，VP-210

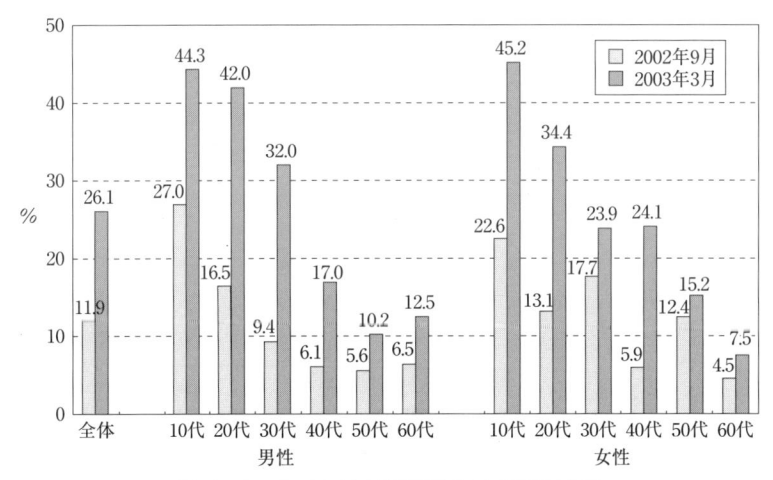

図 序-6 カメラ付き携帯電話の年代別保有率
(野村総合研究所, 2003)

(「ビジュアルホン」)だった。PHSのデータ通信が比較的高速な点を活かして、テレビ電話としての利用を狙ったものである。発表当初のメーカーからのプレスリリースによれば、孫の顔を見ながら遠距離に住む祖父母が会話するような利用イメージが想定されていたという。しかしながら重量165gと、その頃一般的に用いられていた端末よりもひと回り大きく、あまりユーザーには受け入れられなかった。

デジタルカメラ内蔵の端末の普及が進んだのは、J-フォン(現ソフトバンク)が2000年11月、カメラ内蔵型の携帯電話端末を発売し、翌年から「写メール」というサービス名で展開を行なって以降のことである。このときシャープから発売された端末は、重量74gで当時出回っていた機種のなかでも最も小さな部類にはいる。カメラとしては11万画素とそれほど高画質ではなく、しかも静止画しか撮影できないものだった(図 序-7)。これについてメーカーの開発者は「『写真を交換するという社会の流れがあり、携帯にカメラをつければ、壁紙をカスタマイズできる、写真を送ることができる』と考えた」と述べている((株)シャープの植松丈夫による発言。福富、2003)。

これは、「プリント倶楽部(略称プリクラ)」がゲームセンターなどに設置され、若者に人気を博していたことが背景にある。プリクラが初めて登場したのは1995年7月のことであった。96年末には設置台数が1万台を超え、97年10月には、全国に4万5千台を数えるほどに成長した。また1日あたりの販売は150万シートに及んだという。先の1997年東京都における中・高校生を対象とした調査を再びみると、中・高校生の61.3%(うち、中学女子で81.2%、高校女子で実に89.5%)がシールの交換や収集の経験があると答えている(東京都生活文化局、1997)。その発想の源は、1986年7月

図 序-7　最初のカメラ付き携帯電話機，J-フォン（現ソフトバンク）
シャープ製SH-04（2000年）写真提供：ソフトバンクモバイル㈱

に富士フイルムがレンズ付きフィルム「写ルンです」を発売して以来，女子を中心としたティーンエージャーが友人と写真を撮り合ったり，日常の風景を写真に残したりする習慣が広まっていたことにある。彼女らは，オリジナルの写真帳を作って，自分たちの交遊記録や生活の想い出を残すものとして大切に持ち歩いていた。それがプリクラの登場で，システム手帳の一部をアルバム化したり，ミニアルバムと同じようにプリクラシールのアルバムを作って持ち歩いたりするようなかたちが定着していった。あるいは，特に大切な友人や恋人との写真シールを自分のポケベルや携帯電話に貼りつけることもあたりまえとなった。

こうした現象について，これまでなされたおそらく唯一の社会学的調査研究に栗田の論文（栗田，1999）がある。彼は1997年に女子大学生をインフォーマントとして彼女たちが友人と交換したプリクラシールを収集し，そこで誰が何人写っているのか，撮影場所やシールの交換場所，コレクションの枚数などを分析した。それによれば，プリクラを撮影・交換する社会的機能として，1)日常生活における友人関係や恋人，家族，同僚などといった人間関係を再確認する手段として用いるという「友人確認（confirmation of fraternity）」，2)友人と遊びに行った場所などで記念に撮影するような「イベント確認（confirmation of daily events）」，3)同じ学校のなかで一番美形の友人と撮ったものや，ごくまれに撮影できたタレントなど有名人とのショットなどの「偶像収集（collection of idolized icons）」，4)季節限定のフレームや京都限定，軽井沢限定といった観光地などの地域限定フレームなど，内蔵された選択可能な背景画面を収集する「フレーム収集（collection of rare frames）」という4つの理念型を示すが，とりわけ重要なのは，シールの保有枚数を説明する効果として，世代やジェンダーなどと並んで，移動体通信を挙げていることだ。ポケベルを用いる者，携帯電話やPHSとポケベルを併用する者のシール保有枚数が際だって多く，逆に自宅の固定電

図 序-8　裏面にプリクラシールを貼ったポケベル（1996年9月）
（東京・原宿にて著者撮影）

話しか用いない層は最も少ないのである。調査が実施された1997年の時点では，携帯電話による文字メッセージはほとんど提供されていなかった時期だったので，文字メッセージの交換ではポケベルが主要な担い手だった。つまり，移動体通信において活発な層がプリクラもさかんに利用しており，プリクラと移動体メディアの親和性はかなり高かったことがここからうかがえる。

若者に移動体メディアが普及していくなかでは，彼らは自分が使っている端末にステッカーやプリクラシールを貼ったり，個性豊かなアクセサリーのストラップを取り付けたりして，「自分らしさ」を表現したがる傾向があった（図 序-8）。端末のスクリーンにお気に入りのイラストや写真を常駐させる習慣は，カラーディスプレイの普及でより定着していったようである。カメラを内蔵することで，こうした機能が携帯電話本体に組み込まれることになった。すなわち，デジタルカメラの普及は待ち受け画面の作成やプリクラシールの機能を組み込んだものといえるのである。

4節　移動メディアの社会的構成

以上みてきたように，日本における移動体メディアが普及し，変容をとげてきた過程は，利用者の受容状況に大きく動かされてきた側面や，当時の通信政策，あるいは業界の状況といった要素がからみ合って展開してきた。その意味ではフィッシャーのいう社会的構成によって形成されたメディアなのである。

それは同時に，シルバーストーンとハーシュ（Silverstone & Hirsch, 1992）のいう「家庭化（domestication）」の概念を，はたして現代日本の生活世界における移動体メディアの受容過程にあてはめることができるのかどうかを検討する必要があることも意味している。

「家庭化」は，メディア・テクノロジーが家庭内に取り込まれることによって飼い馴らされ，社会化されるというプロセスを示したものである。8章でも述べられているように，確かに家庭という位相からケータイの普及をとらえていけば，こうした図式は一定の説明力をもち得る。しかし，その一方でケータイは家庭の秩序から逃れようとする若者たちによってそのメディアの特性を発展させてきたというのも事実だ。したがって，日本発のケータイのイノベーションが，家庭と社会という位相だけからはとらえられないということを意味しているといえるだろう。

　とりわけ興味深いのは，2〜3節でみたように，若者のポピュラー文化として広く受け入れられていたアイテムや要素をケータイの機能として取り込んでいくことで，日本の携帯電話がユニークな発展をとげてきたことである。今日，そうした傾向は単に日本国内にとどまらず，他の国々においても同様の広がりをみせつつある。さらには，こうしたメディア変容がコミュニケーションの変化とどのように結びつき，また展開していくのか。また3G（第3世代），4G（第4世代）と高速化，ブロードバンド化が進んでいくなかでどのように発展をとげるのか。さらにはこれから先も若者文化のアイテムを取り込み続けることによって発展していくのか。より明晰なモデルの構築が必要とされているといえよう。

第1部　文化と想像

1章　反ユビキタス的「テリトリー・マシン」
2章　日本の若者におけるケータイをめぐる想像力
3章　「ケータイを調査する」から「ケータイで調査する」へ

Cultures and Imaginaries

1章

反ユビキタス的「テリトリー・マシン」

「ポケベル少女革命」から「ケータイ美学」にいたる「第三期パラダイム」

藤本憲一

　もし三賢人が，21世紀のケータイを見たなら…。ヘーゲルは，時代精神が常に掌に宿ると驚いた。マルクスは，人間疎外のフェティッシュ（物神）と嘆いた。最後にマクルーハンは，これで全地球は村，いや家になると目を輝かせた。が，次の瞬間，はたと気づき，愕然とした。いや待てよ！　こいつのせいで，妻や子は24時間外へ通じるドア，テレビ・ベッド・バスまで完備した個室を持つに等しいわけで，そんな家に俺のテリトリー（居場所）は，なくなっちまうぞ！

（自作アネクドート）

1節　異文化現象の総体をつらぬく「パラダイム」

　ケータイ使用の理論的研究において無視できないポイントとして，マンハイム（Mannheim, 1929）の「意識の存在拘束性」論に代表される，知識社会学・文化社会学的な問題がある[i]。

　というと，すぐに，はたして「虚偽意識（イデオロギー）」「階級（階層）」といった，古典的な問題設定が，最新のハイテク・メディアに関する理論・実践の複合体たる「ケータイ知識」に適用可能か，という反論が起こるだろう。これに対しては，まず短い回答として，科学史家クーン（Kuhn, 1962）の提唱した「パラダイム」概念を，知識・文化社会学的概念として再解釈すれば十分に可能だ，と答えたい[ii]。

　ある「母集団」（かつての「階層」に代わる概念）に「共有」（かつての「拘束」に代わる概念）された，科学技術に関する「パラダイム（範型）」（かつての「イデオロギー」に代わる概念）は，ケータイ使用の現場で，いったい，どのように担われてきたか。はたして，その母集団固有の「視座構造」（Mannheim, 1929）は，「モバイ

ル・メディア・リテラシー」とよぶに値するものか，旧態依然たる「ケータイ・イデオロギー」とよぶに値するか。その結論を急ぐ前に，議論の大前提となる「文化」概念と関連づけることで，「パラダイム」を知識社会学・文化社会学的に再定義していきたい。

たとえば，日本におけるケータイ使用の実態と，他の国や地域の実態との間には，多くの共通点があり，それ以上に，いくつかの重大な「差異」がある点も見逃せない。ひとことでいえば，「文化」の違いだ[iii]。

ただ，「文化」ということばは，「伝統文化」「民族文化」などに代表されるように，ともすると歴史的不変性・民族的固有性の面に重点が置かれすぎており，人文・社会科学の分野に限定されすぎる。その偏向を，根本的に是正するアイデアを提出したのが，「科学革命」論で著名なクーンであった。彼の「パラダイム論」は，次の点で独創的だった。以下，筆者独自の視点から要約した。

1)　少数の先駆者による新しい突飛な着想や発見は，まず科学者（有識者・専門家）集団に支持され，次に一般市民に使われることで，ようやく新しい「科学理論」として認められ，普及にいたる。
2)　したがって，「科学理論」の新旧交代は，決定的な実証・反証よりも，実際には支持者たる母集団の力（権力・覇権）による「革命」として起こる。
3)　このとき，その母集団によって共有された思考様式（行動パターン）の全体を「パラダイム」とよぶ。
4)　「パラダイム」には，純粋な「科学理論」だけでなく，それに付随する価値観・観念やイメージ，偏見にいたるまで，思考様式（行動パターン）のすべてが含まれる。
5)　その意味で，「科学理論」と文学・政治・社会における観念の間に本質的区別はなく，「科学理論」の交代普及と文学・政治・社会における流行との間に本質的区別はない。また自然や物質に関する「科学的言説」と文学・政治・社会における言説との間に本質的区別はない。

上記5点に加えて，著作からは明示されていないクーンの哲学的大前提は，後期ウィトゲンシュタイン（Wittgenstein, 1953）やガダマー（Gadamer, 1960）に通じる，「言語ゲームにおける，発話者と聴取者の片務（義務と権利の非対称）的関係」である。すなわち，「発話者」は「発話する義務を負うこと」で，初めて「発話者」になれる（「発話者」として生成する）が，「聴取者」は「発話を聴取するか無視するかのオプション（権利）をもつこと」で，あらかじめ「聴取者」たりうる（「聴取者」「選択者」「反応者」として先行的に実存する）権利をもつ点である。

ここでいう「発話」は，「理論」「表象」「情報」「生産品」「人工環境」など，あら

ゆる表現形態やモノに置換可能だ。クーンの独創は，それまで科学者共同体や一般世間で信じられてきた「発話者（孤高の天才）による発明・発見の主体性」神話を看破し，オルタナティブな「聴取者（匿名の支持者）による受容・選択・反応の主体性」を明るみに出した点にある。

このように「対立物が互いに転化する弁証法」のダイナミクスについては，「プレゼンテーション」「贈与」における主客の逆転から，「パラサイト」側の優位という観点で，別のところで詳しく論じたので，繰り返さない[iv]。以下，ヘーゲル（Hegel, 1807）の「主人と奴隷の弁証法」[v]や，セール（Serres, 1980）の「ホスト（招待主）とゲスト（食客）の弁証法」[vi]をふまえて，次の「科学理論の消費者革命」ともいうべき第6項を加えたい。

6）「科学理論（発話・言説）」は，それを受容・選択する母集団（言語共同体）に使われ，普及することで，初めて「科学理論」となる。このため，「科学者（発話者）」は，1つの「科学理論（発話・言説）」を「プレゼンテーション」「贈与」として，「支持者（聴取者／客であると同時に受容・選択の主）」に対する一方的な義務を負う。すなわち，「科学者（発話者）」は，「支持者集団（聴取共同体）」の選択しだいで繰り返し無視されたり，受容されたりする点で，「支持者集団（聴取共同体）」に寄生する「食客（ゲスト）」「居候（パラサイト）」である。

ちなみに，この「科学理論の消費者革命」とよぶべき第6項を含んだ，広義の「パラダイム」概念は，特に「デュエムのテーゼ」を引き合いに出しつつ全体論に傾き，ファイヤアーベント（Feyerabend, 1975）の「なんでもあり！」哲学に近づいた後期クーン（Kuhn, 1970, 1977）の「ディシプリナリー（学派・専門・訓練）マトリクス」概念に近い。ただ，同じ全体論者クワイン（Quine, 1981）の「翻訳不確定性テーゼ」のような知的敗北主義でなく，積極的に歴史学的・民族学的・考現学的フィールドワーク記述に努める点に意義があると考えている。

私の考えでは，「文化」という間口が広すぎるあまり，ときにミスリーディングな鍵概念も，こうした全体的な「パラダイム」概念を「説明の底」とすることによって，救出できるように思う。

具体的な論理的手続きとしては，さまざまな部分的領域における差異現象（歴史的・民族的な文化現象から個人的なノリ・モード・キャラクター現象まで）の一つひとつを「異文化」「対抗文化」「支配文化」「顕在的文化」「潜在的文化」なども含めた諸「文化」とよんで，「被説明項（論理学用語では explicanda）」とする。あくまで諸文化は，「パラダイム」という「説明項（論理学用語では explicantia）」によって説明される側におくほうが合理的である。したがって，物事を決定論的に説明する側の根本原理・法則として「文化」を措定しがちな，「文化本質主義」というもう1つの知

的敗北主義には与さない。

　以下では，この前提に立ち，ケータイを中心とした無線移動体通信に関する，主として現代日本の異なる母集団，すなわち主として「コギャル（ティーンエージャーの女子中高生集団を術語化したよび方）」vs.「オヤジ（中高年の家父長的男性集団を術語化したよび方）」間における「パラダイム変化」の緊張・葛藤を記述する。すなわち，両者の併存状況から，臨界期の10年（1990年代）を通じた両者の激しい覇権闘争，さらに21世紀を迎えて一方の「パラダイム」が支配的となり，統一的なデファクト・スタンダードと化していくプロセスを，最新の科学革命という意味で，「ポケベル少女革命」と名づけ，弁証法的に記述するものである[vii]。

　同時に副次的ではあるが，この極東での「パラダイム交代」の世界史的背景について，より広範なモデル化を試みる。すなわち，この最新の科学革命が，現代日本社会に固有の特殊現象ではなく，むしろ全世界に共通する歴史的背景をもつものと考え，最近百年間の3つの「パラダイム交代」を取り上げる。すなわち，軍事（military：軍人が担い手）→用事（business：ビジネスマンが担い手）→情事（socializing：若者が担い手）の三段階革命と，それに付随する，さまざまな「異文化」の混交や変容について考察する。たとえば，類似の先行例として，古代から現代にいたる凧の「パラダイム交代」，すなわち，敵情視察の偵察兵器（軍事）→交易や商業の通信道具（用事）→子どものオモチャ（情事）がある。こうした三段階説は，今後，史実的裏づけを行なうべき仮説的モデルであり，「ポケベル少女革命」の背景を理解する補助線として，展望したものである（藤本，1997，2003a，2005）。

2節　「ながらメール」，二宮金次郎，ミニスカート

　現在，グローバルな「ケータイ文化」が全世界を覆いつつあるように思われる。この「パラダイム交代」途上の，いわゆるクーン（Kuhn，1962）のいう「臨界期」の変革を「ポケベル少女革命」とよぶ理由は，日本のポケベル・ユーザー集団と彼らが創始した「ながらモビリズム」の姿に，現在のグローバルな「ケータイ文化」をつらぬく複数の「パラダイム」および，その母集団の思考・行動パターンが，すべて先取りされていたからだ。

　ここでは，「ポケベル少女革命」から「ケータイ美学」全盛にいたる「パラダイム」に随伴する文化の原型を，従来の「モビリティ」概念と区別して「ながらモビリズム」とよぶ。

　この定義を，まず"mobile"（モービル・モバイル・モビール）概念の拡張変化という点から確認したい。以下，"mobile"の含意は，1)から5)の順に，比較的実利的（身体的）な要因から，より美学的（精神的）な要因へ展開している（藤本，1998）。

1) 「移動可能（movable：地理・交通・社会的な文脈）」に対して肯定的。
2) 「携帯可能（portable：手に持てる，運べる文脈）」に対して肯定的。
3) 「動員可能（mobilizable：資源・人員を調達できる文脈）」に対して肯定的。
4) 「移り気な，移ろいやすい（changeable：感情・天候的な文脈）」に対して肯定的。
5) 「常に揺れ動き続ける（flowing, fluctuating, swinging：アレクサンダー・コールダー（A. Calder）の「モビール」という芸術的文脈）」に対して肯定的。

もちろん，上記5点のうち，従来の西欧近代的な交通・通信文脈における「モビリティ」概念は，1)2)にのみ，重点を置いてきた。が，20世紀末から今世紀にかけては，特に3)4)5)の含意が強くなりつつあり，大局的には"mobile"という語の意味そのものが，確実に「ながらモビリズム」の方向へ強く傾斜しつつある。

これに加えて「ポケベル少女革命」期の日本の若者のメディア使用場面を観察してみると，独特の"mobile"様態が，世界の「ケータイ文化」に先行して，先鋭的に現われていた。

6) 歩行運動を基本に，徒歩・自転車・電車・（他人が運転する）自動車を乗り継ぐ，低速でシームレスな「モビリズム」に対して肯定的。
7) 歩いて移動しつつ，マルチタスク／マルチメディア（文字・音声・画像）について，分散的／並列的な情報処理を行なう，「ながら」思考・行動に対して肯定的。
8) 稀少な自己資本を，「パーソナルメディア所有・運用コスト（ポケベル・ケータイ料金）」へ優先的・集中的に投資し，グローバルに遍在する余剰資源を，自分のために「動員」（そのつどパーソナルメディア端末から呼び出したり，恒常的に親や男友だちにパラサイトしたり）する。すなわち，「ユビキタス」な余剰資源を，「局在化（ローカライズ）」「私有化（パーソナライズ）」「自領域化（テリトライズ）」する，経済的な「モビライゼーション」に対して肯定的。

上記5点と，これら6)7)8)の3点を併せもった"mobile"の新しい型，これまで欧米に先行モデルをもたず，グローバルな要素とローカル（ヴァナキュラー）な要素を兼ね備えた文化の型が，「ながらモビリズム」である。

この「ながらモビリズム」の日本における萌芽は，まず「コギャル」（ギャルとよばれた二十代の女子大生やOLより若い少女）とよばれる女子高生を母集団として始まった。1990年代初頭において，この「パラダイム」は，大人の目には極端な異文化（奇妙な下位文化・対抗文化・反文化・非文化）として映ったため，日本社会の覇権（ヘゲモニー）を握る（と自認してきた）中高年男性「オヤジ」との間に，激しい抵

表1-1　第二期から第三期にかけてのパラダイム比較（「ポケベル少女革命」を中心に）

	～1980年代	1990～2000年	2000年～
科学革命の段階（クーン）	通常（安定）期	臨界期(パラダイム交代期)	通常（安定）期
パラダイムの三段階説（藤本）	第二期（ビジネス）末期	第三期（社交）萌芽期	第三期（社交）安定普及期
パラダイムの担い手（母集団）	ビジネスマン（オヤジ）	社交人（コギャル）	一般人（乳幼児・高齢者除く）
思考・行動のパターン	勤勉・時間厳守・上意下達	万事ルーズ・横並びの連帯	オンオフの使い分け・面従腹背
象徴的なメディア	腕時計・固定電話・机上据置PC	ポケベル・公衆電話	ケータイ（待画・カメラ・財布ふくむ）
象徴的な情報行動	社からポケベルで呼び出される	ヒマ時間に匿名のベル友と交遊	ひっきりなしの「ながらメール」
象徴的な図像	二宮金次郎＝通勤読書家，篤農家	路上で胡座をかくコギャル＝ジベタリアン	片手でケータイメールを読む自転車乗り
基層にある文化	ながら	ながら＋モビリズム	ながら＋モビリズム

抗を呼び起こした。「コギャル」（十代の女性）vs.「オヤジ」（中高年男性）という異なる母集団間の対立点と，その家庭内・学校内・会社内・路上空間での具体的な葛藤・抗争プロセスについては，既に詳しく叙述してきた（富田ら，1997）が，大きな対比は表1-1のとおりである。

　この抗争を経て，現在の「ケータイ文化」は「コギャル」文化を継承している。男女を問わない，30～40代までの大多数ユーザーを母集団として，既に「ポケベル少女革命」が成就したあとの路上では，「ながらモビリズム」が覇権を獲得している。そこには，もはやメディア行動における男女の性差はみられないが，ファッションなど他の行動におけるオプションの多様さ，アクティブさにおいて，いまだに「コギャル」が，「パラダイム」の牽引役であった痕跡が色濃く残っている。以下，2004年当時の街頭風景を略述してみたい。

　初めて日本を訪れて空港を離れ，しだいに街の中心部に近づくにつれて，外国人観光者の目に飛び込んでくる光景は何だろう。もし，たまたまラッシュアワー前の午後4時～4時半頃，高校の下校時刻にぶつかったならば，東京・大阪の大都市であれ，人口数万の地方都市であれ，外国人の注意をひきつけるのは，男女生徒の高校生文化（ファッションや行動）であろう。ケータイ使用における先駆者である彼らの姿に，目を向けてみよう。

　国土面積のわりに，春夏秋冬，地方ごとの気候差が比較的大きい日本であるが，不思議なことに，男女生徒の制服は，季節差・地方差がほとんどない。服装は校則で定められているが，生徒たちはおおむね制服の好みを重視して学校を選び，自分の好きな制服を身に着け，各自がアレンジして着こなす傾向にあるので，半ば強制かつ半ば

自発的なファッションといえる（「服」という古代漢字の語源も，この両義性をさし示している）。

路上に，男女のペアや男女混在の集団は少なく，かつての民俗社会における「ジェンダー別年齢階梯集団」としての若衆宿／娘宿の習俗を反映して，同性・同年齢（タメ年）どうしの集団が多数派を占める（藤本，1997，1999；Fujimoto，2000）。

長く伸びた午後の日差しのなか，三々五々，通り過ぎる男子生徒の集団は，黒・紺・灰色の長ズボンを中心としたモノトーンなシルエットである。なかには，割腹自殺した文豪・三島由紀夫の軍服のように禁欲的な詰襟に身を包む者もいる。

対照的に，女子生徒集団の服装は，アニメ映画『もののけ姫』を彷彿させる白っぽい丈長ベストに，ロシアのポップ・デュオ『t.A.T.u.（タトゥ）』ばりの極端に短いスカート，紺か白の膝丈ソックス（真冬の氷点下でもストッキングなしの素足）の3点セットである。

男子生徒の禁欲的なファッションと，露出が大きくて開放的な女子生徒のファッションは，日本文化に限らず各国でみられる，ジェンダー差の現われだろうか。ともあれ，この見た目の大きな違いに反して，両者の情報行動は，きわめてユニセックスに映る。

学生服の特異さの次に目をひくのは，頻繁なケータイのメール通信と，あまりに遅い移動速度の組み合わせとして生じる「ながら」文化であろう。高校最終学年になっても，車はおろかバイクや原チャリ（モペッド）通学さえ禁止されているため，男女生徒は徒歩か自転車通学だ。笑いさざめき，ふざけ合いながら，だらだらノロノロと歩道上を歩いて通学する者が多い。自転車を押しながら歩いたり，迷惑な二列縦隊の一群で喧しくしゃべったりしながら，徒歩速度とさほど違わない低速で，歩道上を自転車移動する姿が，よく見受けられる（図1-1，1-2a，1-2b）。

奇異なことに日本では，たとえ車道と歩道の間に自転車専用道が設けられていても，なぜか基本的に自転車は歩道上を走行する。この公然たる違法は，老若男女の別

図1-1　コンビニ前で，ケータイを使ってメールする若い女性（著者撮影）

図1-2　自転車に乗りながら，ケータイの画面を見る若い女性（著者撮影）

図1-3　「車内での通話はご遠慮ください」と，
　　　　建前で訴えかける駅のポスター（著者撮影）

にかかわらず自転車利用者側に歓迎されており，いやいやながら歩行者や，乳母車利用者（赤ちゃん連れの若い母親，杖・歩行器代わりに用いる高齢者を含む）にも黙認されている。その危険さ，モラル欠如を指摘する声も多いが，自転車利用規範の見直しが，全国的に真剣に起こるわけではない。その規範のゆるやかさあるいは無軌道ぶりは，電車の中で原則的に「建前としては」電源オフにしなければならないケータイ使用が，不関与の規範に基づき，「本音の部分では」微妙に黙認されている現象とよく似ている（図1-3）。

　彼らは徒歩や自転車で歩道を移動しつつ，おしゃべりを交わすと同時に，そこに居合わせない友（「メル友」）と常時ケータイで文字や写真のメールをやりとりする。個人差はあるものの，比重的にはメール利用回数のほうが，会話トラフィック数を上回

図1-4　東京・八重洲ブックセンター前の，焚き木を背負いながら読書する二宮金次郎像（著者撮影）

る。なかには，自転車で走行しながら片手運転でメールを読み書きしたり，自転車にまたがったままケータイで話し続けたり，さらに通話中のまま自動販売機で缶飲料を買い，また走り始めたりするような曲乗りまがいの者までいる。

　このように，歩きながら，ときに自転車に乗りながら文字を読むという「ながら」文化は，奇異にみえる反面，日本近代化200年の伝統において，1人のきわめて有名な先駆者を容易にみいだすことができる。街中の大型書店や小学校の校庭で見かける「二宮金次郎（1787-1856，のちに二宮尊徳とよばれた篤農家の幼名）」の銅像が，それである（図1-4a，図1-4b）。貧しい家に生まれつき，焚き木を拾い集めて運ぶ苦役に従事しつつも，「歩きながら本を読む」ことで知識を身につけて名をあげた，学生・生徒の模範像である（井上，1989を参照）。まさに，「ながらメール」の高校生群像は，裏返された「二宮金次郎」像なのだ。

　その意味で，「二宮金次郎」の図像は，現代日本の「ながらモビリズム」の重層性を象徴している。すなわち，1990年代に対立的に現れた「コギャル」vs.「オヤジ」の構図の背景，すなわち近代化以降の底流としての日本文化の基層部分に，「ながらモビリズム」がみられる。それが，「第二期（ビジネス）パラダイム」にともない，ビジネスマン＝「オヤジ」という母集団に担われると，勤勉な産業社会版「二宮金次郎」イメージ（典型的には電車の吊革につかまって日経新聞や自己啓発書を読むビジネスマンの姿）を生み，同じ「ながらモビリズム」が，「第三期（社交）パラダイム」にともない，社交人＝「コギャル」という母集団に担われると，路上を徘徊する「ながらメール」イメージを生み出すのだ。江戸時代においても，松尾芭蕉（1644-1694）らの俳人は筆・矢立・懐紙を常時携帯しつつ，日本中を徒歩で旅行しながら，「吟行」すなわち集団即興的な短詩のセッション（連句）を行なった。が，この優雅

な交通・社交の営みは,「第三期(情事)パラダイム」上の芸術や遊興目的以外に,「第一期(軍事)パラダイム」からみれば,擬装された隠密(準軍事的なスパイ・インテリジェンス・諜報)目的の活動とみることができる。俳諧を通じた手紙のやりとりや,地方に点在する弟子との交遊は,幕府や藩に関する秘密情報の交換ネットワークを兼ねていたからだ。

実際の見た目の印象からも,街頭の若者たちの「ながらメール」姿は,「吟行」イメージを強く連想させる。しだいに日が暮れるにつれ,暗闇のなか,鬼火のようにボウッと浮かび上がるケータイの液晶画面を顔前にかざし,片手を突き出して歩く。筆・矢立・懐紙を持って吟行した江戸の俳人のように,不思議なポーズで若者たちが歩道をゆきかい,それを追い抜く無灯火自転車も,ハンドルを握る片手に液晶の鬼火を灯して走っていく。かつて「家電の父」とよばれるパナソニックの創業者・松下幸之助が,最初に世に送り出したヒット商品こそ,自転車用ランプだったが,今や,その美しい伝統は忘れ去られ,危険な無灯火走行がほとんどである。

この無軌道ぶりは,大都市の街角で見かける虚無僧以上に不思議な印象を,外国人観光者に与えるが,きわめて日常的な光景である。こうした高校生がもつ「異文化」は,外国人観光者だけでなく,年長世代の日本人をも驚かせている。それと同時に,二十代,三十代の社会人にも急速に普及しつつあり,まさに新旧「文化」が路上の覇権をせめぎあっている感がある。その背後では,よりマクロな「パラダイム交代」が起きている。

次に,若者を中心に広く日本に浸透した「異文化」のありようを,暫定的に「モバイル・メディア・リテラシー」すなわち,「路上/歩行/ながら/やりとり(情報交信)」の文化・知識という側面からとらえ,深層にある「パラダイム変化」を追いつつ,規範・作法・マナー・ルールの基準,嗜好・審美感や美意識,哲学(モビリズム)など,広範な文化的背景についても,記述する。

ケータイと並んで,日本の街頭で見かける「異文化」として,ふたたび高校生の制服を取り上げてみよう。本来,制服は学校が指定し,強制的に着用させるものである。が,最近では少子化にともなう学校間競争により,生徒の人気を煽るような制服を有名デザイナーが制作するなど,「カッコイイ」「カワイイ」制服が導入される傾向にある。

元来の男女制服(詰襟とセーラー服)は,ともにヨーロッパの軍服に由来し,後発のブレザーはアイビールックに由来する点はよく知られている。その原型を残しながら,「娼婦のように破廉恥!」と年長者の眉をひそめさせるのは,極端に短く着こなした女子の制服スカートであろう。

この「超ミニスカ」は,春夏秋冬の季節差,北海道から沖縄までの地域差にかかわりなく,「素足にソックス」の定番とあいまって,1990年代から10年以上にわたって,定着をみせてきた。

1960年代末から70年代初頭にかけて，イギリスから全世界に流行したミニと，現代日本で定着したミニの違いに注目すると，欧米由来のパソコン文化と，日本独自の成熟を遂げた「ケータイ文化」の違いにも重なる，明確な差異がある。

　60〜70年代のミニは，ツィギーやビートルズ，クレージュやマリー・クワントの名前と結びついている。この時代，欧米渡来のミニは，全世界の若者に決定的影響を与えた。ある意味で，日本人が全面的に無条件に受容した「最後の欧米ファッション」だったのかもしれない。

　対照的に，女子高生の「超ミニスカ」は，「渋谷の制服」として90年代初頭にポケベルとともに出現し，全国の駅前空間を「プチ渋谷」的風景に塗り替えるほどに，日本中に定着した。90年代以降の「コギャル・ミニスカ」と，60年代の「ツィギー・ミニスカ」とは別物であって，「コギャル・ミニスカ」は，わが国独特の土着的（ヴァナキュラー）な「内なる異文化」といってよい。ルーズソックスの流行と同様，欧米の流行とは，直接的には連動していない。

　ポケベルやケータイもまた，情報通信機器としては，アメリカのAT＆T・クアルコム・インテル・TI・モトローラ社，イギリスのBT，北欧のノキア・エリクソン社など，欧米先進企業のテクノロジーに由来する面も大きいが，日本で独自の成熟をとげつつある。今や日本から世界へ，iモードをはじめ，絵文字・写メール・着メロ・待ち受け画面・ストラップといった土着日本的な「ケータイ文化」が輸出されつつある（図1−5a，図1−5b，図1−5c）。

　ケータイは，日本のサブカルチャーが集積する結節点の役割を果たしている。若者たちは，「J−POP」（日本製ポップス）を，いち早くケータイの「着メロ」（着信メロディ）に取り入れる。また，「ポケモン」「ドラえもん」「千と千尋」など，「JAPANIMATION」として注目される，日本製アニメ・キャラクターを待ち受け画面に取り

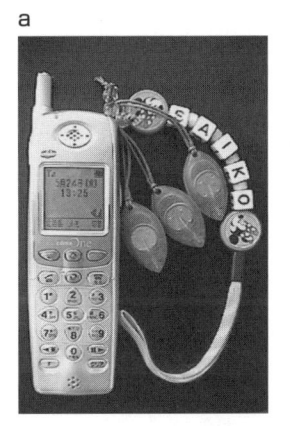

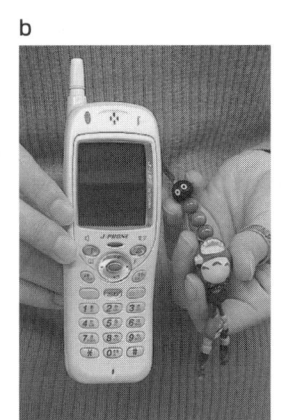

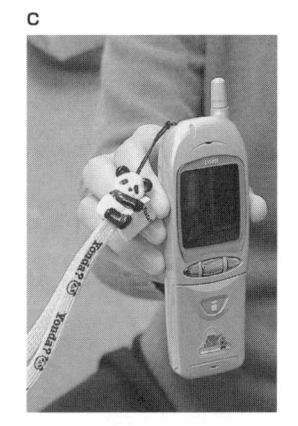

図1−5　各種キャラクターのストラップを装着したケータイ（著者撮影）

図1-6 「テリトリー・マシン」として等価な，チベット密教の法具「ドルジ（独鈷杵・金剛杵）」と，ケータイ（著者撮影）

入れ，ストラップ（マスコット人形）として飾り立てる。自分のケータイを単なる道具以上の，お守り（ラッキーチャーム）・分身（エージェント）・ペットのようにアニメイトし（魂を吹き込み），カスタマイズ（自分流に改造）する意欲が高いのも，特徴だろう。これを「採物（とりもの）」という呪具・法具とみなすことさえ，できるかもしれない。すなわち，ケータイは単なる物質的存在である以上に，大きな精神的意味をもつ。すなわち，就寝時の枕元にあるときのケータイは，夢魔から守ってくれるドリームキャッチャーである。それは，「偶像（アイドル）」であり，「物神（フェティッシュ）」であり，さらにいえば自分のまわりに「結界（精神的バリア）」という不可視のテリトリーを張りめぐらせうる点では，チベット密教の「ドルジ（独鈷杵・金剛杵）」と機能的に等価な存在と考えることもできよう（図1-6）。

このように「女子高生文化」「アニメ文化」「キャラクター文化」などと並んで，「ケータイ文化」は，ソウル・台北・上海・バンコクなどの若者に浸透中だ。欧米メディアも，かつての「黄禍論」すなわち黄色人種に白色人種が圧倒されるという一種の「オリエンタリズム」（Said, 1978）に基づく偏見のように，「ケータイ文化」の欧米上陸の可能性を取り上げている。

日本文化は「雑種文化」とよばれ，無線移動体技術としてのポケベルやケータイもまた，その一要素であった。が，「ながら／やりとり行動」「メール文字文化」「写メール」「iモード」「ギャル文字（ヘタ文字）」といった「絵文字文化」が，世界的に特異な印象を与えるのは，日本の「文字コミュニケーション」の質的独自性が，ある種，伝統の美意識に根ざしてきた点は否定できない。

よく日本人は表現が不得手といわれるが，源氏物語や枕草子，各種の絵巻物や浮世絵・瓦版を見ればわかるように，自己主張でなく情景描写を，討論でなく文字と線画（イラスト）で，たおやかに軽やかに表現するのは，昔から得意中の得意であった。

そうした「おしゃべりな文字（と絵・写真）たち」が，新しい俳句芸術となり，高

齢者の「絵手紙・ハガキ」，若者のケータイ・メールという大衆文化として，伝統を継承している。俳句芸術を，本来ビジネス用であったはずのポケベルに転移させて花咲かせたのが，90年代日本の「写生（正岡子規）」文学運動（「ポケベル少女革命」の一側面）であった。日本独自のケータイ文化が，そうした下からの大衆的芸術運動を，メールに呼び込んだ短詩形文学の今日的な継承者として，世界のケータイ文化をリードしつつある。

3節　ケータイの嗜好品化と，「ケータイ美学」の可能性

「嗜好品（気分転換用の気に入り品：refreshing favorite）」の新しい可能性について，現在，私たちは「嗜好品文化研究会」（Shikohin Study Project）で学際的に検討している[viii]。

そのメンバーの比較文明学者・高田（2003）は，人類の文明が農業革命・産業革命・情報革命という3番目の文明段階を迎えているという。すなわち，「汎嗜好品化」現象として，1)「嗜好品」は，社会に「薬」として登場し，最後には「常用品」として受け入れられる。2)それは，広い意味で向精神作用をもつナルコティクスである。3)そのありようは，時代や社会の文脈と関連している。4)それは，新しい文化，情報創造をもたらす。5)それに関連する産業は，情報産業社会において基幹産業となる，と指摘している。

この見方を拡張すれば，「ながらメール」などケータイによる新しい娯楽体験も，嗜好品と同じく，体内における広義の「ナルコティック」な作用をもつ。この作用をいかに制御し，美学にまで高められるか。この成熟のプロセスいかんで，ケータイは，「四大嗜好品」とよばれる酒・タバコ・コーヒー・茶に匹敵する「嗜好品」の地位を獲得する可能性をもつといえよう（Fujimoto, 2002a）。

かつて16世紀，千利休（1521-1591）は，「茶」という一介の「嗜好品」を，独自の感受性によって，「茶道の美学」にまで高めた。特に「茶」という飲料・中身にこだわるだけでなく，「茶器」という道具・メディアを基点に，「懐石」「弁当」という食事様式，「茶室」「野点」という室内・野外環境や建築様式，「茶人」「数奇者」という生き方にまで全面展開し，日本人の生活美学や年中行事，ファッションにまで広く影響を及ぼした点は，世界的に興味深い。

『茶の世界史』『時計の社会史』で知られる歴史家・角山（1980, 1984）によれば，西欧の茶文化もまた，1610年以降，日本から輸入されたものだという。少なくとも，日本における「茶」と相前後するかたちで，西欧におけるタバコやハーブ・香辛料，ワインやウィスキーの酒，コーヒーや紅茶の飲料，チョコレートなど菓子，すべてひっくるめて「嗜好品」は，欧米人の趣味や審美観にも，大きな変化をもたらした。た

だし，日本と違って西欧での「嗜好品」は，キリスト教やギリシャ哲学・美術という伝統的バックボーンを裏側から補完するマージナルなかたちで，近代になって追加された。その結果，いわば「周縁的文化」として，「嗜好品」文化が形成された。

日本の「茶」は，日常生活における周縁的な「嗜好品」という位置を超えて，死生観や世界観という哲学・宗教領域における文化的規準（canon）となった点，「日本人」の美意識の根幹が，「茶」と出会い，「茶」と対話を交わすことで形成され，継承されている点で，世界的に特筆されよう。

利休の死後4世紀，現代日本人の美意識は情報・メディアの発達にともない，変化しつつあるようにもみえる。しかるに，いまだに「茶器」は，道具界での「真贋のモデル」であり続け，「茶道」稽古の人気も根強い。そのなかで，若者たちの「雑貨（ガジェット）の美学」や，新しい「ケータイ嗜好品美学」の登場のきざしはあるだろうか。たとえば，ケータイのまわりでトグロを巻く数多くのストラップは，かつての和装ファッションにおいて，帯と印籠・煙草入れなどをつなぎとめていた「根付」と同じ伝統に属している。その証拠に，現在の店頭でも「ストラップ＝根付」として販売され，ケータイのストラップ人気が，伝統的な「根付ブーム」をリバイバルさせつつある。

現代日本における広義の「嗜好品」は，飲料・タバコ・チューインガム・マンガ雑誌・カラオケなど多岐に及ぶが，マーケティング・アナリストたちは，ガムや雑誌，カラオケの業績不振を，ケータイのせいにしている。事実，そうした「嗜好品」とケータイは，同じ「気分転換」市場を形成していると信じられている。

そこで危惧されているのは，さまざまな「嗜好体験」（楽しみ・喜び・気分転換の経験）が，すべてケータイによって媒介され，置き換えられてしまわないかという点だ。もし，そうなると，情報化社会において，従来型の「嗜好品」は，未来を失ってしまうのではないか。

歴史的に，ヨーロッパ人は新世界でのエキゾティックな体験を，近代的な「嗜好品」（コーヒー，茶，タバコ，菓子，香料）によって置き換えてきた。ナマの旅の冒険は，「嗜好品」として，メディアに媒介され，モバイル化（動員）され，パッケージ化（オブジェ）され，パーソナル化され，置き換えられてきた。これは，嗜好体験の近代的なモバイル化の第一段階であった。

おそらく，私たちは，嗜好体験のモバイル化の第二段階に直面している。現代の文明社会に，この経験の新しいステージは，何をもたらすだろうか。

広く知られているように，そもそも酒・タバコ・茶・コーヒーという世界商品は，およそ400年前の近代ヨーロッパにおける市場登場の頃から，きわめて高度な情報・メディア商品であった。その特異な性格は，世界的な規模で，情報化・都市化が急速に進行しつつある現代社会においても，形を変えながら継承されている。

この点で，現代のケータイをはじめとするマルチメディア端末もまた，味気ない視

聴覚情報の乗り物ではなく，リアルタイムで遠くから送受信される顔写真・動画・メールや，生きた会話のナマのバイブレーションを常時提供できる点で，「脱文脈」的な書物型メディアというよりもむしろ，「再文脈」化され，ローカル化された，きわめて触覚的で五感的な「嗜好品」に近い存在といえよう。

もちろん，ネガティブな面でも，ケータイは，その流行とともに，「嗜好品」としての特徴を示している。公共空間における迷惑な会話やマナーの喪失だけでなく，電磁波による医学的悪影響が指摘され，若者たちは「ケータイ中毒」ともいうべき精神的（ナルコティック）な嗜癖・依存に陥りつつある。

社会哲学者ボードリヤール（Baudrillard, 1986）は，「ガジェット」ということばで，嗜好品や電化製品などのジャンルにかかわりなく，「機能や実用よりコミュニケーションや遊び，おもしろさ，アイデアに価値をもつモノ」すべてを表現する。

世界中の生活文化がますます「遊戯化」「芸術化」し，「感性化社会」という側面を見せつつある現代では，まさしくホルクハイマーとアドルノ（Horkheimer & Adorno, 1947）が指摘する「啓蒙の弁証法」プロセスそのままに，一方で機能的・実用的な視聴覚偏重メディアが突出すればするほど，片やバックグラウンドとして，ナマの体感やモノの直接性がクローズアップされてくる。

もともと日本では，嗜好品を単体として味わうだけでなく，その周辺に派生するモノや道具，メディア環境まで，トータルに愛玩する傾向が強かった。そうしたモノ・道具・メディアは，嗜好品そのものと離れ，文房具や服飾小物，キャラクターグッズとして，独立した「かわいい雑貨」としての地位を確立する。また，雑貨と美術工芸品とは連続した市場を形成しており，人気のある「お宝グッズ」は愛玩品・プレミアムグッズ・骨董品としての美的・市場価値を獲得する。嗜好品から雑貨へ，雑貨から美術品へという移行は，自然発生的な流行現象のなかでも起こるが，それをアールヌーボーやアーツアンドクラフツにも匹敵するような美的革命運動として成功させたのが，「茶道」であろう。

見方を変えれば，「茶」のもつ味や香りといった味覚や嗅覚領域における美的要素を，視覚・聴覚・触覚といった他の五感へ置き換え，ずらしていく戦略によって，美的領域の拡大を図ったともいえる。いろんな五感を取り込み，置き換え可能であるというケータイの特性は，「茶」に匹敵する可能性をもつようにみえる。はたして，21世紀に「ケータイ道」は生まれ得るか。ケータイ・ユーザーのなかから，松尾芭蕉や千利休が，いつ登場するか（Fujimoto, 2002a；藤本，2002d）。

その意味で，現代のケータイは，いわば茶と時計の両方の後継メディアとして，「植物原料に由来しない，非経口の嗜好品」として，チューインガムやタバコと競合している。四大嗜好品はヨーロッパ側で成熟した「消費革命」による中南米原産の植物資源のグローバルな「転用」であったが，ケータイもまた，一種の「消費革命」による情報技術の21世紀的「転用」事例とみることができる。

嗜好品に限らず、あらゆる商品には、あらかじめ製造＝提供者の意図があり、製造＝提供者は、その商品の利用＝消費者に対して「製造＝提供者責任」を負うのが、消費社会の大原則であった。ところが、ケータイに先駆するポケベルは、10代の若者行動における「既存ビジネス用品の転用」という、企業側のマーケティング戦略を裏切る「発明」であり、逆に企業側が消費者の「発明」を模倣・擬態（ミメーシス）することで「進化」し、次々にヒットした。その結果、メーカーやキャリア側も、あらかじめ製造目的を固定しないまま、半ば責任を放棄して過剰な新製品を市場投入し、利用者の創造性に基づく「確率論的自然選択」にゆだねる趨勢となった。それをせずに、製造意図を若者たちに教育（強制指導？）しようとするメーカーやキャリアは市場で淘汰され、消え去った。もちろん原理的に、マクロ論理的な「パラダイム」のレベルでは、ユーザーしだいではあったのだが。

ここに画期的な世紀の大転換点があり、生産者と消費者、計画的意図と偶然的選択の逆転現象が起きた。1990年代初頭から今日にいたる十数年間に、製造＝提供者の意図を消費者側が裏切る「事件」が起き、その大原則が大きくゆらいだ。すなわち、私が「ポケベル少女革命」と名づけた、ポケベルからケータイの爆発的流行である。

テレビや冷蔵庫、車など、戦後日本に熱狂的に受け入れられ、生活に大きな変化をもたらしたテクノロジーは、枚挙にいとまがない。しかし、ポケベルのように、製造＝提供者の意図を裏切ってヒットした嗜好品タイプのテクノロジー製品は、かつてなかった。

もちろん、車のスピードをだして交通法規を無視したり、違法改造したりする暴走族のような例はあったが、もともと車は法定速度以上でるように製造されていたのだから、たとえ違法ではあっても、製造＝提供者の予想外の使用法ではない。

ポケベル・ケータイは、合法的でありながら、製造＝提供者の意図とまったく違う使用法が、消費者側で「発明」された。すなわち、オトナ向けの緊急連絡手段として製造＝提供された機器（およびサービス）を、若者が社交・遊び目的に「転用（発明）」し、数年後にはオトナも、その「発明品」を受容し、喜んで追随したことで全世代的に普及した、稀有な嗜好品だったのだ。

4節　反ユビキタス的「テリトリー・マシン（居場所機械）」

以上、「ながらモビリズム」、流行ファッション、嗜好品といった角度から、ケータイを取り巻く現代日本の状況を記述してきたが、結論からみれば、ある種のグローバル化に抗する日本固有の現象という面と、ある種のグローバル化をリードするローカルな先行事例という面の二面性をもつように思われる。もっとも、そのゆくえは定かではないが、よりマクロな底流では、「第三期のパラダイム」というプレート・テク

トニクスの岩盤上に乗っていると思われる。

　もちろん，ここでいう「パラダイム」とは，目に見えない「時代精神」「民族精神」のような抽象的で無形の伝承をさすヘーゲル風の「時代精神（Zeitgeist）」ではなく，規範・装置などすべての精神的・物質的存在を含む点に注意をうながしたい。

　1つの「パラダイム」は，文学・風俗から，法の制度や暗黙の規範，政治・経済・社会システム，科学・技術・産業の動態まで，多様なファクターの総和をつらぬく全体概念として成立する。

　今，全要因を網羅することはできないが，カント以来，世界認識のシェーマ（Schema）として重視されてきた時間・空間把握に焦点をしぼり，自己認識とテリトリーに関するメディアの変遷を重視して，「パラダイム交代」の輪郭を記述する。ここで記述すべきは，3（軍事・用事・情事）×2（ON/off）×8（メディア・空間・規範・時間・自己・美意識・リテラシー・身体変容）のマトリックスであり，その見取り図が，表1-2である。

　あくまで仮説的提示であり，実証調査は今後の課題であるが，重要な点は，メディアに関する「パラダイム交代」1つとっても，関連要因（諸文化）は多様にからみ合い，一元的な技術進化論・経済発展論・流行周期論・文化遺伝子論などでは説明できないことだ。

　たとえば，技術決定主義 vs. 社会構成主義といった抽象的論争が後を絶たないが，それにともなう具体的記述がない限り，ミスリーディングである。多様な構成要因を含めて，ケータイをめぐって世界中に無数の多層的な文化・文明が存在し，時系列変化が不断に進行し，ある日，全体的な「パラダイム交代」となって，現われるのだから。

　同じく，無線移動体通信における3度の「パラダイム交代」が，全世界共通の「グローバル経済発展」「技術標準化」「ユビキタス化」へ向かうという議論も，短絡的な神話かイデオロギーにすぎない。ケータイをめぐる表層現象（売り上げ・性能向上）に一喜一憂する事業者・技術者の現場努力は尊重するとしても，いやしくも人間諸科学の研究は，自ら拠って立つ基礎概念の言説構造に対して自覚的たる必要がある。

　そのうえで，常に出来事はオフィスでなく，現場で起きているのだから，積極的に現場のフィールドワーク記述に携わるべきだろう。「パラダイム交代」の誘因・トリガーとして，複数「異文化」並存の重要性を強調すべきであるが，「文化継承」と同じだけの比重で，「文化断絶」こそが，新しい「パラダイム」の誕生・形成・発展・衰亡プロセスにとって，大切である。

　私自身は，1990年代を通じて，メディアとしての腕時計（特にスウォッチやGショック），ポケベル，ケータイに関して，それぞれの社会における「異文化」としての位置づけを記述し，1990年代から今世紀にかけては，路上飲食（中食・ジベタリアン）行動やコンビニ・カフェと都市空間，睡眠環境と社会，嗜好品文化装置と世界と

表1-2　パラダイム（説明項）と諸文化形態（被説明項）

諸文化系列群	パラダイム交代パターン		
◎基底系列			
基底パラダイム	Ⅰ　軍事（防災を含む）	Ⅱ　用事（ビジネス＋家事）	Ⅲ　情事（恋愛・社交・遊びを含む）
母集団	軍人・兵士（銃後の非戦闘員が補完）	ビジネスマン（妻子が補完）	若者（成熟したコドモ：女性先行）
世界史的画期	1905年（日露戦争の対馬海戦）	1958年（初のポケベル、日本は1968年）	1990年代初頭（ポケットベル少女革命）
▲ON ワーク系	国家間戦争	法人間ビジネス競争	個人間出会いの競争
▼off ワーク系	共同体生活	家庭内での再生産	友（メル友含む）との連帯
▲ON テリトリー系	自国領土	自分の業界（自社・部署）	ケータイ・ネットワーク交遊圏
▼off テリトリー系	自分の村	自分の家庭	自室・気に入りの居場所
◎メディア系列			
△ON メディア系	電信（幹部・将校向け）ラッパ（兵卒向け）	音のみポケベル（幹部・外回り要員向け）腕時計・サイレン/チャイム（全員向け）	文字ポケベル・ケータイ（全員向け）
▽off メディア系	村（寺院・教会）の鐘	サイレン/チャイム（全員向け）	文字ポケベル・ケータイ（全員向け）
△ON メディア機能	士気高揚と、機密情報の上意下達	グリニッジ標準時の共有	個人的ノリの高揚と、友（メル友含む）との密秘情報の共有
▽off メディア機能	生活リズムの共有	余暇の家庭内共有・自分時間の私有	自分時間の私有と、「結界（精神的テリトリー）」の瞬時的確保
◎空間装置系列			
△ON 空間装置系	戦場（野営地）	会社・工場・学校	路上
▽off 空間装置系	故国・家郷	家・喫茶店	「ルームパラダイス」化した自室と、気に入りのカフェ
◎社会規範系列			
△ON 社会規範系	動員/命令と召集/突撃	契約と履行（客優位の応酬）	出会いと待ち合わせ（モテる女性優位の恋愛）
▽off 社会規範系	村での安息	一家団欒	まったりした互恵的つながり（友情）
◎時間意識系列			
△ON 時間意識系	戦地での定時行動	WBT(ワールドビジネスタイム)	原生時間(アッパー系のノリ時間)
▽off 時間意識系	村での不定時的な年中行事日程	家族での余暇時間	原生時間(ダウナー系のキレ時間)
◎自己認識系列			
△ON 自己認識系	国民	仕事をこなす社会人	恋人・友人に恵まれた社交人
▽off 自己認識系	村民	家族を愛する家庭人	好きな物(嗜好品)に囲まれた趣味人
◎美意識系列			
△ON 美意識系	剛直！	仕事ができる！	モテる！　かわいい！(かっこいい！)
▽off 美意識系	素朴！	家族や部下にやさしい！	天然！(他人に愛される「自己中」人間！)
◎リテラシー系列			
△ON リテラシー系	従順な聞く耳と、正確な武器操作	読み書き・計算・商談用会話・車の運転	文字の読み書き・ケータイ操作・おしゃれな会話
▽off リテラシー系	思考・感覚遮断（恐怖心オフ）	文学能力遮断（対人恐怖オフ）	時代遅れテクノロジーへの愛着遮断（メカ好きオタク忌避と、メカ音痴恐怖オフ）
◎身体変容（感覚の自動機械化）系列			
△ON 身体変容系	戦争機械	ビジネス機械	社交・恋愛機械(コギャル/電車男)
△off 身体変容系	単純労働機械・共同体従属機械	家族愛機械	文学・蒐集機械(オタク/ハイクマニア)

いった諸問題について，メディアとの関連で記述してきた（Fujimoto, 2002a；藤本, 2003b）。日本をはじめ極東圏・東欧圏といった技術文明のマージナル地域に着目して，ケータイという一見「フェティッシュで情報資本主義に汚染されたガジェット」を，いかにマクロ的な「パラダイム」の視点から救済できるかという課題を自問してきた。

表1-2で整理したように，ケータイは，平板なカント的時空のなかに「ノリ」と「キレ」という生きたリズムを呼び起こす点で，すぐれて現代的な嗜好品であり，ユビキタス化に向かう趨勢のなかで，自分だけの「テリトリー（結界・私的領域）」を瞬時的に生成する「反ユビキタス」的メディア武装といえる。

その意味でケータイは，かつて近代西欧の新聞やコーヒーが担った，知的でファッショナブルな情報収集装置として，他人との距離を絶妙に保つ「個体間距離の生成・維持装置」の直系の子孫として，現在も発展中の「テリトリー・マシン（居場所機械）」である。時空間認識から美意識，皮膚感覚にいたる価値観の総体が今，「ケータイによって因果論的に」ではなく，「ケータイとともに一挙に全体的な布置連関として」変わりつつあるのだ。

逆に，変化を嫌がる旧「パラダイム」の主役，ビジネスマン＝家父長（いわゆる「ダミ声」の「オヤジ」）は，「パラダイム」の交代劇から目をそむけ，ケータイだけを悪者にして，自己満足的な「テリトリー本領安堵」の溜飲を下げたく思っている。が，実際には，オンナ・コドモの黄色い声が，路上・車内・社内・家庭内を席巻しつつある。以下，自己引用が長くなって恐縮だが，「第三期パラダイム」の下での路上覇権闘争の動態的記述例を挙げておこう（藤本，2002b）。

> すでに若い男性（自称・なりきり含む）は，こうした「ダミ」なオヤジと混同されないよう，オンナ・コドモの行動様式を身に着けて擬態し，オヤジとの差別化をはかる。もちろん，オンナ・コドモといえども，放埓な黄色い声を始終発信できる特権は，ミニスカ・ルーズソックスの「女子高生の記号」につつんだ身体に，より多く許容されている。黄色い声は，ケータイという絶好のテリトリー発生（文字どおり発声）装置にのって，メールとなって，空間をとびかう。
>
> ケータイ一本もてば，そこが彼女の部屋（ルーム・パラダイス）であり，お気に入りのカフェであり，店主として店をひろげるフリマとなる。まさしく，ケータイは，自分のまわりに「マイ・ケータイ空間」というテリトリーを，瞬時に発生させるジャミング・マシンなのだ。
>
> たとえ，声や文字となって電波が飛んでいないときでも，「かわいいケータイ」さえ身にまとえば，「ビジュアルな非オヤジ的記号」として十分，その役をはたす。悲しいかな，オヤジが新聞の代わりにケータイを車内でもちいると，それは「ダミなケータイ」になる。若い優男がもつと「かわいいケータイ」も，薄汚いオヤジが手にするだけで，酷似した形態やサイズそのままに，脂ぎったファロセ

ントリックな記号となる。「オヤジ」がケータイのバイブ機能を駆使すれば，そのかすかな振動が卑猥なイメージを連想させ，写メールやFOMAをもてば，覗き・盗撮・ストーカー虞犯者とみなされかねない。車内にある匿名の身体が「オヤジ」か否か，それを決めるのは世間（オンナ・コドモ）の側なのだから。

　ケータイを，「ユビキタス（非場所的）メディア」と見る向きもあるが，それは機能的レベルでの浅い見方に過ぎない。柳田国男（1931）や鹿島茂（2000）が指摘するように，乗合馬車や汽車は，「文明化」の美名のもとに，大衆から肉声という，野生のナマのコミュニティ（村の寄り合い）装置を奪った。声（会話や音読）に代わって，本や新聞を黙読する習慣が，相乗り客とのパーソナルな距離を適度にたもつ，新しい私領域（テリトリー）発声装置として，普及した。その時点で，ダミ声は近代化され，新聞になった。バサバサと乾いた音を立て，自分の居間のようなツイタテをめぐらすことで，安全圏から女性の身体をピーピングする隠れ蓑の役割をはたし，同時に，あわよくば女性の身体を紙片の先端で撫で，かすめる性的な触手の役割をはたす紙の束へ，物象化した。かつての女声の悲鳴のように，バーバルな意味内容を欠いた零落形態ながら，「ウェーオッホン！」という無言の咳払いが，貧弱ながらダミの権力性を保存している。かつて開かれた路上で，あれほどノビノビと傍若無人にまで能動的だったダミ声の発信行為は，閉鎖的な車内空間における新聞黙読という情報受信行為（およびカラ咳という貧弱な情報発信行為）に，爆発的に萎縮した。

　1990年代の初頭，「ポケベル少女革命」の進行とともに，路上も車内も，家父長的なコミュニティ空間から，オンナ・コドモの私領域へと変貌していった。中高年男性が，ダミ声から新聞・咳払いへというメディア転換によって，なんとか車内をマイホームの居間化して，安穏と棲みついていたのに，にわかにポケベル・ケータイといった新しいテリトリー発声装置を手に，隙あらば黄色い声をはりあげ，ルーズソックスを履き替え，お菓子を食べふけるコギャルたちが，路上だけでなく車内まで占拠しはじめた。新聞の合間から，向かいや隣の女性客の従順な身体を，チラチラと覗き見る快楽空間は，「人間以下のオヤジに，パンツ見られたって，会話聞かれたって，超平気」というコギャルたちの暴力的な示威行為（徹底的な存在無視の視線）によって，逆にオヤジたちが傍若無人に蹂躙される，屈辱的な屠殺場空間に変わった。オヤジにとって，すべての着メロが「ドナドナ」に聞こえた。

　路上でも車内でも，声の覇権が，静かに確実に交代していったのだ。

　最初は異文化・異風景として路上に出現したセグウェイも，徐々にアメリカのいくつかの都市では，１つの風景となりつつある。低速で歩道も公道も走行し，交通体系や規範を撹乱する点で，日本の無軌道な無灯火自転車と似ているかもしれない。これ

まで四輪車の中で据置型の自動車電話を多用してきたアメリカ人においてさえ，セグウェイを利用しはじめると，低速移動しながらケータイ・メールの読み書きをする「ながらモビリズム」習慣・行動・文化が生まれるかもしれない。

「第三期パラダイム」が真っ盛りの現代日本の路上では，「ケータイと人」が一体化することで，「テリトリー・マシン」としての強力なプラットフォーム・ユニットを形成している。そこに自転車が装着されることで，ユニットはより強力となる。しかし，かつて自転車に付属していたベルも，荷台も，ランプも，変速装置も不用品として外され，かろうじて前カゴだけが残り，純粋に「ケータイと人」ユニットの補助機関と化している。こうして，「ケータイと人」ユニットを中心に，かばんの形態や大きさが変わり，腕時計やウォークマンといった持ち物が変わり，姿勢も行動も，すべてが1つの「パラダイム」の下に，どんどん変わっていく（藤本，2004，2005）。

かつて野外用の交通機関と無線通信機器は，人と一体化した道具とよぶには，サイズが大きすぎ，スピードが速すぎて，間尺が合わなかった。その時代，人は電車の中で本・新聞・傘・ステッキなどを，路上歩行中やオフィスの中ではタバコを，喫茶店ではコーヒーを，公道では車そのものを，「テリトリー・マシン」として活用してきた。それは，洋の東西を問わず，中世において支配階層（武士・騎士）が馬に乗り，剣を携帯することで，「人馬剣一体」となった強力なプラットフォーム・ユニットを形成しつつ，「テリトリー・マシン」として路上の覇権を握ったのと，まったく同じである。

家の中では，杓文字や竈に続いて，家電製品がプラットフォーム・ユニットを形成し，台所や茶の間という「女の居場所（あるいは閉所・ゲットー）」を形成した。これに対し，初期のクルマは，自動車電話やカーラジオとともにプラットフォーム・ユニットを形成し，オフィスと顧客の中間にビジネス空間という「男の居場所（あるいは閉所・ゲットー）」形成をうながした。

その意味で，「テリトリー・マシン化する私とケータイ」と，「ユビキタス化する世界とケータイ」も，互いに異文化でありつつ，同じコインの表裏である。両者は，同じ1つのケータイという物神に宿りつつ互いに葛藤し合う，同じ「第三期パラダイム」に属する諸文化の，両極的な現われといえる。まだ，明瞭な形を見せないが，近いうちに生まれる新しい「第四期パラダイム」の兆候である可能性をも，両者は同等に秘めている。

安易に「多文化共生」という予定調和神話を説く前に，まず「異文化葛藤」の個別事実に目を向け，背後にある「パラダイム」の内実の具体的記述に努めるべきであろう。女子高生のミニスカやケータイに限らず，あなたの無意識的な睡眠行動における眠り小物や着衣，寝癖や起床時間にいたるまで，自分の身体の直近で生じる些事のすべてが，最も身近で見られる「異文化葛藤」であり，「パラダイム交代」の兆候である（藤本，2002c，2003b）。

世界中の異文化に対する理解を深めるとともに，みずからのうちなる声に，よりいっそう耳を傾けたい。かつて日本のことわざ「井の中の蛙」とは，世間知らずの傲慢さに対する警句であった。だが，最も身近な「異文化」に気づくためには，ある意味で「自分のうちなる感性（美意識）」という井戸を深く掘り下げねばならない。

　『啓蒙の弁証法』において，ホルクハイマーとアドルノ（Horkheimer & Adorno, 1947）は，「啓蒙（論理）原理」と「野蛮（神話）原理」の弁証法的な相互逆転過程について，論じている。すなわち，文明による「啓蒙の原理」が社会に貫徹すればするほど，より一層，「野蛮の原理」の側も全体的な覇権に近づく，と。たとえば，1930～40年代のドイツ・ファシズムや1950年代のアメリカ・マッカーシズムにおける野蛮な画一性と，映画などの大衆的文化産業の画一性とは，文明や啓蒙がもたらすプロセスの不可避的な帰結であったと，彼らは記述した。

　彼らの弁証法哲学を援用することによって，最後に，より進んだ情報技術社会における「テリトリー原理」と「ユビキタス原理」の弁証法的な相互逆転過程について，示唆しておきたい[ix]。

　「テリトリー（私的領域・偏在）化原理」は，個々人が自分だけの嗜好や欲望を満たす，居心地いい時空間を，自分の身体のまわりだけでなく，できるだけ周囲の環境にも広げていきたいという極限的な「拡張」志向をもつ点で，最初から「ユビキタス（公的領域・遍在）化原理」の契機をあらかじめ含んでおり，いわば先取りしている。

　逆に，公的領域におけるメディア環境の「ユビキタス化」が進めば進むほど，各個人が，たとえば覇権を奪われた「オヤジ」が今や車内での「ウェーオッホン！」という「形骸化した警咳（けいがい）」だけで武装しているように，「ユビキタス化」の真っただ中に「ミニマムな不可視の私的領域（声と身体）」を築こうとする極限的な「縮減」志向をもつ点で，「テリトリー化」が極相（クライマックス）に大きく振れる運動をも加速させる。

　「ユビキタス化」と「テリトリー化」は，このように相互連関的で可逆的な弁証法的プロセスの両側面である。こうして，ケータイは，時代のプラットフォームとして，「ユビキタス・マシン」としての特性をもてばもつほど，しだいに「テリトリー・マシン」としての本領をも発揮しはじめた。

　「第二期パラダイム」においては，普遍的でグローバルな文明化を背景にしたビジネス強者「オヤジ」たちが，自動車やパソコン，ビジネス用ポケベルといったテクノロジーを「ユビキタス・マシン」として活用することで，ビジネス弱者たちを圧倒していった。

　しかし，そうした強者のIT機器が，年齢性別の壁を越えて，あまねく普及すればするほど，それだけいっそう，閉所に追い込まれていった弱者たち（主婦・子ども・高齢者を含む）は，自分の身を最低限守るだけの「結界（精神的テリトリー）」を築かねばならないという，生存の必要に衝き動かされていったのだ。

第二期と第三期の間の「パラダイム転換期」において，それまで相互に孤立無援で無防備な存在だった「コギャル」たちは，圧倒的なビジネス領域の拡大による囲い込み傾向に対する無意識的な反抗として，やむなく「女学生らしい生真面目さ」「処女らしいおとなしさ」の殻から脱却を図った。すなわち，ビジネス強者たる「オヤジ」のもつ暴力的な武器であるポケベルを，自分たちの側に奪い取り，独自の「モバイル・メディア・リテラシー」を共有することで，無意識のうちに連帯を実現した。あたかも「電脳ムスメヤド」のような強固な同性同世代のネットワークを主体的に確立したうえで，「モダン・バーバリアン（現代的な蛮族）」のように，路上に仁王立ちとなって，黄色い金切声のユニゾンで「かわいい～！」と雄叫びをあげたのだ。

　おそらく未来においても，相対立する二大原理，すなわち，文明 vs. 野蛮，主体（ホスト／サブジェクト）vs. 客体（ゲスト／オブジェクト），主人 vs. 奴隷，強者 vs. 弱者，「テリトリー原理」vs.「ユビキタス原理」は，弁証法的なプロセスのなかでうねりながら，揺れ動きつつ，往復運動を続けることだろう。

注）

i）　知識社会学的な問題意識や方法論は，マンハイム（Mannheim, 1929）に始まるが，現代における後継者としては，たとえばバーガーとルックマン（Berger & Luckmann, 1966）による記述を参照。
　また文化社会学については，問題意識や方法論でなく，領域や対象としての「現代文化」を扱う社会学という意味で用いている（その点で，メディア論の領域と重なる部分も大きい）。藤本（1998, 2003 b）および，カッツとオークス（Katz & Aakhus, 2002）の第1章から第19章，補論A・Bにわたる各論考を参照。
　本稿における「知識」「文化」（具体的には「モバイル・メディア・リテラシー」）概念は，IT論における狭義の「メディア・リテラシー」論とは文脈を異にしており，以下の言語学・文化人類学・経営学などの学際領域にまたがっている。
　第一に，言語学におけるチョムスキー（Chomsky, 1975, 1986）の「言語知識」概念，すなわち具体的には「個別文法と普遍文法」「言語能力と言語運用」などの議論を参照（藤本, 1985）。
　さらに，自然発生的・土着的な「方言」「グループウェア」「ローカル・ナレッジ」として産声をあげた，若い女性（「コギャル」）小集団による「モバイル・メディア・リテラシー」（ポケベル・ケータイを意味転換する独自の創発的運用能力）が，抑圧的・硬直的な中高年男性（「オヤジ」）集団の組織的ヘゲモニーを打倒・席巻し，日本はおろか全世界に共有される「コーポレイト・カルチャー」「グローバル・ナレッジ」へ接続・統合されつつある点については，まず，基本概念として，ギアツ（Geertz, 1983）に代表される文化人類学の「ローカル・ナレッジ」概念を共有している。
　さらに，それは，文化人類学の概念を批判的に継承した組織文化論における「ローカル・ナレッジ」の企業内共有化や，知的資産の「グローバル・スタンダード」化など，「コーポレイト・カルチャー」論の文脈に通じている（Deal & Kennedy, 1982を参照）。この系譜の近年の傾向である「ナレッジ・マネジメント」論については，ディクソン（Dixon, 2000）やクロー（Krogh, 2000）らを参照。

ii）　「パラダイム」論については，クーン（Kuhn, 1962）を参照。逆に，「パラダイム」論の，社会科学方法論への転用に対する批判については，ポパー（Popper, 1994）を参照。

iii）　ケータイ「文化」に関する国際比較研究については，カッツとオークス（Katz & Aakhus,

2002）および藤本（2006）を参照。現在の日本の大衆文化状況については，上田（Ueda, 1994）および鵜飼ら（2000）を参照。

iv) 「コミュニケーション」より論理的，事実的に先立つ，「プレゼンテーション」概念の重要性については，角野ら（1994）を参照。

v) ヘーゲル（Hegel, 1807）を参照。ガイスト（Geist）概念をケータイ研究に応用した「機械精神（Apparatgeist）」については，カッツとオークス（Katz & Aakhus, 2002）の第19章を参照。

vi) セール（Serres, 1980）を参照。この哲学的概念としての「寄生」を，社会理論に応用した藤本（1999, 2002b, 2004）を参照。

vii) 「コギャル」を主体とした「ポケベル少女革命」と，1990年代における「パラダイム転換」については，藤本（1997, 1998, 2002c, 2003a, 2005）および富田ら（1997）を参照。

viii) 嗜好品文化研究会の詳細については，http : //www.cdij.org/~shikohin/を参照。

ix) マイアソン（Myerson, 2001）は，ケータイ研究にドイツ系批判理論をあてはめようとしたが，この試みは2つのタイプの「コミュニケーション」概念を説明した点にとどまっている。より広い範囲での，この領域での挑戦に期待したい。

2 章

日本の若者におけるケータイをめぐる想像力

加藤晴明

1節　はじめに：ケータイの先駆的利用者モデルとしての若者

　日本において普及が飽和状態にあるケータイは、文字通り日常生活に定着したメディアである。若い世代に特有のメディアというわけでもない。しかし、その受容の経緯からみて、ポケベルからケータイにいたるモバイル・メディアの定着は、インターネットとは異なり、高校生そして大学生という若者が利用景観の中心を占めてきた。普及が世代を超えて広がり、飽和状態に達した今日でも、ケータイの新しい機能開発は、そうした若者＝先駆的な利用者を想定して開発されている。

　では、いわばケータイ文化の重要な担い手として想定されている日本の大学生自身は、いかなるケータイ・イメージをもっているのであろうか。学生たちはケータイをいかなるモノとみなし、その使用をいかなるメディア経験としてとらえているのだろうか。それは、単なる道具にすぎないのか、それともこれまでの現実感覚や身体感覚を超える新しい経験として受容されているのだろうか。

　電子メディア経験は、定番の語りとして、それが新しい「固有のリアリティ」感覚を作り出す側面が強調され、その"新しさ"だけが強調されてきた。では、メディアそのものを研究しているわけではなく、単に使用者としてメディアに接している学生自身にとって、ケータイ使用はいかなる経験なのか。ケータイの機能論や事業論の視点から離れて、ケータイに関する物語創作という教育実験から、学生たちの素朴なメディア経験の深度を探ってみるのが本章の主題である。

　学生たちが作ったケータイに焦点を当てたドラマ（物語）のなかからは、彼らのケータイについてのイメージ、さらにはコミュニケーション（社会的なつながり方）観を読み取ることができる。学生たちの作る物語には、独特の叙述のパターンがある。そのパターンを通じて、生活のなかのケータイ・イメージの特性や限界の一端が垣間

見えてくる。ある意味では，ケータイ物語は，彼らの到達した経験値の反映でしかあり得ない。それは，研究者の期待ほど進んだものでもないであろうし，かといってケータイがない時代とも異なる。ケータイ物語の解読は，大学生というだけでなく，現代社会のコミュニケーションの"新しさ"を考える際のヒントを与えてくれる。ケータイ物語は，私たちが四半世紀前に生み出し，これから否応なく共生していかねばならないメディア媒介コミュニケーションを組み入れた暮らしの感覚を測定する定点観測点を与えてくれる。

2節 「二世界問題」という分析フレーム

　本章の分析フレームは，ケータイに固有のものというよりも，メディア媒介コミュニケーション一般を考える際の共通のフレームから出発している。最も重要なキー概念は「二世界問題」である。ケータイを考える場合にも，基本は，私たちが2つの世界をもったということが出発点である。私たちが生き，社会生活を営んでいる世界は，今・ここで生きている"現実"（だと思っている）世界である。それは，私たちが普通に日常的にリアルだと思っている世界，対面的な世界，フィジカルな世界でもある。通常，私たちは，このいわゆる現実＝リアルということに，対面であること，日常であること，秩序だっていることの3つの要素を融合させている。私たちは，日常会話のなかで，この「対面・日常・秩序の三位一体」をあまり区別することなく"現実"世界を語るのである。

　それに対して，私たちは，電話，ケータイやインターネットにいたるメディア媒介コミュニケーションによって，メディア空間というもう1つの世界を経験するようになった。この現実（だと思っている世界）と（一見現実ではないと思われがちな）メディア世界という二元的な世界図式をもったことが，「二世界問題」の始まりである。つまり，私たちがメディア空間のなかに，もう1つのコミュニケーション空間，もう1つの社会を創ってしまった時から，こうした図式が成立してしまったのである。

　こうした二元図式に，さらに「制度的空間」と「非制度的空間」という二分法を組み合せることで，四元マトリックス図式をつくることができる。

1) 対面空間　対　メディア空間
2) 制度的空間　対　非制度的空間

　メディア媒介コミュニケーションをめぐっては，「匿名」であることが注目されてきた。しかし，匿名であることが生み出す特性は，実は，制度的であるか否かがもたらす特性と混同されてきた側面が強い。そして，この，"制度的である"か"非制度的であるか"という分け方は，なぜかメディアの議論のなかではあまり注目されてこ

なかったのである。

　制度的とは，私たちが余儀なくつなぎ止められている社会関係の世界である。それはこれまでは，まさしく「対面・日常・秩序」に枠取られた世界である。家族，地域，学校，職場などは，私たちが，制度システムのなかに組み込まれて生活し，それゆえにさまざまな社会的サービスのサポートを受けることで成り立っている。社会学的な語彙では「地位 - 役割」関係のセットである。そこでは比較的フォーマルな関係が成立している。

　非制度的とは，いわば，自分の意思で・自由に・選択的に社会関係を結んだり，あるいはそこから離脱したりすることのできる世界である。それは，また，経済的な便益からも離れた世界であり，社会学の世界では，選べる縁 - 選べない縁，選択縁 - 非選択縁という語彙が使われてきた。メディア媒介コミュニケーションの世界では，「匿名性」という要素がとかく注目されてきたが，その場合にも多くの人には，ハンドルといわれるメディア世界上でのネームをもっている。つまりよび名という意味での名前は存在するのである。戸籍上，制度上の名前ではないが，呼称としての名前があり，そのメディア媒介コミュニケーションの世界では匿名ということではない。つまり相手を特定するよび名はあるのであって，その関係が，インフォーマルで流動的で，縁を結ぶのも縁を切るのも自由ということに特徴があるのである。

　人々はこの新しいメディア媒介コミュニケーション空間に，さまざまな期待や夢，あるいは過度の暗黒イメージを託してきた。"今・ここの現実"ではなしえない，制約からの"解放"を，このもう1つの世界，彼方の世界に託してきた。メディア媒介コミュニケーション空間は，単にもう1つの社会的世界というだけではなく，私たちの解放の世界として，幻想といえるほど大きな期待を託された世界でもあったのである。もちろん，メディア媒介コミュニケーションの空間は，人間の言葉が織りなすコミュニケーションの世界という意味では，私たちのふだんの意識や欲望の反映にすぎない。そこには，私たち以外の誰か別の人たちがいるわけではない。それにもかかわらず，私たちは，メディア媒介コミュニケーションの空間に，日常生活とは違うアナザーランドを想起し，アナザーな他者，アナザーな自分を見つけようとする。このアナザー願望は，メディアの魅力の反映でもある。私たちは，便利だからメディアを使う。同時に，便利な道具以上の"期待"をそこに託してしまう。

　ケータイにも，コンピュータ・コミュニケーション同様に，そうした"期待"が託されてきた。ケータイが，コンピュータ・コミュニケーションと少し異なる点としてさらに3点を指摘しておこう。

3) モバイルによる「二世界の常時化・遍在化」＝ 場所・時空的制約からの解放
4) メール利用による「二世界の多重化・同時化」＝ 社会的場面分裂からの解放
5) 多モード利用による「二世界の相互補完化・調整化」＝ 対面（メディア）至

上主義からの解放

　以上の5点が，本章でのメディア媒介コミュニケーションについての"新しさ"についての考え方である。つまり，メディアに媒介されたコミュニケーションが一般的に可能にしたのは，2つの解放である。つまり，「顔からの解放」と「制度からの解放」である。これに加えて，ケータイは，時空的制約からの解放と，社会的場面の分裂からの解放，そして，対面至上主義やメディア至上主義からの解放をももたらした。この5つの解放という考え方をベースに，日本の若者たちが制作した，ケータイ・コミュニケーションの物語を解読してみよう。そこには，日本の若者たちの，ケータイ行動の意識・実態がみえると同時に，その限界もみえてくる。

3節　「ケータイをめぐる物語制作」という教育プログラム

　本章の分析対象は，著者が教育プログラムとして試みている「ケータイ・コミュニケーション」を主題にした「物語」創作である。私は，広い意味でのメディア・リテラシー教育や，ワークショップ型教育の一環として，いろいろな大学で，学生たちに「ケータイ物語」や「コミュニケーション物語」をテーマに，映像やラジオの物語（ドラマ）を制作させてきた。メディア・リテラシーの教育プログラムという位置づけでの実践である。この場合には，マスコミの作品を批評するという意味でのメディア・リテラシーではなく，メディア媒介コミュニケーションの特性を考えるという意味でのメディア・リテラシー教育を意図していた。この教育プログラムは，ケータイ急増期の2001年から現在にいたるまでほぼ5年間あまり続けてきている。
　大学の授業という制約のなかではあるが，映像ドラマやラジオドラマ制作は，5～8名のプロジェクトワークとして実践された。内容に関しては，自由である。ただ，これまでの他の学生たちの作った作品を分析し批評することを通じて，もっと個性的で創造的な作品作りにチャレンジしてもらうような進め方をしてきた。オリジナル作品作りは，週1回（90分）の授業を6回程度使うこともあれば，短いものでは，2～3回で発表を行なうこともある。発表は，映像の場合には，10分から20分の作品として，またラジオの場合には，4分から10分程度のドラマとしてライブで上演する。これまでに，映像が8本，ラジオドラマが約40本作成された。
　既に述べたように，日本の学生たちは，なんのためらいもなく日常実践としてケータイを必要不可欠な道具として使っている。当然その自明さは，彼らの物語にも，暗黙のうちに反映されることになる。そして，教育プログラムを通じて，強く感じるのは，ケータイをモチーフにして作成する物語群には，あるパターンがあるという点である。そのパターンを通じて，逆に日本の若者たちのケータイに対する想像力やイメ

ージや，彼らのコミュニケーション観とその特徴・限界などもみえてくる。
　言い換えれば，ポケベルからケータイに利用が転換したケータイ利用の第一世代から一貫してケータイ利用の先駆的な担い手として想定されている学生たちが，ケータイを使った社会のシーンやドラマをどのように描くのか。彼ら自身がもっている，ケータイ・イメージの境界をみておきたいというのが，その企図でもある。ケータイは，既に若者メディアではない。その点では，彼らの「物語」は，学生の社会経験の乏しさや社会的想像力の浅さの反映となるであろうことは十分に予想される。
　また，「出会い系サイト」問題などでは，マスメディアを中心とした社会的ネガティブ・イメージを素朴に受け入れているはずであり，鋭い批判的な視点が出てくるとは予想されない。そうしたことを期待して，このプログラムを実施しているのでもない。ただ，そうした日本の学生たちの物語の独特のフレームもまた彼らの意識の反映なのであり，それを含めた「物語作り」のなかに逆に現在のケータイ・コミュニケーションの特性がみえてくるといえるのである。
　学生の作る数々の作品群の特徴は，ひとことでいえば，「二世界問題」を揺れ動く作品群である。ケータイをめぐる作品は，同時にコミュニケーションをめぐる作品群となる。そしてケータイがあまりにあたりまえの道具となった今，ケータイを主役にすえること自体が困難になりつつある。それでも，ケータイやインターネットが垣間見せたメディア空間という体験は，対面世界とメディア世界との間の関係をめぐって，さまざまな作品群を生み出した。そこには同じ二世界問題の枠のなかでありながら，さらに分岐したいくつかのパターン＝叙述のスタイルが存在している。

● パターン1——対面回帰の物語
　これは，「ケータイ外し」物語である。つまり，ケータイそのものを取り上げたり，圏外・非通知の世界を作ったりする技法がとられる。
● パターン2——メディア空間による対面空間の幸福化物語
　基本的には新しい縁が生まれるという新縁の獲得物語である。その場合，その新縁がポジティブな発展をとげたり，新縁が実は既存の縁だった（会ったら知り合いだった）というパロディ物語だったりする。
● パターン3——メディア空間による対面空間への侵略物語
　これはメディア空間をきわめて特異な「アナザーランド」として描いて，そのアナザーランドが異界として対面空間を脅かすという物語である。死者の世界からのコールなどのサスペンスものが中心となる。
● パターン4——対面空間の調整の物語
　既存の人間関係，つまり既存縁がケータイによって調整される物語で，ケータイによってトラブルが発生し，ケータイによって調整される。不便と便利の回帰物語である。たとえば，ケータイを忘れてケンカし，ケータイによって仲直りする。

本章で紹介するドラマは，ケータイ普及期である1999年の作品群である。この時期は，学生たちがケータイを新しいメディアとして意識することができた時代でもある。その意味では，学生たちにとっては，現在よりもむしろ，「ケータイとは何か」というメディア特性についての問いを徹底して考察できた幸せな世代だったように思う。そのせいもあり，それ以降制作される物語のパターンも，基本的に大きな変化は出て来ていない。メディア媒介コミュニケーションのヴァリエーションに大きな変化がないということである。

4節　物語のパターン

1　「ケータイ外し」物語と対面神話：二世界（対面 対 メディア）のコントラスト化した作品

　最も典型的な作品のパターンは，ケータイによって出現した「二世界問題」に対して，ケータイがあたりまえでない世界，つまり二世界以前に戻る叙述の戦略がとられる。ケータイが可能にする，メディア媒介コミュニケーション空間自体を否定し，対面世界の大切さ，便利さや過度の依存への警鐘を描くという叙述スタイルである。ここでは「二世界の常時化・遍在化」というケータイ社会の特性を，物語の状況から外す戦略をとっている。通話・メールによる割り込みが不可能な，"今・ここの場所"・空間・社会的場面への"こだわり"を重視する。それらは，自分たちが置かれている"今・ここ"における"固有のコンテクスト"を重視させていくことを狙った物語群である。それは当然のように対面神話の強調をともなってくる。

　ケータイを取り上げたり，ケータイがつながらなかったり，ともかく「ケータイのない世界」をつくることが一番わかりやすいテーマとなる。と同時に，その理由探し，つまり「動機の語彙」を紡ぎ出し物語に説得力をもたせるのに苦労することになる。「ケータイをなぜ持っているか」をクリアに描くことが困難であると同時に，「ケータイがない」「ケータイを拒否する」理由を説得的に語ることができない。その意味では，ケータイ・コミュニケーションをめぐって，ハッキリとしたメッセージ性をもった物語作品を作ることが困難となっていること自体が共通のパターンとなっている。

○　ケータイを持たない理由を説明できなかった作品：『ケータイを持たない男』（映像）
　この作品は，ケータイを持たない主人公が，自分が企画したパーティに遅刻したり，友人たちから連絡がとりづらいとさんざん文句を言われたりする。彼はまわりからの圧力を感じながら，ケータイを持つことに意味はあるのかないのかを考え続け

る。彼がケータイを持たない理由は、結局「ケータイ、ケータイとめんどくさい。やっぱりいらないや」というだけである。つまりまわりから、「ケータイを持っていない」ことを、非難され、馬鹿にされ、それに反発するだけである。逆に、作品を作った学生たちにとっても、そうした語りしか発見できなかったということであろう。

○ 対面神話の極北を探求した作品：『ココニイルコト』（映像）

　1人の学生が、傷心旅行をしようとしていた女友だちに「一緒に行きたい」とケータイ・メールで申し込む。行く先はケータイ電波が届かないような所であったのだが、男性は「その方が都合が良い」と言い、一緒に行くことになる。その目的地で、男性は女性に愛を告白し、女性はそれを受け入れる。この物語は、他の友人たちから離れて2人きりになるのに、わざわざケータイの通話圏外エリアに出かけていくということがポイントである。愛を告白するのに、他の人からケータイがかかってこないエリアに行く。あえてそのことに意味をもたせている作品である。

　この作品では、男性が女性をケータイ電波の圏外に誘う理由について、以下のようなやりとりがなされる。

　　男　昨日の旅行の話なんだけど、どうしても一緒に行きたいんよ。だめかな？
　　女　どうしたの？何かあるの？
　　男　2人だけでどうしても話がしたいんだ。
　　女　行くとこなんだけど、すごい遠い所やよ。ケータイとかあんま通じんし。それでもいいの？
　　男　ケータイ通じん方がいいんだ。大事な話だし。

　もう1つ、旅行に行くことになった2人の旅先では以下のような会話が行なわれる。

　　女　だいたいなんでここじゃないとダメだったの？
　　男　それは、みんなに邪魔されたくなかったから。
　　女　じゃあ、別に豊田でも良かったじゃない。
　　男　でもケータイとかあるし。
　　女　あ、そっか。
　　男　正直、電源切っとくと皆うるさいし、どうせならホントに通じんとこの方がいいかなと思って。

　大事な話だから、ケータイによって社会的場面が邪魔されないところで、相手に直接愛を語る。作品の状況設定は、まさしく「ケータイ外し」に意味をもたせた作品となっている。
　この物語では、ケータイ電波の圏外に出ることに象徴的な意味をもたせ、それに自

分の恋人への愛の真剣さ・誠実さという"特別の意味"をもたせている。この作品を視聴した学生たちは，その真剣さには共感はできても，愛を告白する場面が圏外である必要性に関してはあまり共感しないようである。

このケータイ外しは，同時に対面神話の物語を意味する。ケータイの圏外の意義に共感はできなくても，学生たち自身のなかに，対面神話は根強い。「ケータイ外し＝対面神話」は，重大なことはケータイ（通話やメール）ではなく，対面して語り合うことが大切だという物語群をも生み出している。

〇　ケータイ依存症批判の作品：『小さなものへの大きな依存』（映像）

学生のグループで，じゃんけんで負けた人のケータイを一週間取り上げてみる実験を行なった様子を，さまざまな作り話を組み入れてドキュメンタリータッチに描いた作品である。主人公の女性は，ケータイを取り上げられ，さまざまなアクシデントに見舞われる。

・彼氏と会う約束をしていたが，熱が出てキャンセルしたいのに連絡がとれない。
・レポート提出の締め切りを知らず，その授業の単位を落とすことが確実になる。
・バイトに遅刻しそうなのに連絡できず，結局クビになる（あと1回遅刻したらクビと言われていた）。
・友だちの誕生日に会う約束をしていたが，詳しいことを決めていなかったのに連絡がとれず，友だちの家に行ってみるが留守で会えなかった。

一見，どこにでも起こりそうなドラマなのであるが，しかし他方で実際にこうした状況に直面したら，別の手法で解決できるものばかりである。それゆえに，この物語を視聴した学生たちは，「実際には，こんなに困らない」と批評する。ケータイのない生活に慣れるのであり，それなりの対処の仕方を考えるという批評が寄せられる。ケータイがあるから依存するのであり，なければないでその不便さに慣れるというのが多くの学生の感想である。

もし，日本の若者に対して，「あなたにとってケータイとは何ですか？」と尋ねると，「もうケータイは絶対手放せない」とか「既にカラダの一部となっている」という語りが返ってくることが多い。しかし，こうしたドキュメンタリー風の作品を通じて検討してみると，そうしたケータイ依存ということ自体が1つの神話にすぎないこともわかる。その意味では，このドラマも物語としては破綻しているといえるのかもしれない。

〇　ノスタルジーとしてしかケータイ外しができなかった作品：『すいみんぐ』（映像）

誰もがケータイを持っていることがあたりまえになっている，そのあたりまえを拒否してみる作品。夢からさめたら（逆にそこが夢の世界だったのだが，）自分だけがケータイを持っていて，他の人は手紙や家への電話でコミュニケーションしている世

界だった。そうした環境を通じて，ケータイのない世界に懐かしさを感じる。もう一度夢から覚めたら，今度は，今のケータイのある世界に戻っている。ケータイがなかった頃のコミュニケーションを思い出してほしいという意図で作られた作品である。

このドラマは，黒板に書く伝言，人が通るのを待っての伝言，公衆電話，電話を受けるための帰宅など，ケータイがない時代のコミュニケーションを懐かしがるシーンで綴られ，最後にヒロインが友だちと待ち合わせ場所に行く際に，ケータイを捨てるシンボリックなシーンで終わっている。しかし，むしろ重要なのは，この作品が，シンボリックなシーンによって映像の効果は作れても，その捨てる行為を説明する語彙を語り得ていない点である。

学生たちの作品の特徴は，ケータイ外しがドラマの効果として描けても，それを説明する語彙を開発し得ない点である。残された戦略は，素朴な対面神話を語る語彙を紡ぐことだけとなる。

○　ケータイが使えなくなった物語群（ラジオ）

1つは，ある日，日本中のケータイが使えなくなるという事態が生じた。2週間後に，ケータイが使えるようになるという設定。しかし，ケータイがないことに慣れている人も出て，その後のケータイへの関わり方は人によって2つに分かれる。それを機に，ケータイ依存の生活を止める人と，猛烈にケータイを利用する人である。

もう1つは，まわりの学生がケータイを使えない事態が生じるが，ある学生だけがケータイを使えるという設定。しかし，その学生も，はじめは便利がっていたが，しだいに，他の学生のようにケータイを持たなくなる。持ちたいという意欲を喪失していく。

以上のような作品は，「ケータイ外し」の物語である。かといって，多くの物語は，ケータイ否定には向かわない。不便さへのノスタルジーや，「対面の大切さを忘れてはならない」「ケータイでは伝わらないこともある」程度の補完的なメッセージにとどまっている。あえて積極的なメッセージを読みとるとすれば，所有し使用することがあたりまえであるケータイを拒否してみることで，本物，意外さ，失われたものなどを語ろうしているということである。ケータイが普及している日本の学生は，メディア媒介コミュニケーションを身近に利用しながらも，他方で対面神話は根強くもっている。「大切なことは，会って伝えるべきで，会わなきゃわかんないよ」ということになる。パソコンを使った掲示板やメールでのコミュニケーションほどではないが，ケータイ・メールによるコミュニケーションに対しても，「素直になれる」と同時に，「思いが伝わらない」「会わなきゃ本物ではない」という不信感も根強い。それゆえに，対面神話礼賛型，ケータイ依存警鐘型のパターン化された作品群が，どこの大学でも同じように繰り返し作られることになる。

2 「出会い」物語＝新しい縁が生まれる：会ったら知り合いだったという逆転劇

○ パロディ物語：出会い系サイトで知り合い，実際に会ったら，家族・知り合いだったというパロディ化した物語群
○ 恋愛のきっかけ物語：ケータイ・財布などを落としたのをきっかけにして，ケータイで連絡をとりあい親しくなる物語群

　ケータイを媒介にした男女の出会い物語は，最も一般的な物語群である。ケータイ・コミュニケーションのメッセージ空間内で，「メール・フレンド」として知らない男女が親密になるというストーリーである。多くは，出会い系サイトを通じて知り合う物語である。他には，ケータイや財布などを落として，それをきっかけに通話やメールが行なわれ，親密になるヴァージョンもある。ケータイが，人と人を結び，新縁を獲得する装置として使われている物語である。映像作品でもラジオ作品でも，必ずこのパターンが3分の1程度を占める。そして，メール交換から始まり，結末は必ず対面＝"会う"物語となる。

　対面空間とメディア空間という二世界は，対立的にとらえられがちだが，私たちの日常的なメディア媒介コミュニケーションにおいても，多くの場合，相互に補完し合うという意味でワンセットな関係である。だが，学生たちの物語パターンのなかでは，ワンセットというよりも，対面空間に回帰するためのメディア空間にすぎない作品が多い。つまりメディア空間は，対面空間を補完するための道具として利用される。そのため，出会いの物語も，会わないで終わるというストーリーは皆無である。

　学生の作る「メール・フレンド」物語の多くは，最後の対面で逆転劇となる。「会ったら，知り合いや家族だった」。ほとんどがこのパターンである。物語の最初のステージでは，メール交換によって，親密性が生まれる"心"のふれ合いが生じることは認めている。ただ，見知らぬ人との出会いそのものに対しては，ネガティブ・イメージと不快感が強く，結局裏切られる話となる。そういった物語のエンディングは，「出会い系には，気をつけよう」という説教型の結語で終わる物語と，失敗にめげないで再び出会い系を通じて"次の相手"を探す物語とがある。

　改めて，学生の作る「出会い」の物語を整理すると以下の2点が浮かんでくる。

● 〈親密な異邦人（インティメイト・ストレンジャー）への拒否〉：ネガティブにしか描けない結末
● 〈環流する二世界問題〉：会うということを大前提とした設定

　学生たちの生活にとっても，フィジカルな次元でのコミュニケーション空間（スペース）は多重化している。しかも，その道具が"心"をつなぐ道具であることもよく

知っている。「あなたにとってケータイとは？ひとことで言うと？」と問うと，「LOVEとFRIEND」と返ってくることも多い。しかし，それが"独立した"心の「居場所（プレイス）」になるような精神的な多重性は，多くの普通の学生にとっては，"まだ"無縁の世界なのかもしれない。その意味では，ケータイは，道具的であるだろうし，その道具によって提供される社会的結節装置としての出会い系サイト空間も，「会う＝性愛的対象者を得る」ための道具のイメージを超えないのかもしれない。それゆえに，出会い系サイトを建前的に描く際には，強いネガティブ・イメージの文脈が形成される。

出会い系サイトへのネガティブ・イメージは，そうしたサイトを利用した犯罪報道にもよるが，ある種の家族防御の意識の反映でもあるかのようだ。学生たちの物語のなかでは，出会い系サイトで知り合った相手が，家族の一員だったり，親友の恋人だったりするというパロディ話が繰り返し作られる。ここにあるのは，親密な他者というのは，血縁や親友・恋人などの範域で可能となるものであって，見知らぬ他者との間で形成されるようなことがあってはならないという日常的な秩序感覚である。

会ったら家族だったというレトリックは，家族外の他者との親密なコミュニケーションを，血族間性愛への「禁忌」と同列の次元でタブー視するというレトリックである。ケータイ世代の学生にとっては，ケータイが物理的には家族の範域を超える他者との接続を可能とすることを知っているからこそ，家族の一員が家族外の他者と「親密な関係」になることは，あってはならないこととしておきたいのだろう。ケータイが普及しても，日常生活における"親密さの遠近法"は守られねばならないのである。

こうした日常的な秩序感覚にとどまる物語に対して，「心の交流」を描く物語は，学生のなかでも出会い系サイトの体験者や，ヘビーなメール交換実践者の手によるものであった。

普通の学生の出会い系サイト物語は，知り合いでない他者とのメール交換のもつ力を認めつつ，しかし，それをハッピーな結末としては描けない。必ずパロディや茶化した笑いでしか結末を描けない。まだ社会的にさまざまな制度を背負っていない学生たちには，メディア空間の解放性についての意識が弱いからであろう。その意味では，メディア媒介コミュニケーションを深刻に描く必要がないのである。

こうしたネガティブ・イメージは，学生たちの作品だけではない。日本の国民的な人気ドラマ『北の国から－遺言』でも同様であった。この作品では，知らない親密な他者とのメール交換に熱中している若者が，自然と共生する生き方との対極にある病理的な姿として描かれている。このテレビドラマは，2002年の秋に異常に高い視聴率で放送されたのだが，他方で，ケータイの描き方に対する学生たちの反発も強かった。ケータイの存在そのものを否定して，対面での語りを絶対とする物語の押しつけ自体に対しては否定的なのである。

3 その他の物語

○ 「アナザーランド」物語：奇妙な世界や死後の世界との通路としてのケータイ（ラジオ）

『ケータイ・シンドローム』と名付けられたこの作品では，合コンがもとでつき合いはじめた彼氏から，しつこいくらいにケータイに電話がかかってくる。それをうっとうしいと思った彼女だったが，拒否できないまま電話の関係が続いていた。ある日から，他の人からのケータイがかからなくなり，電波の圏外であるにもかかわらず，彼氏からの電話だけがかかってくる。あとでその彼が事故でなくなったことを知るというミステリー仕立ての物語であった。

こうした事故で死んだ友人から電話がきたり，メールがきたりする物語も1つの典型的なパターンとなっている。メディア空間を，アナザーランドとして描くというのは，ホラーやサスペンスというだけでなく，二世界を断絶的な世界として描くスタイルの反映でもある。メッセージ内の空間をことさら日常とは違う世界として描く。

○ 「日常生活のトラブル」物語＝ケータイを忘れてケンカし，ケータイによって仲直りする（ラジオ）

これは，いわば，ケータイを忘れるという意図的なケータイ外しによって小さな出来事が生じ，それにより待ち合わせができなくて，トラブルとなる。しかし，その後ケータイを媒介にしたコミュニケーションで逆に仲直りするというパターンである。ケータイの登場により，きっちりと時間・場所を決めた待ち合わせのスタイルから，ケータイで連絡をとり合うアバウトなアポイントに変化したといわれる。そうしたケータイ依存の待ち合わせを逆手にとった物語といえる。

また，対面だけではなく，通話，メール，そして画像・映像モードによって，コミュニケーション・トラブルは，補完され補強される。つまりケータイによって人間関係が薄くなるのではなく，既存の人間関係の微妙な調整がなされていることを反映した物語である。

4 補足：2004年度と2005年度の物語

筆者は，この数年やはりケータイのヘビーユーザーでもある女子大学の学生を対象にケータイ・ラジオドラマをつくるワークショップを試みている。そうしたなかでは，対面神話，サスペンスが多い。

対面神話の場合には，既存の人間関係の調整として，結局，対面しないと自分の本当の思いや心が伝わらないという物語である。サスペンスは，結局，アナザーランド物語である。異界とのつながりがもたらすメルヘンや危機がテーマとなる。

○ ロミオとジュリエットにケータイがあったらという物語：ロミオとジュリエットがケータイを持つことで，ハッピーエンドに終わる物語。途中，圏外であったために，危うく悲劇になりかけるが，結局電波が届くことで問題解決する。
○ 過去の自分とつながる電話の物語
○ 自分を襲ってくるミステリーな心霊世界とケータイを通じてつながるサスペンス物語
○ マナー物語

こうした最近の物語は，既にみたように二極化してきている。1つは既存の関係の調整の物語であり，他方はまったく異なる異世界との接合の物語である。

前者も1つのケータイ外しと対面神話の物語であり，そこにしかファンタジーを描けないことになる。また後者は，一種のケータイ世界のデフォルメである。この2つは，日本の学生たちのファンタジーの境界でもあろう。

5節　欠落の彼方へ：道具としてのメディアと心のためのメディア

以上，学生たちの物語を紹介してきた。最近ではますます，ケータイがあまりにも"自明のメディア"となってしまったこともあり，それを主題や大きな出来事に据えた物語が作りにくくなっている。物語の叙述のパターンがほぼ出尽くしたかのようでもある。そして，学生たちが最も苦労するのが，ケータイ外しの動機づけやケータイの存在意味を語る語彙，つまり登場人物の「動機の語彙」の叙述である。映像的に絵になるシーンはひらめいても，それを説明する語彙が作れない。それは，彼らの能力というよりも，現代社会においてケータイを"異化"することの本質的な困難さの反映でもある。ケータイがあることも，ないことも説明し得ないほど，にケータイは自明視されたメディアとして環境化している。ただ，自明ではあるが，リアリティ感覚という視点から見直せば，それは「対面・日常・秩序」の三位一体の素朴なリアリティ感覚を崩すようなものとなるとはいい難い。結論からいえば，彼らの作品は，ある意味で"中途半端"なものである。「対面・日常・秩序」という現実神話をそのままにしつつ，ケータイに固有の陣地をつくろうとする限り，本質的な中途半端さは否めない。

『ケータイを持たない男』という作品を作った学生グループは，この作品の最後のエンディングロールで，みずからのケータイ観をひとことずつ語る。これらの語りは，逆に「手軽さ」「便利さ」の生活内への強固な浸透を物語っている。

「LOVEとFRIEND」／「いつでもどこでも利用可能」／「どこで寝てても起こしてもらえる」／「みんな持っているから（連絡に便利です）」／「どこにいても連絡

がとりやすいから」／「待ち合わせの時便利だから」／「話がしたいときに話ができるから」。

　こうした，生活の内部に浸透し，腕時計や財布のような装身具といえるほどに定着したケータイを語るためには，「ケータイ外し」など別のリアルを"強引に"対置するような無理な状況設定しか，叙述の戦略がなかったのであろう。

　また，対面神話や，メディアの極端なアナザーランド化の物語は，見方を変えればメディア世界に「固有のリアリティ」を正面から認めるような作品が作られていないことを意味する。吉見俊哉・水越伸らの電話メディア研究（吉見ら，1992）などに端的に描かれたように，電子メディア経験の"新しさ"を描くために，メディア空間に「固有のリアリティ」があることを強調する作法が定着してきた。しかし，「固有のリアリティ」論は，生活感覚という次元では，私たちの日常のリアリティ感覚との間にまだ大きな距離があるのかもしれない。メディアに「固有のリアリティ」があるなら，それを語る語彙がもっと開発されるはずなのだが，残念ながら今の段階では学生たちの想像力はそうした説得力ある語彙の発見にはいたっていない。

　そうした距離の反映は，たとえば学生の作品群ではメディア媒介されたコミュニケーションが，メンタルなコミュニケーションであることが正面から位置づけられ擁護されていない点にも現われている。それは，どこまでも"現実"の恋人探しのツールとなっている。メール交換に焦点を当てた作品でも，メール交換を通じて親密性を形成していくそのプロセスの意味自体を，メール交換する主体の意味世界にまで掘り下げて描くようなシリアスな作品はなかなか作り得ない。極論すれば，学生たちの叙述フレームでは，メール交換の向こう側に，メディア媒介コミュニケーションがもたらす，スピリチュアリティな関係の形成といったものがなかなか描かれない。逆にいえば，メディア媒介コミュニケーションのもつ位置が，彼らにとっては，日常生活に対して限定的で補完的な力をもつものにすぎない。

　基本的には，最初に説明したようにメディア媒介コミュニケーションには，制度的空間や制度的な現実からの解放の側面がある。地位・役割に依存する現前の日常の社会的状況図式からの離脱願望と，「救済／スピリチュアリティ」願望が端的に表出されるのが，"未だ見ぬ他者"とのメール交換というコミュニケーションである。メール交換による救済／スピリチュアリティとは，救済される本人にとってその文字がいかに意味があるかである。その意味では，メール・コミュニケーションのなかでの他者は自己の承認・救済の梃子であり，自己救済こそが求められている。

　日本の学生たちの日常のコミュニケーション空間は，きわめて狭い。通常は，大学に入学した段階で形成される狭い小規模な親密な制度的な枠内での人間関係のなかで過ごす。出席番号が近いグループや，サークルやゼミがそれである。つまりケータイのある生活自体が生活世界として成立しているのであり，そのつながりの空間を代替的生活世界として"併用"している。

大学に入ると，いじめを形成する純粋集団がなくなる代わりに，共在空間もなくなる。それゆえ大学に入ってこそケータイなどの共在構成メディアはより重要なものとなってくる。　　　　　　　　　　　　　　　　　　　　　　（樫村，2002）

既に述べたように，日常生活との併用メディアにすぎないという感覚からすれば，ケータイに固有の意味をもたせ，そのメディア空間のなかに〈固有のリアリティ〉を強調するような利用者の内面にまで踏み込んで描くという物語作りは，学生たちからは生まれてはこない。それは，彼らの他者理解・自己理解の視線には，そうした内面世界への関心がまだ十分には入ってこないからである。

パソコン・メールであれ，ケータイ・メールであれ，メディア媒介コミュニケーションには，パーソナル・メディアを個人所有した情報社会の主人公たちの，ナルシシズム的な自己語りの側面，そしてスピリチュアリティなもの（心の交感）を求める側面などがある。その自分が，自分のイメージどおりに自分を語り，ドラマの主人公となり得る場所でもある。だからこそ，物理的空間としてのスペースではなく，自分にとっての意味的空間としてのプレイスなのである。

こうした解放の感覚は，ある意味では，対面空間と制度空間が重なり合うなかで形成されるさまざまな重荷を背負った生活を経験することなしには理解できない。学生のケータイ物語の叙述スタイルの限界もそこにあるといえる。メディア媒介コミュニケーションのこうした解放面を抽出するには，学生文化を超えた領域でのコミュニケーション世界に目を転じる必要があろう。

学生たちにメディア経験に対する"新しい感覚"が醸成されたのか？　これが本章の最初の問いであった。アナザーランドとしてメディア空間を描く作品論が増えていることは，その途中の過程にすぎない。

1) 学生たちは，メディア空間が固有のリアリティがあるものとしては認める。しかし，それは「対面・日常・秩序」的なリアリティとは異なる，"非連続的"なリアリティとしてしか描写し得ない。
2) 同時にメディアは，"非連続的"なものであるからこそ，ある幻想と過剰な期待を呼び起こす。それは制約の多い現実からの解放の入口としては位置づけられる。
3) この，"非連続性"を，再び自己のリアルなものへと架橋する構想力はなかなかもち得ない。つまり，再びそれを"連続"へと環流させ，現実を変容させるような力をもつものとしては描き得ない。どこまでも"非連続性"のままに循環している。

ケータイは身体化した。しかし，ケータイが可能にした「固有のリアリティ」を正視し，それを語る語彙が開発されないことは，その身体化がまたきわめて表層のレベ

ルにとどまっていることを物語る。メディア媒介コミュニケーションとモバイル・メディアとの結婚が織りなす新しい経験が，私たちの身体に内在化し，その感覚編制を変えるには，実はまだまだ多くの時間が必要なのかもしれない。

　そうした意味では，狭い友だち関係のなかに「救済」が完結する学生コミュニケーションの想像力では，「対面空間 対 メディア空間」という二元図式は描けても，「制度空間 対 非制度空間」という二元図式は，十分に正面からは描き得ないように思われる。確かに，メールなどの「救済力」については，ディープなメール交換者はよく理解している。しかし，それを物語として構想するには，自己の社会的状況からの解放への強い理解が必要となる。ここに学生たちが作る物語の1つの臨界点があるといえよう。

3 章
「ケータイを調査する」から「ケータイで調査する」へ

加藤文俊

1節　ケータイによる生活スタイルの変容

　近年，さまざまなメディア機器がネットワークに接続され，私たちのコミュニケーション行動はますます重層化している。私たちが日常的に持ち歩くようになったケータイも，生活リズムのなかで，さまざまなコミュニケーションの〈場〉の境界を曖昧にし，移動という行為に対しても，新たな意味を付与しつつある。たとえば，通勤時間を例に考えてみよう。通勤時間の移動は，〈家庭での自分〉から，〈職場での自分〉へと切り替える準備のための時間として理解することができる。こうした移動が，役割の切り替えという内面的な変化を実現するための時間・空間として機能しているからこそ，通勤途中の読書，学習，音楽鑑賞，睡眠などといった過ごし方は，匿名性をもった一個人として実現することができた。しかし，役割の切り替えのために外部とのやりとりを遮断し，過ごしていた時間・空間が，ケータイによるコミュニケーションによって拡張しはじめた。

　ケータイは，常に身体にきわめて近い所にあり，日常生活に必要な情報は，ケータイのメモリーに保存されるようになった。電話の本来の機能である「通話」よりも，文字（メール），画像，動画などのデータを「通信」するために活用されることが多くなり，特に，2000年11月にJ-フォン（当時）が「写メール」機能付きケータイを発売してから，お互いに写真を送り合うというコミュニケーションも容易になった。

　本章では，カメラのみならず，さまざまな機能が付加されたケータイが，社会調査，なかでも都市社会学的なフィールドワークにおいて，どのような役割を果たし得るかを概観し，「新しい社会調査」の方向性について考えてみたい。

2節 ケータイにできること

ケータイは，調査の際に持ち歩く機材の軽量化を実現するとともに，これまでにはなかったユニークな機能を提供してくれる[i]。

1 写真を撮る

カメラ付きケータイのさまざまな利用形態は，「新しい写真」ともいうべきものを生成しつつある。かつてソンタグ (Sontag, 1977／1979) が示唆したように，写真技術は「写真で見る」という新しい活動を実現させた。カメラが普及し，手軽に利用できるようになるとともに，「写真で見る」ことは，私たちのごく日常的な生活場面でもさほど特別な活動ではなくなった。さらに今では，カメラ付きケータイがまちを歩く多くの人の手に握られている。カメラ付きケータイの普及や利用状況をふまえると，小さなカメラで切り取り，ケータイの画面で見るということ自体が，1つの新しいものの見方を構成していく可能性がある。ふだんの生活のなかで手軽に写真を撮り，蓄積し，必要に応じて「ケータイで見る」ことは，自分の埋め込まれた社会的・文化的文脈を記録すること，あるいは記録が行なわれた状況を想起させることと密接に関連しているといえるだろう。

私たちがケータイのカメラで写真を撮る際，小さなフレームに，何をどのように納めるかという意味でのフォーカスの重要性を再認識させるとともに，写した写真を保存するのか，送信するのか，あるいは削除するのかという即時即興的な判断を迫られることになる。ケータイによる「新しい写真」は，それ自体がコンパクトで比較的自由に流通するということに加え，小さいこと自体が，私たちの意味の探索に影響を及ぼし得るのである。ケータイのカメラによってもたらされた，写真撮影・交換・共有をめぐる新しい実践が報告されている（11章を参照）。

筆者は，2002年の秋頃からカメラ付きケータイを活用したフィールドワークを進めているが，ケータイの手軽さは，人々の日常生活をとらえるのに適しているようだ。まずは，ケータイを持ってまちを歩くことからフィールド調査をスタートさせる。事前にテーマを決めておく場合もあるが，とにかく気になった〈モノ・コト〉を撮影しておき，調査後に写真を選別する。たとえば時間に沿って配列したり，あるいは地図上に布置したりすることによって，それぞれの「ひとコマ」どうしの関係性が明らかとなり，1枚1枚の写真として記録された地域コミュニティの風景は，1つの連なりとなって理解されることになる。さらに，調査者は，みずからの体験を500字程度の文章で綴り，1人の調査者のフィールドにおける体験や「気づき」をまとめている

(加藤, 2006 ; Kato, 2006)。

ここでは詳しく紹介できないが, 地域資源の評価・再評価を試みる住民参加型のワークショップを実施する機会があった。その際, 参加者にカメラ付きケータイを持ってまちを歩いてもらう方法をとったが, ケータイの手軽さからか, 参加に際しての心理的な抵抗はさほどなかったようだ。さらに, ケータイで写真を撮って所定のアドレスに送信するという「ケータイ・リテラシー」についてはほとんど問題がなかった。記録写真としてのクオリティはまだ不十分であるが, ケータイの受容・普及を考えると, 誰もが調査者として参加できる, 新しい調査の可能性を感じる。

2 数える

今和次郎の「考現学」は, まちの風俗を詳細に記述する試みとして知られている(たとえば今, 1987)。「考現学」においては, スケッチという固有の思考形式や実践が要求されるが, 同時に, 日常生活で観察可能な〈モノ・コト〉を「調べごとの規定」に沿って, 数え上げることが基本となっている。たとえばおよそ80年前に今が実施した「東京銀座街風俗記録」において, 調査者は, 身分・職業構成, 服装, 携帯品, 髪型, 履物など, あらかじめ決められたカテゴリーに着目しながら, 京橋から新橋までの歩道を繰り返し歩いた。

〈現場〉で数えるという行為は, 調査者にも負担を与えるが, 同時にまちを歩く人への配慮も考える必要がある。今も述べているように, 被採集者は, 無感覚であったり, 気がついて怪訝そうな顔をしたり, その反応はさまざまである。調査者としては, なるべく目立たぬように, ごく自然なふるまいのなかで記録することが望ましい。こうした風俗調査は, 交通(歩行者)流量の調査のように, 定点にとどまってカウンターのボタンを押すのとは違い, 調査者も歩きながら記録を行なう点に特徴がある。そのためのアプリケーションとして, 現在「和次郎カウンター」(斎藤・鈴木, 2005)の開発・実験を進めている。

「和次郎カウンター」は, その名のとおり, 今和次郎の方法に代表される「採集活動」に活用するためのケータイ用アプリケーションで, 所定のウェブサイトから, ユーザーがケータイにダウンロードして利用する。現時点では, あらかじめ指定されたカテゴリー(たとえば歩行者の洋服の色や持ち物など)について, 数えるというシンプルな機能のみが実装されている(図3-1を参照)。ケータイのボタンがそれぞれのカテゴリーに対応しており, ボタンを押すたびに数字が加算され, 棒グラフが伸びていく。調査をしながらも, あたかもケータイのメールを入力しながら歩いているようにみえる。これによって, 記入用のシートをクリップボードにはさんで持ち歩くことなく, 対象となる〈モノ・コト〉を数えることができる。今後は, バージョンアップを進めるとともに, 従来型の調査方法との違いなどについて考察を進める予定である。

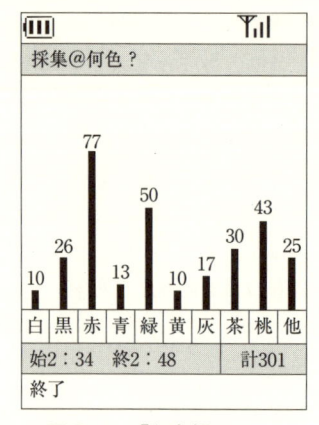

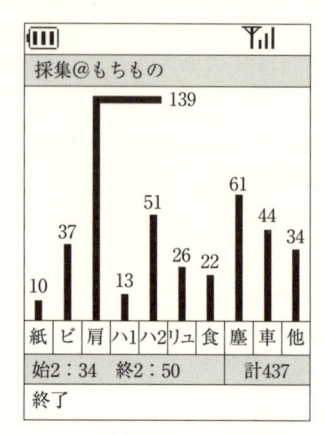

図3-1 「和次郎カウンター（version 1.0）」のケータイ画面

3 位置を知る

さまざまな機能やサービスがケータイに付加されているなか，特に注目すべきはGPS機能であろう。カメラとならんで，位置情報は，人々のふるまいを理解するうえで重要かつ興味深いデータとなる。近年，「安心・安全」というキーワードで私たちの社会生活が語られるようになり，位置情報の利用に注目が集まっている。個人情報の取り扱いという難しい問題はあるが，フィールド調査においては，位置情報を活用して人々の回遊行動や，調査者自身の行動軌跡を復元することが可能となる。画像そのものに位置情報が埋め込まれることによって，撮影時間とともに，ケータイで撮影された写真を地図上に布置することも容易となる。

現時点では，ケータイのGPS機能に制限があるため，ケータイとほぼ同じサイズのハンディGPSをフィールドワークに携行している。いずれは，ケータイでも同様の機能が実現されることを想定して，実験を進めている段階である。図3-2は，筆者らが金沢市で実施したフィールドワークの際に，ハンディGPSをもちいて取得した調査者の行動軌跡である[ii]。当然のことながら，それぞれの行動範囲やルートは異なるが，フィールドでの体験をふまえ，まちと人（歩行者）との関わりについて考えるためのデータとなる。調査者は，みずからの行動軌跡をふり返ることで"フィールドノート"の作成に役立てることができる。

また，「カーナビ」ならぬ「ひとナビ」といったサービスのように，リアルタイムに利用者の位置を検出し，情報を提供する仕組みが使えるようになれば，グループによる調査やワークショップ型のフィールドワークなどの支援に役立つはずである。

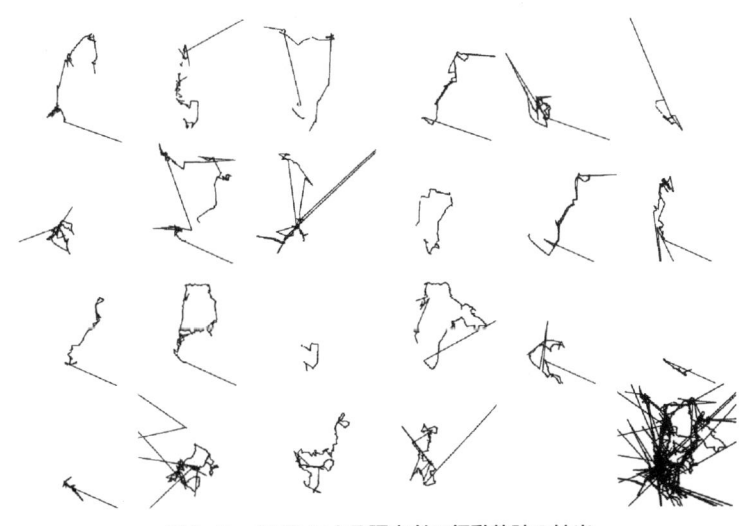

図3-2　GPS による調査者の行動軌跡の抽出
22名の調査者一人ひとりの軌跡と，すべてを重ね合わせたもの（右下）を示している．

4　歩数を記録する

　いうまでもなく，まちを対象とするフィールド調査の基本は「歩く」ことである．歩数計のデータを活用すれば，調査者の移動距離やスピードをとらえることができる．何よりも，フィールドワークという身体的な経験が数値化され，見えるようになる点が興味深い．現在，おもにお年寄りの利用を想定した，歩数計を内蔵したケータイも発売されている．あらかじめ設定しておけば，ケータイを持ち歩いているだけで，一日の歩数が自動的に指定されたアドレスに送信され，継続的に歩数を記録していくことができる．多機能化するケータイが，「身体の数値化」の志向（小林，1997）を，具体的に実現することになる．

　筆者は，モバイル機器を活用した社会調査の一環として，単体のデジタル歩数計を持ち歩いているが，不思議なことに，数週間使っているだけで，歩数のカウントと身体感覚とが対応づけられていく．つまり，歩数計をポケットに入れたままでも，大まかに自分の歩数を（ある程度の誤差はあるものの）把握できるようになる．「歩く」ことを基本とするフィールド調査においては，このようにみずからの活動を一度メディアを介して可視化（数値化）し，それを参照しながら，対象となるフィールドや調査という活動自体を，身体的に理解していくことが，きわめて重要である．今後，どのような機能が組み込まれていくのか，さまざまな可能性があるが，「センサーとしてのケータイ」（小檜山，2005）を想い描けば，ケータイは，歩数のみならず，生体

情報をも含めた身体／運動に関するデータ収集のためのデバイスにもなり得るだろう。

5 音を採集する

フィールドワークやインタビューなどの手法においては，音声の記録も重要な意味をもつ。いわゆる「聞き取り」のみならず，「音の風景（サウンドスケープ）」によって日常生活を理解する試みもある（たとえば山岸ら，1999）。社会調査における音声の記録は，テープレコーダーを経て，最近ではボイスレコーダー（ICレコーダー）を活用することが多くなったが，ケータイにも，ボイスレコーダーの機能が組み込まれている。実際に，雑踏，物売りの声，車，街頭のアナウンス，足音など，音による〈現場〉の再生は，画像よりもリアリティを感じさせることさえある。

また，ポッド・キャスティングが注目を浴びるとともに，「音声ブログ」のサービスも始まっている。「音声ブログ」を活用すると，〈現場〉から，ケータイを介して直接音声データを入力することもできる。さらに，ブログのエントリー（記事）に対して，音声でコメントを残すことも可能である。ケータイのボイスレコーダー機能はまだ発展途上であるが，地域コミュニティの「語り部」の音声データを収集したり，まちの雰囲気を音声で記録したりすることが容易になる。

近年の携帯音楽プレイヤーの受容・普及に呼応するかたちで，ハードディスクを内蔵したケータイが発売され，音楽のダウンロード・サービスも始まっている。この先，定額制の導入や通信速度の向上によって，ケータイによる音声データの利用が促進されるかもしれない。ケータイで，音楽以外の音声データを扱うことができるようになれば，フィールドワークのデザインも変容し得る。「ポッドウォーカー」や「ポッドウォーク」は，単なるまち歩きの音声ガイドにとどまることなく，参加型のワークショップやフィールド調査のあり方を考えるうえで刺激的な試みである[iii]。

6 データを収集・蓄積する

ここ数年で，ウェブログ（ブログ）の利用者が急増した。なかでも，モブログ（モバイル＋ブログ）は，フィールド調査を支援する仕組みとして役立っている。筆者は2004年4月より，大学における研究会（ゼミ）のメンバーを対象とする「コミュニティ・モブログ」の運用を試験的にスタートさせた。「コミュニティ・モブログ」とは，具体的にはカメラ付きケータイから直接投稿可能なウェブログで，あらかじめ登録されたメンバーがケータイで写真を撮り送信すると，写真がウェブ上で閲覧可能となる。写真を投稿した時間および撮影者については自動的に記録され，また，画像を添付する際のメールの件名や本文は，フィールドノートとして，併せて記録される。こ

図 3-3　住民参加型ワークショップにおけるモブログの活用
(2005年10月「葛飾区産業フェア」にて)

の「コミュニティ・モブログ」は，複数の調査者でフィールドワークを行なうことを想定し，写真をひとまとめにするために運用を始めたが，ケータイで撮影したらすぐさまアーカイブ化できる点が，これまでの調査と違った感覚をもたらす。

〈現場〉で歩き回っている際，調査者は，次つぎと目の前に現われる，興味深い〈モノ・コト〉を撮影することに没入する。調査を終えてからウェブ上で自分の見た〈モノ・コト〉を再度眺めることによって，フィールドワークの「物語」が再構成される。このプロセスを通じて，調査者は，フィールドでのみずからの体験をふり返る機会を得る。また，このモブログは複数の調査者で共有されているので，自分の撮影した写真のみならず，友人や同僚が何を見ていたのか，何を撮影したのかを同時に閲覧することができる。仕組みとしては，ウェブに送信された順に画像が並んでいくだけなのであるが，一連の画像で再構成される自分の行動軌跡に他の調査者の軌跡が，織り込まれていく点が特に興味深い。

カメラ付きケータイを活用した住民参加型のワークショップを企画・運営した際にもモブログを運用した。参加者は，まち歩きをしながらケータイで写真を撮り，モブログに投稿した。一方，「本部」として活用した展示ブースでは，モブログの画面をプロジェクターで映し，逐次更新した。ケータイとモブログの組み合わせによって，まちに出かけている参加者からの「実況中継」を見ながら，フィールド調査の進捗を把握することができた。

3節　ケータイがひらく新しい社会調査

ケータイは，日常生活のリズムを変え，より重層的なコミュニケーションを「いつでも・どこでも」可能にするメディアとして位置づけることができる。この特徴に注

目するとき，多機能化するケータイの利用を，社会調査という観点，とりわけ，生活誌・生活史やライフヒストリー・アプローチ（たとえば Plummer, 1983／1991, 2001）との関連で考えることはきわめて興味深い。たとえばケータイのカメラによって切り取られる日常生活の「ひとコマ」も，1つの「生活記録」として理解することができる。写真を空間的に，あるいは時間的に分類・配列することで，人々の行動軌跡や集った〈現場〉の様子をある程度まで再現することができる。同様に，音声や位置情報を活用することで，フィールドワークにおける調査対象のみならず，調査者のふるまいについても多面的に記録することが可能となる。

観察や記録のための技術や方法と，私たちの知識のあり方は密接に関わっており，さまざまなメディアの活用によって調査自体のデザインも変化してきた。ビデオやオーディオによる記録で，調査の〈現場〉はある程度まで復元可能となり，繰り返し再生することで，より詳細な記述もできる。以下では，さまざまな機能が付加されたケータイを活用することによって，これまでの調査方法，ひいてはものの見方・考え方がどのように変わり得るかについて整理しておこう[iv]。

1　調査に関わるコスト感覚の変容

まず，ケータイを活用することによって，調査に関わるコスト，そしてコストに対する心理的な感覚が変容する可能性がある。ここでいうコストは，研究者による調査のデザイン・運営に関わるコストばかりでなく，被調査者の心理的な負担をも含めたものである。デジタルメディアの特質である「モニター機能」を生かすことによって，非干渉的な調査方法の新しい方向性を模索することができるだろう。たとえば，最近では街角でケータイのカメラのシャッター音を耳にすることが珍しくなくなったが，後述するように，誰もが調査者としてみずからの生活を記録するようになれば，地域やコミュニティ規模での社会調査の可能性が拡がるはずである。

2　プロセスとしての調査

さらに，調査に関わる時間感覚も変化するはずである。従来の調査は，たとえば質問紙調査の場合は，質問票の配布から回収という一連の流れが，ある決められた時間の中で行なわれてきた。ケータイの特質を生かして，「いつでも・どこでも」データ収集が可能になれば，調査そのものの「始まり」や「終わり」を決めずに中長期的な調査が実現する。簡単な設問であっても，質問の回数や頻度を増やして調査を進めることができる。現に，こうしたアイデアに基づいた調査システムが稼働しており，逐次更新されるデータに基づくアドホックな調査結果を，そのつど解釈していくという新しいスタイルが提案されている。このことは，調査そのものの目的を再定義するこ

とになるだろう。

3 自発的・不可避的なデータの蓄積

このような状況は，被調査者による自発的なデータの収集・蓄積と密接な関係をもつ（被調査者といういい方自体も問い直すことになるはずである）。ケータイが，さまざまなセンサー技術をはじめ壁や街並みに装着されたメディアと連動することによって，いわば不可避的にデータが収集されていく可能性もある。当然のことながら，プライバシーなどをめぐるさまざまな問題が想定されるが，私たちがケータイなどの機器を持ち歩くことによって，自動的にデータが収集・蓄積されていくという方向性が考えられる。

4節　モバイルリサーチの可能性

近年，マーケティングなどの分野を中心に，生活者調査にケータイを活用する事例が増え，「モバイルリサーチ」として注目されている（たとえば宣伝会議，2005）。現在は，市販の機器（歩数計，ハンディ GPS，ボイスレコーダーなど）を同時に持ち歩いて，社会調査法の可能性について実験を進めているが，いずれは「センサーとしてのケータイ」として，1台の端末でさまざまな機能を果たすようになるだろう。

カメラ付きケータイの利用は，社会的に認知されるとともに，マスコミなどでは，隠し撮りや盗撮といった問題がしばしば報道されるようになった。現に，駅の構内などでケータイのカメラを使ったノゾキ（盗撮）が問題になり，検挙されるケースが報告されている。だが同時に，そうした誰かの犯罪行為を，別の誰かのケータイのカメラが写しているという可能性もある。〈写す＝写される〉という関係性がより流動的になり，ケータイのカメラを通じて，お互いの行動を記録し合うという状況が生まれつつあるのかもしれない。実際には，私たちの社会生活においては常に「他人の目」が遍在しているのであって，相互に〈見る＝見られる〉という関係を意識することによってコミュニケーション活動が成り立っている。したがって，相互に観察し合うということは，それ自体，ネガティブな論調で語られるべきものではないはずだ。問題は，自分の知らないところで〈見られている〉可能性があるということ，そして，被写体として記録された自分の写真が，ネットワークを介して容易に流通し得るということである。多機能化するケータイの受容と普及は，公私の区別や，さまざまな権限や責任など，既存の生活場面の意味づけをあらためて考える機会を構成する。こうした点は，個人情報の取り扱いや調査倫理の問題なども含め，さらに注意深く考えていく必要があるだろう。

だが，ケータイが，社会調査のためのデバイスとして，多くの人の手に握られているという点は，新しい調査のあり方を予感させる。限られた専門家やある種の「特権的」な立場の調査者が，地域やコミュニティについて語るのではなく，誰もが調査者となって「いつでも・どこでも」参画できるという意味での「社会調査」が実現すれば，それは，新しい地域や社会のイメージをもたらすはずである。「モバイルリサーチ」は，調査者としての私たちのモビリティを飛躍的に高めるからである。

　本書の各章で綴られているように，ケータイの利用やその社会的・文化的意味を理解する試みは実に多様である。そのなかで，特に強調したいのは，調査方法とメディアとの関係性を再認識するという点である。紙とエンピツによって構成されるアンケート調査が，回答者をある種の思考方法へと導くのと同様，ケータイを活用した調査にも，固有のふるまいや知識獲得の様式があるにちがいない。ケータイについて，新しい理解を創造するためには，ケータイで調査を行なうことが重要なのである。

注）

i) ケータイの機能やサービスなどに関する記述は，すべて執筆時（2006年3月）のものである。

ii) 2005年12月17～18日にかけて金沢市の商店街（5タウンズ）を中心とするエリアで，カメラ付きケータイをもちいたフィールド調査を実施した。

iii) 「ポッドウォーク」という言葉は，既に国内外で流通しているようだが，先駆的な「ポッドウォーカー」のサイト（川井拓也，2005年～）では，「耳で見る地図」として，「A地点からB地点までを実際に歩きながらそのプロセスを見えるように解説した音声を，別の人がA地点からB地点を目指しながら聞くこと」と定義している（http：//www.voiceblog.jp/podwalker/より引用）。筆者の研究室でも，まち歩きのコンテンツとして，またインタビューの手法として，その可能性を模索している（試験的に作成している「ポッドウォーク」は，http：//vanotica.net/archives/cat_podwalk.htmlを参照）。

iv) メディア環境の変化と新しい社会調査の可能性については，加藤（1998）を参照。ケータイ事情は，当時に比べると激変しているが，ネットワークを前提とした調査のあり方について論じた。

第2部　ソーシャル・ネットワークと社会関係

4章　モバイル化する日本人
5章　高速化する再帰性
6章　ケータイとインティメイト・ストレンジャー

Social Networks and Relationships

4 章
モバイル化する日本人

パソコンとケータイからのインターネット利用が社会的ネットワークに及ぼす影響

宮田加久子・J. ボース・B. ウェルマン・池田謙一

1節　日本でのインターネット利用

　インターネットの使い方の日本とアメリカでの違いは何であろうか。ケータイでインターネット通信ができるようになったことで，インターネット上でのコミュニケーションの相手は変化したのだろうか。この章では，インターネット接続にケータイを利用する人々とパソコンを利用する人々の，日常生活での対人関係を比較することにする。

　まずは研究的な文脈から少し離れた形で，日本人のインターネット上での対人関係を探ってみることにしよう。インターネット上の多くのアカウントはユニバーサルなものであった。このことは，アメリカを先駆けとして，インターネットの使用が全世界的に広がっていることを示している。アメリカ人以外で真っ先にインターネットを取り入れたのは，若い世代の教育水準が高い男性であり，彼らは強弱さまざま"社会的絆"（Chen et al., 2002）でつながった広範囲の人々と電子メールの交換をしていた。このアカウントがユニバーサルなものであるということは，インターネットの使用者および使い方が全世界共通のものであることを想定しており，現実の差異というものは，ただ単に，他の国々がアメリカの水準に追いついていない，または追いつけないために生じているものと考えられていた。

　しかし，多くの場合，対人関係や社会経済システム，規範や価値観，地形や気候などは社会によって異なるものである。したがって，インターネット利用者もまた，社会によって異なる（Miller & Slater, 2000；Chen & Wellman, 2004b）のは特別驚くべきことではない。というのは，インターネットというのは，社会から遊離したシステムではなく，集団，慣習，社会の階層性という具体的な現実のなかにあるもの（Wellman & Haythornthwaite, 2002）だからだ。たとえば，最近の研究によれば，カタロ

ニアでは個人間の電子メールのやりとりはアメリカよりも少ないが，情報収集，映画のチケット予約，フライト情報などをはじめとする，公共施設のウェブサイトはかなり利用されている（Castells et al., 2003）。東アジアでのインターネット使用は，これとはまた異なるものである。ブロードバンドが広く普及している韓国では，多くの人々が複数プレーヤー型オンラインゲームにはまっているし（Tkach-Kawaski, 2003），ケータイが普及している日本（とスカンディナビア諸国）では，インターネットにアクセスするのにパソコンだけではなく対応ケータイがよく用いられている（Akiyoshi, 2004）。

この章では，われわれが実施した，日本におけるインターネットに関する調査を分析する。この調査は，2002年に山梨県で1320人の成人を対象として行なわれたものである。質問はインターネット対応のケータイとパソコンの利用に関するもので，おもに利用頻度，使う理由，これらの使用をとおしてつながる対人関係の種類について質問した。ここでは，インターネットにアクセスするのにケータイとパソコンを利用する人々の特徴や，これらの利用が社会的ネットワークに及ぼす影響に関する結果を中心に報告する。具体的には，利用の文脈の差異の検討，ケータイとパソコンの利用者の比較，両メディアによるコミュニケーションの比較，ケータイとパソコンを用いての社会的ネットワーク内における強弱の絆の維持に関する分析，ケータイおよびパソコンの利用とソーシャル・サポート提供の関係についての分析について紹介する。

これらの分析の後，インターネット利用がコミュニティとソーシャル・サポートに及ぼす効果についての現在の議論を紹介し，最後に，インターネット対応のケータイの使用が，「ケータイ中心の」日本社会にとってどのような意味をもつのかを考察する。今回の調査結果は，日本人のコミュニケーションや社会的ネットワークの性質，日本とアメリカのインターネット利用の違い，そして，日本で北アメリカ同様に生じている「ネットワーク化された個人主義」への方向転換（Meguro, 1992；Nozawa, 1996；Otani, 1999；Wellman, 2001, 2002）を理解する手助けとなるだろう。

2節　固定したコミュニティからネットワーク化したコミュニティへの変化

ここ1世紀で，先進国におけるコミュニティは，村や近隣関係をもとにしたものから，各家族および個人がネットワークでつながれた，流動性が高く部分的なものへと変化した。多くの研究によれば，インターネットはコミュニティを破壊するのではなく，むしろ，既存のコミュニティのメンバーや友人，知り合い，親戚，さらに近隣の人々の間に新たな関係を加えた（Wellman & Haythornthwaite, 2002）。インターネットでのコミュニケーションを通じて，親戚や近隣関係などで閉じたコミュニティから，複数の部分的なコミュニティが広く重なり合う形態への変化が促進されたかのよ

うにみえたのであった。

　そして現在では，インターネットはほぼ光速で大陸間をつなぐことができるようになった。同時に，インターネット利用者は「グローカライズ（Glocalized：グローバルであると同時にローカルでもある）」（Wellman, 2003）されてきており，別々のデスクトップの前にいながらも，広い空間でつながり続けることができるようになった。今やインターネット利用は新しい時代に突入したのだ。ケータイでインターネット内を巡回する人々が，自分の社会的ネットワークおよびコミュニティ内の人々と，どのようにコミュニケーションを行なうかを考える時代である（Rheingold, 2002を参照）。

　日本人はこの新しい時代の最先端を走りつづけてきた。以前から「ケータイ─軽いけど内容が充実したケータイ─」を積極的に使い続けてきた人々は，今では，新しいモデルを使い，社会的ネットワーク内にいる人々とコミュニケーションをとり，インターネットで情報集めをしている。今回の研究では，誰がそのようなことを行ない，その結果，何が社会的ネットワークにもたらされたかを検討する。

3節　日本と世界のケータイ文化─若者を中心に

　ケータイからのインターネットへのアクセスは，多くの日本人にとって既に日常生活に組み込まれたものとなっている（Barnes & Huff, 2003）。2005年3月末までにはケータイを使ったインターネット接続サービスは7515万契約に達しており，ケータイのインターネット対応率（ケータイ契約数に占めるケータイを使ったインターネット接続サービスの契約数の割合）は86.4%である。さらに，2001年10月から第三世代ケータイが世界で最初に実用化され，2005年3月末には第三世代ケータイの契約数は3035万加入となり，順調に増加している。一方，2004年9月の時点では，米国のケータイのインターネット対応率は33.5%にすぎず，ケータイを通じてのインターネット利用は日本に比べて普及していない（総務省，2006）。

　日本の青年がケータイで電子メールの送受信をする割合は，アメリカや他の多くのヨーロッパの国々よりも高い。これらの国々では，どの世代の人々もケータイでの電子メールの送受信にあまり魅力を感じていないのである。この日本と他の国の違いは，青年をひきつけるケータイ会社のマーケティング戦略によるところが大きい。青年が電子メールの送受信にケータイを使うのは，1990年代に友人との連絡や社交にポケットベルを使っていたためだと推測される。ポケットベルの使用が日常生活に組み込まれたことが，音声とメッセージが統合された，より進化した連絡ツールであるケータイを取り入れる土台になったのである。青年の市場を足がかりにし，ケータイ会社はコミュニケーションの帯域とインターフェースの幅を広げて，より広範囲の人々

を対象にした魅力的なサービスを作り上げていったのである。

ケータイの利用を対象としたエスノグラフィーによれば，ケータイを積極的に使うことで，親しい友人や直近家族（immediate family）との連絡が増えるという。インターネット対応ケータイが日本の青年に与えるメリットは，おそらく，インターネット機能がついていない普通のケータイが他の国の青年に与えるメリットと同じであろう。世界中どこでも，青年は自律性を高め，友人とのつながりの質を高めるためにケータイを手にしているのだ。たとえば，ヨーロッパの青年はその親たちよりも，社会的ネットワークを築き，自分の居場所を親に伝えるためにケータイを利用している（Ling, 2001, 2004）。また，青年はケータイを自分たちの文化に深く浸透させ，テキスト・メッセージ，番組放映時間，そして，時にはケータイ自身までさかんに共有し，お互いを強く結び付けている。ブラブラしている時間には，直接会うだけでなく，テキスト・メッセージの交換も行なわれている。グループ内でメッセージや電話のやりとりが行なわれると，ケータイの持ち主だけでなく，グループ全体でやりとりが共有されるのだ（Weilenmann & Larsson, 2002；Taylor & Harper, 2003）。

さて，青年は大人になってもケータイを使い続けるのだろうか。大人になると，職場での人間関係や家族や配偶者に割く時間が増えることで，その分だけ友だちと常に連絡をとり続けたいという欲求は減少するかもしれない。しかし一方では，年を重ねても，友人や家族との連絡にこのテクノロジーを使う確固たる習慣は残り続け，仕事や家庭とケータイをうまく組み合わせて使い続けるという可能性もあり得る。

4節　山梨県におけるインターネット利用状況

今回のインターネット利用に関する研究は，無作為抽出で選ばれた山梨県在住の成人1320名を対象に行なわれた[i]。山梨県は山間部と都市部が混在した地域であり，インターネット利用は，日本国内では標準的な地域である（表4-1参照）。

この山梨県内から，層化された40の地域を抽出し，選挙人名簿を用いて，各地域から39名を回答者として無作為に選んだ。回答者は20歳から65歳までの成人であった。

表4-1　山梨県のインターネット利用状況（総務省「平成13年社会生活基本調査」より）

	10歳以上の世帯員のインターネット利用率（％）	利用用途別行為率（％）			
		情報交換（メール・チャット等）	情報発信（HPの閲覧・更新等）	情報収集（HPの閲覧・データ入手等）	その他（クイズ・懸賞等）
全国	46.4	39.5	5.6	32.4	14.0
山梨県	44.5	37.8	5.7	30.4	13.4
東京都	56.9	49.8	10.0	43.8	18.7

調査は質問紙を用いて行なわれ，各対象者のもとに届けられた後，3週間後に回収を行なった。回収率は76%であり，回答者数は1002名であった。調査は2002年11月～12月に実施された。

分析時，回答者は3つのタイプに分けられた。1つは，ケータイとパソコンの両方で電子メールを利用するグループ，1つはケータイのみで電子メールを利用するグループ，もう1つはパソコンのみで電子メールを利用するグループである。ケータイのみで電子メールを利用するグループと，パソコンのみで利用するグループは異なる特徴をもち，それぞれの機器の使い方も異なるだろう，ということが予測された。

1 年齢，性別とケータイやパソコンの使用

(1) 年齢

ケータイによる電子メール（以後，ケータイ・メールとよぶ）とパソコンでの電子メール（PCメールとよぶ）の利用方法に関して，最もはっきりみられたのは年齢による違いである。まず，年齢が高くなるにつれて，ケータイ・メール，PCメールともに，利用者割合は急激に減少した。20代の人々の多くは，ケータイで電子メールを利用していた（図4-1）。20代の人々の約半分（46%）はケータイ・メールとPCメールの両方を利用し，46%はケータイ・メールを利用していた。つまり，20代では，合計92%がケータイ・メールを利用していたことになる。20代の人々のケータイ・メール利用は非常にさかんであり，20代は回答者全体の21%であったにもかかわらず，ケータイ・メール利用者の39%が20代であった。また，30代のケータイ・メール利用者数も，実際の人口の比率よりも明らかに高く，回答者全体の20%が30代であるのに対し，ケータイ・メール利用者全体の29%が30代であった。このようにヤング・アダ

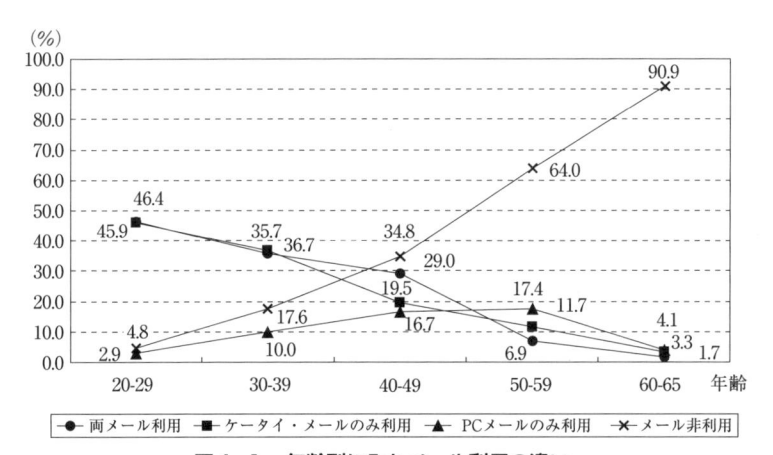

図4-1 年齢別にみたメール利用の違い

ルトのケータイ・メール利用率は非常に高く，回答者全体のうち20歳から39歳の人々は約5分の2（41%）であったのに対し，ケータイ・メール利用者全体では3分の2（68%）を占めていた。

次に，40歳以上の回答者をみると，ケータイで電子メールを利用する人々は少なかったのに対し，パソコンのみで電子メールを利用する人々の割合は，60歳までは年齢が上がるほど多かった。また，年齢が高い人々は電子メールをパソコンのみで利用する傾向があるのに対し，年齢が低い人々はパソコンとケータイの両方で利用する傾向があった。インターネットへのアクセス方法だけでなく，電子メール送受信の頻度も年齢により異なった。日本人の場合，50歳以上の人々はほとんど電子メールのやりとりを行なわないが，これは，北アメリカにおいて，これらの年代の人々が電子メールを頻繁にやりとりし，インターネットを利用するということとは対照的である（UCLA Center for Communication Policy, 2003）。

（2）　性別

メールに関しては，性別による違いもみられた。どの年代においても，ケータイ・メールのみ，PCメールのみ，そして両方とも利用している割合に男女差がみられた（表4-2）。たとえば，20代の人々でケータイ・メールのみを用いている割合は女性（47%）の方が，男性（45%）よりも多かった。ただし，年齢が上昇するにともない，この男女差には変化がみられた。概して，年齢があがるにつれて，ケータイとパソコンの両方のメールを使っている男性の割合は増加した。30代では，女性33%に対して，男性38%が電子メールの送受信にケータイとパソコンの両方を用いていた。40代で両方を用いていたのは，男性35%に対し，女性では21%であった。さらに，中年男性の多くが仕事上でパソコンを頻繁に使うが，ケータイに関してはそれほど必要だと思っていなかった。また，歴史的にみても，日本人女性は男性ほどパソコンを利用してこなかった（Ono & Zavodny, 2004）。

表4-2　年齢・性別からみた電子メール利用率

年齢	男性				女性			
	両メール利用	ケータイ・メールのみ利用	PCメールのみ利用	メール非利用	両メール利用	ケータイ・メールのみ利用	PCメールのみ利用	メール非利用
20-29	44.7	44.7	1.9	8.7	48.1	47.2	3.8	0.9
30-39	38.1	32.0	11.3	18.6	33.3	41.2	8.8	16.7
40-49	35.2	17.2	20.5	27.0	21.2	22.2	12.1	44.4
50-59	6.5	11.3	23.4	58.9	7.3	12.2	11.4	69.1
60-65	3.6	5.4	8.9	82.1	0.0	1.5	0.0	98.5

2 ケータイ・メールの達人

　ここまでみてきたように，多くの青年がケータイとパソコンの両方からメールを送受信している。さらにいうならば，この青年たちはメール送受信をケータイのみから行なう傾向があるようだ。しかし，これらの機器をどのように利用するかは年齢だけで決まるわけではない。そこで，ケータイ・メールや PC メールの利用の規定因を探るために，ロジスティック回帰分析を行なった。その結果，今回の調査回答者のなかで，情報機器を利用するのがあまり得意でない人々は，ケータイ・メールのみを利用する傾向があった（表4-3）[ii]。一方，PC メールを利用している人は，PC メールのみを利用する人，PC メールとケータイ・メールを両方とも利用する人ともに，さまざまな情報機器を利用するのがより得意と思っているようだった。この結果は，インターネットに接続するのにパソコンとケータイの両方を使う人は自分の機器を扱う技術を比較的高く評定する，という全国調査の結果と一貫している（池田，2002）。

3 ケータイ・メールおよび PC メールによる社会的ネットワークとのつながり

　人々はケータイやパソコン，あるいはその両方で電子メールを利用するとき，別々のネットワークの人々とやりとりをしているのだろうか。もし違いがあるとするならば，その違いは，それぞれのテクノロジーを使う人々の違いか，もしくはテクノロジーそのものの性質の違いによるものと考えられる。たとえば，職場の日本人は，仕事上の電子メールのやりとりを，人間どうしの距離が近く，なおかつあまりフォーマルではないケータイではあまりしたがらない。この問いに答えるために，電子メールのやりとりがいったいどれくらいの頻度行なわれているのかを調べた。また，この電子メールのやりとりが，どのような紐帯をもつ，どのような場所にいる人々と，どれくらい行なわれているのかも調べた。

（1）電子メールの利用頻度

　ケータイで送信される電子メールの数は，PC メールの送信数よりも少しだけ多い。ケータイのみで電子メールを利用する人は，1日平均約6通のメールを送信するのに対して，パソコンのみで電子メールを利用する人のメールの送信数はその3分の1で，1日平均約2通である。最も多く電子メールの送信をするのは，ケータイとパソコンの両方を使う人であり，ケータイ・メールが1日平均約6通，PC メールが1日平均約2通，合計で1日平均約8通の電子メールの送信を行なう。

　ケータイのみで電子メールの送信を行なう人と，ケータイとパソコンの両方で電子メールの送信を行なう人が送信するケータイ・メールの数は，平均的にみるとほぼ等

表4-3 メール利用を規定する要因（ロジスティック回帰分析）

	両メール利用			ケータイ・メールのみ利用			PCメールのみ利用			メール非利用		
	B	S.E.	Exp (B)	B	S.E.	Exp (B)	B	S.E.	Exp (B)	B	S.E.	Exp (B)
性別（0 ＝ 女性、1 ＝ 男性）	−0.495*	0.228	0.609	−0.120	0.201	0.887	−0.053	0.315	0.949	0.692*	0.270	1.997
年齢（基準＝20〜29歳）												
30〜39歳	−0.714**	0.272	0.490	−0.296	0.245	0.744	1.267*	0.514	3.550	1.637**	0.479	5.141
40〜49歳	−0.870**	0.299	0.419	−1.289**	0.277	0.275	2.087**	0.517	8.062	2.390**	0.471	10.916
50〜59歳	−2.098**	0.374	0.123	−2.042**	0.324	0.130	3.252**	0.541	25.843	2.882**	0.479	17.858
60〜65歳	−2.259**	0.798	0.104	−3.340**	0.586	0.035	2.399**	0.780	11.014	3.738**	0.592	41.996
学歴（基準＝中学）												
高校	0.344	0.608	1.411	0.694	0.362	2.001	−0.081	0.676	0.922	−0.325	0.397	0.723
短大・専門学校	0.157	0.620	1.170	0.266	0.392	1.305	0.762	0.707	2.142	−0.242	0.448	0.785
大学・大学院	0.468	0.625	1.597	−0.623	0.431	0.536	1.363*	0.692	3.908	−0.713	0.480	0.490
職業（基準＝フルタイム勤務）												
パートタイム・アルバイト	−0.231	0.327	0.793	0.046	0.270	1.047	−0.097	0.522	0.908	0.270	0.347	1.311
自営業	0.273	0.411	1.313	−1.075*	0.503	0.341	0.443	0.438	1.558	0.260	0.417	1.297
学生	1.180*	0.598	3.254	−0.615	0.569	0.541	−18.122	8611.048	0.000	0.554	1.279	1.741
専業主婦	−0.537	0.377	0.585	−0.380	0.315	0.684	0.615	0.471	1.850	0.703	0.369	2.019
その他	−0.857**	0.424	0.424	−0.009	0.303	0.991	0.952*	0.423	2.592	−0.230	0.370	0.794
無職	0.118	0.548	1.126	−0.630	0.480	0.532	0.303	0.841	1.353	0.648	0.635	1.912
結婚（1 ＝ 既婚）	0.432	0.345	1.541	−0.564	0.305	0.569	0.082	0.429	1.086	0.425	0.387	1.529
一緒に暮らす子ども（1 ＝ あり）	0.414	0.294	1.513	0.081	0.269	1.085	0.095	0.315	1.100	−0.494	0.277	0.610
情報機器利用スキル	0.323**	0.032	1.381	−0.051*	0.023	0.950	0.297**	0.040	1.346	−0.386**	0.030	0.680
定数	−6.081	0.793	0.002	0.824	0.519	2.279	−9.808	1.039	0.000	2.474	0.646	11.865
Cox & Snell R Square	0.311			0.174			0.178			0.504		

N = 969　　*p＜.05　**p＜.01

しく，1日に約6通である。パソコンのみで電子メールの送信を行なう人と，ケータイとパソコンの両方で電子メールの送信を行なう人が，1日に送信するPCメール数も，平均的にみてほぼ等しく，1日に約2通である。つまり，この2つの機器の利用は，どちらも電子メールの送信数を増加させるだけであって，片方を使うことでもう片方の利用が減少することはない。このパソコンとケータイを両方とも利用することで，電子メールの利用頻度が増えるという結果は，ほかの研究結果――メディア機器を使えば使うほど，コミュニケーションの総量は増える――とも一致している（Haythornthwaite & Wellman, 1998；Quan-Haase et al., 2002；Hogan, 2003）。さらに，このことは，ケータイとパソコンで送られる電子メールの種類が異なることも示している。

（2）　近距離通信と遠距離通信

　ケータイ・メールは，PCメールに比べて同じ地域の人々に対して送信されることが多い（表4-4）。ケータイ・メールのみを利用している人は，近くに住んでいる人にメールを送ることが多い。ケータイとパソコンの両方のメールを使う人は，近くに住んでいる人（車で1時間以内）にメールを送るときはケータイを使い，遠くに住んでいる人にメールを送るときはパソコンを使うことが多い。PCメールのみを使う人は，遠くにいる人と連絡をとることが多い。

　この結果は，上記で述べたエスノグラフィー的な研究でみられた，日本人の青年は近くに住む友だちに素早く電子メールを送るためにケータイを使う，という現象と一致している。このような青年たちのやりとりは，つながっている感覚をもち続けたり，仕事から帰宅する途中に買い物をしてくれるように結婚相手に頼むなどのちょっとした連絡に用いたりするなどの，たわいもないものであるかもしれない。ケータイが持ち歩けるということは，待ち合わせの約束をしたり，ぎりぎりになってから計画を変更したりするのにうってつけなのである（Ling & Yttri, 2002；Smith, 2000）。

表4-4　メール送信相手との距離

メール送信相手	両メール利用者		ケータイ・メールのみ利用	PCメールのみ利用者
	ケータイ・メール	PCメール	ケータイ・メール	PCメール
一緒に住んでいる	19.1	11.5	18.1	0.0
車で10分以内の場所にいる	12.7	4.9	13.5	3.8
車で1時間以内の場所にいる	42.7	39.3	46.8	34.6
車で5時間以内の場所にいる	19.7	34.4	18.1	38.5
車で5時間以上の場所にいる	5.1	4.9	2.9	15.4
海外在住	0.6	4.9	0.6	7.7

5節　強いつながりの人々・弱いつながりの人々との通信

電子メールは社会的ネットワークを維持するのに役に立つのだろうか。この問いに答えるために，社会的ネットワークの要素のうち，サポートを提供してくれる紐帯(tie)の多さ，ネットワークの多様性，ネットワークの大きさの3つを測定する。

1　サポートを提供してくれる紐帯数

サポートを得ることにつながるのは，持ち運びできるというケータイ・メールの手軽さだろうか。それとも，PCメールの利用範囲の広さだろうか。サポートを提供してもらえる紐帯の多さを調べるために，回答者に，自分のネットワークにいる人々のなかで，はげましの言葉をかけてくれる人数（情緒的サポート），困った時にちょっとしたお金をくれる人数（金銭的サポート），引越しや他の人への贈り物の用意を手伝ってくれる人数（道具的サポート）を4段階評定してもらった。そして，この3つの項目それぞれの評定値を平均した。

この結果から，ケータイ・メールとPCメールの両方を利用している人がサポートを提供してくれる紐帯を最も多くもっており（平均2.53），次にこれとあまり変わらず，PCメールのみ利用者（2.49）と，ケータイ・メールのみ利用者（2.49）が続き，どちらも使っていない人（2.38）が最も少ない紐帯しかもっていないことがわかる（表4-5）。

さて，この小さな違いは，コミュニケーションの方法の違いによるものだろうか，それとも他の理由が考えられるのだろうか。そこで，サポートを提供してくれる紐帯の数に影響すると思われる他の要因を統制するために，重回帰分析を行なった。たとえば，PCメールのみを使う人はケータイ・メールを使う人（ケータイ・メールのみを使う人および，パソコンと両方のメールを使う人を含む）に比べて年齢が高いことが多い一方で，社会的ネットワークも年齢を重ねたり，仕事に費やす時間が増えた

表4-5　3種類の社会的ネットワーク指標の平均値

	両メール利用者	ケータイ・メールのみ利用者	PCメールのみ利用者	非利用者	F
人数	251	244	111	378	
サポート提供の紐帯数	2.53	2.49	2.49	2.38	2.67*
社会ネットワーク的の多様性	4.09 ab	3.60 b	4.48 a	3.63 b	3.48*
社会ネットワーク的の規模	60.70 b	39.55 c	90.77 a	47.21 bc	19.87**

*$p<.05$　**$p<.01$
Scheffeの検定の結果，違う符号間では5％水準で有意差があることを示している。

り，さまざまな経験をすることで大きくなるので，どちらの効果があるかをみるには一方を統制する必要がある。

サポートを提供してくれる紐帯の数は，年齢が高いほど，ケータイ・メールの送信数が多いほど，多い傾向がある。また，多くの組織やグループに積極的に参加しているほど，このような紐帯が多い（表4-6）[iii]。人々は年を重ねるにつれて，サポートを提供してくれる紐帯を増やしていき，何かの組織の一員になる——特に積極的に活動する——ことで，さらにそのような紐帯を増やしていくのである。コミュニケーションの多さも重要である。1日に6通以上のケータイ・メールを送信している人は，

表4-6 社会的ネットワークを規定する要因（全回答者）

変数	サポート提供の紐帯数	社会的ネットワークの多様性	社会的ネットワークの規模
性別（0＝女性，1＝男性）	0.046	0.320	11.512*
年齢（基準＝20-29歳）			
30-39歳	-0.232**	0.438	18.942**
40-49歳	-0.279**	0.307	14.804*
50-59歳	-0.182	1.045*	21.349**
60-65歳	-0.104	0.424	25.338**
学歴（基準＝中学）			
高校	0.113	-0.377	9.116
短大・専門学校	0.061	0.008	13.511
大学・大学院	0.021	0.894	27.848**
職業（基準＝フルタイム勤務）			
パートタイム・アルバイト	0.042	0.049	-6.639
自営業	-0.071	1.055*	5.538
学生	0.115	-2.593**	-7.932
専業主婦	0.062	0.255	-15.172*
その他	0.180*	-0.446	-6.001
無職	-0.054	-0.838	-0.090
結婚（1＝既婚）	-0.070	-0.032	27.944**
一緒に暮らす子ども（1＝あり）	0.044	-0.369	-0.814
組織・グループ参加	0.473**	3.618**	25.189**
前日のケータイ・メール送信数（基準＝非利用・非送信）			
1～5通	0.065	0.374	3.694
6～10通	0.255*	1.473**	-1.530
11通以上	0.293*	1.153	-1.332
前日のPCメール送信数（基準＝非利用・非送信）			
1～5通	-0.010	-0.383	14.954*
6～10通	-0.210	0.799	-12.636
サポート提供の紐帯数		0.843**	8.613**
社会的ネットワークの多様性	0.036**		3.205**
社会的ネットワークの規模	0.001**	0.011**	
定数	1.628	-3.542	-68.098
調整済み R^2	0.126	0.237	0.233
N	817	817	817

$*p<.05$　$**p<.01$

ケータイ・メールをまったく送らない人よりも，サポートを提供してもらえる紐帯が多い。コミュニケーションがサポートを生み出している可能性と，サポートが必要な人ほど多くのコミュニケーションを行なうという可能性の両方が考えられる（インターネット普及前のカナダのデータでも同じような結果が出ている。Wellman, 1979；Wellman & Wortley, 1990を参照）。

2 社会的ネットワークの多様性

社会的ネットワークが多様であると，新しい情報と資源（resource）を手に入れることができる。さまざまな人間と知り合いであるほど，さまざまな環境に接することができる（Feld, 1982）。社会的ネットワークの多様性というのは，ネットワーク内部の人々の職業の多様性，性別の多様性，人種の多様性などさまざまな側面がある。そのなかでも，就いている職業によって社会的背景が異なることが多い（Lin, 2001）ということから，ここでは職業の多様性に注目する。回答者には，15の職業カテゴリーを見せ，それぞれのカテゴリーに親戚や友人，知り合いが含まれているか否かを尋ねた。そして，回答者ごとに，これらの人々が含まれていたカテゴリーの数を数え，これを0から15までの得点として換算した。この得点が高いほど，その回答者の社会的ネットワークが多様であることを意味する。

PCメールのみで利用している人々（平均4.5）が，ケータイ・メールとPCメールの両方を利用している人（4.1），どちらも利用していない人（3.6），ケータイ・メールのみを利用している人（3.6）よりも，多様性に富んだネットワークを築いている（表4-5）。上記のサポートを提供してくれる紐帯の分析でも行なったように，違いをもたらしているのはコミュニケーション方法なのかを調べるために，ここでも重回帰分析を行なった。その結果，サポートを提供してくれる紐帯と同様，積極的に組織・団体・グループに所属していることと，ケータイ・メールでのコミュニケーション頻度が高いことが社会的ネットワークの多様性を増加させることがわかった。実際，ネットワーク内の職業の多様性の増加に最も強い影響を与えているのが，フォーマルな団体に関わることとインフォーマルなグループに関わることであった（表4-6）。多くの組織に所属して積極的に参加すればするほど，さまざまな職業の人に出会えるということは想像通りの結果である。

3 社会的ネットワークの規模

ここでは，ケータイ・メールは，他の一般的なケータイ同様，強い紐帯（親友や家族）を維持するのに非常に重要であり，PCメールはこのような強い紐帯のみならず弱い紐帯を維持するためにも役に立つという仮説を立てた。この仮説を検証するため

に，われわれは最初，社会的ネットワーク内の紐帯の強さを区別しようとした。しかし，たった1回の調査でこの区別を行なうのは難しいことである。そこで，弱い紐帯のネットワークの大きさを概算するために，回答者に前年に出した年賀状の枚数を尋ねた。人々がもっている社会的ネットワークの多くは比較的弱い紐帯であるため（Bernard et al., 1990；Watts, 2002），この方法はありのままの弱い紐帯の数を概算するのに有効であると考えられる。

　PCメールのみを利用する人が出す年賀状の数は明らかに多く，平均して91枚である（表4-5）。ケータイ・メールとPCメールの両方を利用する人の年賀状の枚数はそれよりも明らかに少なく，61枚である。しかし，それでもどちらも使ってない人（47枚）や，ケータイ・メールのみを利用している人（40枚）よりも多い。

　重回帰分析の結果から，年齢が高いほど年賀状を出す枚数が多くなるということもわかった。同様に，組織に所属している方がしていないよりも，既婚者の方がそうでない人よりも，大卒以上の高学歴の人の方がそうでない人よりも，多くの年賀状を出すことがわかった（表4-6）。これらの属性というのは，他者との出会いを作り出すのである。PCメールを利用していることも年賀状の枚数の多さと関係があり，PCメールの利用と社会的ネットワークの大きさ，特に，弱い紐帯の多さとの間に関係がある，という私たちの仮説を支持する結果である。

　このようなさまざまな変数と弱い紐帯の数との関係は，これらの変数とサポートが期待できる紐帯の数や，社会的ネットワークの多様性との関係に類似している。したがって，これら3つの社会的ネットワークの関連変数の間に関係があることは何の不思議でもない。弱い紐帯の数が多いほど，サポートを期待できる紐帯も多く，ネットワークの多様性も高い。一般的に，PCメールだけを使う人と，PCメールとケータイ・メールの両方を使う人は，ケータイ・メールだけを使う人やどちらも使わない人よりも，より多様なネットワークをもち，弱い紐帯，強い紐帯ともに多くもっている。PCメールを使わない人たちは，ケータイ・メールの利用状況にかかわらず，PCメールを使う人たちよりも，社会的ネットワークが貧弱なのである。

4　ケータイ・メールおよびPCメールの両方を利用している人々の社会的ネットワーク

　これまで述べてきた結果から，ケータイ・メールとPCメールの利用は異なるものであることがいえる。ある1つのメディアは他のメディアと完全に置き換えられるものではないのである。たとえば，パソコンで電子メールを書くときは，キーボードから文字を打ち込み，大きな画面で打った文字を見ることができるので，画面も小さいケータイよりも，長いメッセージを書きやすい。普通，弱い紐帯というのは，ふだんあまり接しない人々であるので，「愛してる」「10分後に会おう」「ビール買ってきて」

というようなケータイでよく送られるメッセージよりも，メールの目的が文面で詳しく述べられることが多い。したがって，弱い紐帯に対しては長めのPCメールが連絡に使われることが多い。このようにして，利用するメディアによって，メッセージの内容だけでなく，そのメッセージが送られる相手も変化するのである。

そこで，社会的ネットワークの特徴とコミュニケーション形態の関係を調べるために，ここでは，ケータイとパソコンの両方を使って電子メールを送信していると答えた回答者に注目した。既にみてきたとおり，両方の機器を使う人々は，強い紐帯も弱

表4-7　社会的ネットワークの規定因
（PCメールとケータイ・メールの両方利用者）

変数	サポート提供の紐帯数	社会的ネットワークの多様性	社会的ネットワークの規模
性別（0＝女性，1＝男性）	0.058	0.379	11.734
年齢（基準＝20-29歳）			
30-39歳	-0.260*	-0.237	19.720*
40-49歳	-0.479***	-0.043	21.863*
50-59歳	-0.133	-0.302	21.192
60-65歳	-1.908**	-0.255	113.682*
学歴（基準＝中学）			
高校	-0.193	-3.507*	12.985
短大・専門学校	-0.180	-3.619*	19.293
大学・大学院	-0.157	-2.877	23.376
職業（基準＝フルタイム勤務）			
パートタイム・アルバイト	0.153	-0.447	-3.649
自営業	0.214	-0.253	-12.802
学生	-0.123	-1.843*	-13.582
専業主婦	0.263	-0.240	-10.120
その他	0.540*	-0.310	-16.096
無職	0.083	-0.321	1.447
結婚（1＝既婚）	-0.037	0.706	24.654*
一緒に暮らす子ども（1＝あり）	-0.049	-0.608	6.399
組織・グループ参加	0.305	2.710**	21.726
昨日のケータイ・メール送信数（基準＝非送信）			
1～5通	0.020	0.780	-4.141
6～10通	0.174	0.900	3.319
11通以上	0.292	0.497	-7.952
昨日のPCメール送信数（基準＝非送信）			
1～5通	-0.120	-0.367	21.631**
6～10通	-0.420	3.727**	-13.229
サポート提供の紐帯数		0.836**	17.040**
社会的ネットワークの多様性	0.045**		1.915
社会的ネットワークの規模	0.003**	0.006**	
定数	2.061	0.738	-77.142
調整済みR²	0.177	0.228	0.303
N	219	219	219

$*\ p<.05$　　$**\ p<.01$

い紐帯も多くもっている。重回帰分析の結果（表4-7）から，このような人々では，ケータイ・メール送信数よりも，PCメール送信数の方が，社会的ネットワークの多様性と強い関係性があることがわかる。PCメールを1日に6通以上送る人では，送信していない人々に比べて社会的ネットワークの多様性が高い。また，1日に1～5通のPCメールを送った人々は，送らなかった人々よりも送った年賀状の数が多く，ネットワーク内の弱いつながりの数が多いことを示している。他方，ケータイ・メール送信数と年賀状の数の間には関係がみられなかった。

　さらにこれらの機器を通じてつながっているネットワークの大きさの代替指標として，回答者にケータイおよびパソコン内の電子メール・アドレス登録数も尋ねた。ケータイ・メールとPCメールの両方を使っている人では，ケータイには平均36個，パソコンには平均23個のアドレスが登録されていた。ここから，ケータイとパソコンに登録されているアドレスが完全に一緒であるとしても，最低36人の相手と電子メールの交換をしているということがわかる。この平均登録アドレス数は，ケータイ・メールのみを使っている人の平均23人，PCメールのみを使っている人の17人と比べても多い。

　パソコンのアドレス帳に登録されている人々の多くは，親友や家族と比べると弱い紐帯を結ぶ人々である。これは，サポート的なやりとりを電子メールでする相手，すなわち強い紐帯で結ばれていると推測される相手はアドレス帳のなかで1～3人である，と回答者が答えていたことからわかる。この数値は，既存の日本での調査（Otani, 1999）や，カナダでの調査（Wellman, 1979；Wellman & Wortley, 1990）で示されている強い紐帯を結ぶ人数（平均5人）よりも少ない。したがって，サポートをやりとりするような強い紐帯を結ぶ相手は，パソコンのアドレス帳には少ししか載っていないのだ。アドレス帳に載っている人というのは，弱い紐帯でありながらも，アドレス帳に入れておく価値はあると思われている人々なのだ。

　サポートをやりとりするような強い紐帯を電子メールによって最も多く維持しているのは，ケータイ・メールとPCメールの両方を利用する人々であり，平均して2.8人である。ケータイ・メールだけを利用している人では2.6人，PCメールだけを利用している人では1.1人であった（$F=11.33, p<.01$）。したがって，ケータイとPCの両メールを利用する人は，広い社会的ネットワークの人々と頻繁に連絡をとっているだけでなく，サポートのやりとりができる人をネットワーク内に多くもっている，ということがいえる。ここでも，複数のメディアをネットワーク内の人々とのコミュニケーション手段として使うことが，より広い，さかんなコミュニケーションを生み出し，そして，サポートをやりとりできるような社会的ネットワークをもつことにつながることがわかる。

6節　結論

1　調査結果からみえてきたこと

　ケータイ・メールやPCメールの利用状況は年齢や性別によって異なる。ケータイ・メールのみを使う人は，20代や30代の人々で，自分の情報技術利用能力を低く評価する人々である。一般的に，20代，30代の人々はケータイだけでなくパソコンもさかんに利用しており，多くがケータイ・メールとPCメールの両方を利用している。30歳〜59歳の人々では，年齢が高くなるにつれて，電子メール交換にパソコンのみを使うと答えた人の割合が多い。

　電子メール交換状況の男女差は20代ではそれほど大きくはないが，30代，40代では年齢が高くなるにつれて差が開いてくる。30代や40代では，男性は仕事でパソコンを使っているためか，ケータイ・メールとPCメールの両方を利用している割合が女性よりも多い。

　利用しているメディアによって，つながりがある社会的ネットワークの量と質ともにはっきりとした差がみられる。ケータイとパソコンの両方が使えるとしても，電子メールを送る時には，ケータイの方がパソコンよりもよく使われる。しかし，ケータイ・メールは近くの人とのやりとりであるのに対し，PCメールは近くの人だけでなく遠くの人ともやりとりされている。また，ケータイ・メールのやりとりは，親しい友だちや家族との短く素早いものであり，感情的なつながりを維持したり，待ち合わせの日時を決めたり，日常の行動をスムーズにしたりするために行なわれる。ケータイ・メールを多く送る人は，サポートをもらえるようなつながりが多い。これとは対照的に，PCメールは強い紐帯だけでなく弱い紐帯をもつ人々とも交換され，物理的に一緒にいることが多い人とはあまりやりとりが行なわれない。そして，PCメールを多く送る人ほど，広く多様性に富んだ社会的ネットワークをもっている。

　一般にこのようなコミュニケーション形態を2つとももつことが大きな社会的ネットワークを築くことにつながっている。ケータイ・メールとPCメールが支えている社会的ネットワークは異なるものなので，ある程度までは，この2つのコミュニケーション形態は互いに補完し合う。ケータイ・メールはサポートが提供されるような強い紐帯を作ることと深く関係しているのに対し，PCメールは強い紐帯だけでなく弱い紐帯を維持するためにも利用されている。ケータイ・メールは恋人などの強い紐帯と深い関係を築くことに役に立っている。ケータイがあることによって，親密なつながりが保て，親しい人たちにいつでもどこでも連絡がつく。家やオフィスなどで共有

されがちなパソコンに比べ，小さなスクリーンを持つケータイは，より個人的なものなので，ケータイ・メールでのプライベートな会話を可能にしてくれる。一方，パソコンはより広がった社会的ネットワークを作り出す。PCメールは親しい人だけでなく，利用者をより広い世界に導き，誰といつつきあうかを選ぶことを可能にするのだ。

近い将来，おそらく，日本人の多くがメッセージのやりとりにケータイとパソコンの両方を使いだすようになるだろう。そう考えると，ケータイ・メールとPCメールの両方を利用していると答えた人々は時代の先駆者なのである。このような2種の機器を使い分ける人々は，電子メールのやりとりができる強い紐帯も弱い紐帯も多くもつだけでなく，そのような人々との連絡頻度も高い。さらに，動画付き電子メールのやりとりをする人たちは，強い紐帯をより多くもつようである。

2 日本：モバイル化された社会

インターネットの繁栄は，人々が数十年かけてお互いに連絡をとり，つきあい，さまざまな資源を得ることで生じさせてきた社会の変化を加速させている。先進国では，今や「つながること」の重点が，交通機関によるつながりからコミュニケーションによるつながりに移ってきているようだ。空港や道路網からコンピュータ端末やネットワークへというように。このようにテクノロジーが進歩してきている世界において，山梨県での調査結果は，コンピュータに媒介されたコミュニケーションにより重きが置かれつつある社会で，コミュニケーション形態と社会的ネットワークの間に関係性があることを示している。この結果からは，北アメリカでのインターネット発展状況が，他の先進国における規範に必ずしもならない，ということもいえる。

とはいえ，北米における状況との重要な類似性もみられる。北米やヨーロッパにおける研究と，今回の日本での調査研究をまとめて考えると，インターネット世界は他から切り離された自己完結の世界ではなく，主観的な日常世界であることがわかる（Wellman & Hogan, 2004）。北米のデータでも複数のメディアを用いる人は，強い紐帯をより多くもち，より頻繁に連絡をとるという結果が示されており（Wellman, 1988, 1992；Haythornthwaite & Wellman, 1998；Wellman et al., 2002；Quan-Haase et al., 2002；Castells et al., 2003），今回の日本のデータの結果と一致している。インターネットは，友人や親戚とつながるさまざまなコミュニケーションを提供することによって，人々と直接顔をあわせてつきあう世界を削るのではなく，より広げているのである。インターネットもまた，日常的な社会生活に組み込まれている1つのコミュニケーション手段なのである。私たちが行なった別の研究では，職場でもこのオンラインとオフラインの統合が行なわれていることが示されている（Haythornthwaite & Wellman, 1998；Koku et al., 2001；Koku & Wellman, 2004）。

今回の山梨県の研究では,目的によって異なるメディアが使われることが示された。ケータイは,近くの人々と短いメッセージを素早く交換する時によく使われる。ケータイでインターネットにアクセスすることは少なく,社会問題について情報を集めたり,オンラインのコミュニティに参加したりすることもまれである。どうやら,ケータイは,社会的にも物理的にも近い人々との強い紐帯を維持するのに便利であるようだ(Rivière & Licoppe, 2003のフランスの調査結果も参照のこと)。しかし,ケータイ・メールは弱い紐帯をもつ人々と連絡をとったり,多様な社会的ネットワークを広げたりするためにはあまり使われない。これは,ケータイが,チャットルームや,特定の情報を集めたサイトなど,弱い紐帯が新たに作られやすいサイトへの接続には向かないからだと考えられる。また,これは世代の影響である可能性も考えられる。ケータイ・メールをよく使う青年世代は,日本の中高年世代のようには,物事を議論したりすることが好きでないのかもしれない。

また,今回の研究結果は,互いに隔離された狭い社会であるという,日本社会の伝統的なステレオタイプに疑問を投げかける (Meguro, 1992.; Nozawa, 1996 ; Otani 1999 ; White, 2002を参照)。人々は有線・無線を問わずインターネットに接続して,動き回り,情報を集め,約束をとりつけ,友人や親戚と連絡をとりあう。特に20代の青年はケータイ・メールをよく使う。しかし,30代も同じようにケータイ・メールをよく使うことから,ケータイ・メール使用は20代特有の現象ではないと考えられる。むしろ,インターネットへのケータイからの接続は一種の流行であり,われわれは,この現象を「モバイル化」とよぶ。モバイル化はしだいに日本全体へと広がっているのだ。現在,20代や30代の人々が中年になる頃には,職場でも家庭でも速度と情報量が現在より増加した大画面のパソコンが普及し,このような機器に頼ることが多くなるであろうが,彼らはそれにもかかわらずケータイでのコミュニケーションを行ない続けるだろう。

3 ネットワークでつながれた個人主義への道

今回の山梨県での調査結果は,私たちが以前の研究から導き出した仮説,すなわち,世界中どこにおいても,発達した社会では近隣や血縁による結束が作り出す境界が低くなり,ネットワーク化された個人主義が形成される,という予測を支持している。「コミュニティ」は伝統的には,多くの住民がお互いをよく知っている近隣や村をさす言葉であった(Wellman & Leighton, 1979)。しかし,コミュニティは,しだいに,遠方まで広がった個人的なものになりつつあり,お互いの顔が見える公の場所で交流し合うグループから,より広範囲にわたって個人的なコミュニケーションを行なう個人の集まりへと変化してきている。コミュニティも社会もネットワーク化された社会へと変化してきており,それぞれの境界がより透明なものとなり,人々の交流

はより多様なものとなり，ネットワークどうしのつなぎ目も切り替わってきている (Wellman, 1997, 1999, 2001；Castells, 2000)。こうして，多くの人々が，さまざまな方法で，グループの境界を越えて互いにコミュニケーションをとっているのである。ただ1つのグループだけと関わるのではなく，職場やコミュニティを通じて，さまざまな人と交流するなかで，さまざまなグループの間をかけめぐる。職場においてもコミュニティにおいても，つなぎ目が少なく，社会的にも空間的にも曖昧で重なり合った境界をもつネットワークが広がり続けているのである。

　コンピュータ・コミュニケーション（computer mediated communication）の性質の変化は，ネットワーク化された社会におけるネットワーク化された個人主義の発達が反映されたものであり，同時に発達をうながしてもいる。インターネットやケータイは「人」につながるものであり，部屋や家の中の決まった場所にあって，その中にいる「誰か」に対して鳴り響く固定電話につながるものではない。この発達した個人化，ケータイの持ち運びのしやすさ，そしてインターネットの時や場所に左右されない接続のしやすさは，すべて，コミュニティ・ベースのネットワーク化された個人主義を促進している。そこでは，家や職場，ボランティア団体などの社会的な集団ではなく，「人」がつながりの基本的な単位となってきている。場所ではなく人につながろうとするわけだから，テクノロジーは，仕事やコミュニティにおいて，「どこかの場所にいる人」どうしをつなげるものから，「どこかにいる人」どうしをつなげることができるものへと変化してくる。私がどこにいようが「私」とつながることができるのだ——家でも，職場でも，高速道路の上でも，ショッピングセンターや，ホテルの中でも，そして，空港でも。コンピュータ・コミュニケーションは，どこでも可能だが，どこかの場所にあるわけではない。個人そのものがコミュニケーションの基地になってきたのである。

　このような変化は，コミュニティが本来の性質としてもち合わせているもの——サポート，社交性，情報，社会的アイデンティティ，所属感——を，各個人に別々に供給するという状況，すなわち，コミュニティの個人化を促進させている。ここでは，家やグループではなく，人がつながりの基本的な単位である。ちょうど，いつでも使えるインターネットによって，デスクトップ・パソコンの前に座る人々と連絡をとりやすくなったように，ケータイとノート・パソコンのようなワイヤレス・コンピュータの普及で，場所に関係なく人と人とがつながることが，よりいっそう簡単になった。こうして実現したバーチャルな世界のなかでは，サポートを提供してくれる人々が一人ひとりの個人とともに動き回っているのだ（Castells, 2000；Katz & Askhus, 2002；Ling & Yttri, 2002；Katz, 2003）。ケータイは簡単に人と人とをつなげ，人を即座に一箇所に集めることができる。パソコンは親しい人々とのたわいもないメッセージのやりとりを可能にするだけでなく，よりしっかり練られたメッセージを多くの人々と同時にやりとりすることを可能にする。1対1のつながりが本質であるケータ

イとは対照的に，パソコンは多くの人々とのチャットやメッセージ交換の玄関口にも簡単になるのだ。

　コンピュータ・ネットワークの技術的な発展や，社会的ネットワークの社会的な繁栄は，ポジティブ・フィードバックの環のなかで，ネットワーク化された個人主義を作り出している。境界が少なく，空間的には分散したところにある社会的ネットワークの柔軟さから，多人数コミュニケーションや情報の共有が生まれたように，コンピュータ・コミュニケーションのネットワークの急激な発達は，階層を基礎とした社会からネットワークを基礎とした社会への変化をもたらした（Castells, 2000 ; Wellman, 2002）。また，ネットワーク化された社会そのものも性質が変わってきている。つい最近までは，高速鉄道や飛行機の発達による場所から場所への移動の迅速化をとおして（間にあるものに関係なく），交通機関もコミュニケーションも，場所と場所とがつながったコミュニティ作りを進めてきていた。電話は特定の場所につながるものであり，郵便も特定の場所に届けられるものであった。しかし，現在では，メッセージ交換のために輸送機関がもつ多くの機能は，コミュニケーション手段にとって代わられつつある。ケータイとワイヤレス・コンピュータの普及によって，コミュニケーションそのものがモバイル化してきているのだ。

　増加しているのはコミュニケーションの量だけではない。コミュニケーション速度も，日本をはじめとするインターネットが普及している国々では増加していると考えられる。電子メールは非同期のものであり，必ずしもすぐに返信が来るというものではないが，実際には多くの人々が素早い返信を行なっている。さらに，直接会う，電話をする，郵便を送るなど，コミュニケーション手段が限られていた頃にはあまり連絡をとらなかった，遠く離れたネットワークの人々も，今では頻繁にインターネットで連絡を行なうようになっている。電話代は急減し，たとえ家や職場にいなくても，ケータイを使えば簡単に連絡がとれるようになりつつある。インターネットでのコミュニケーションは，必然的に距離を無視して行なわれ，メッセージ1件あたりのコストを減少させる。ネットワーク内の人々の物理的な距離が離れれば離れるほど，インターネットでつながりを保つことは重要なことになるのだ（Quan-Haase et al., 2002 ; Chen et al., 2002）。

　このようなわけで，コンピュータ・コミュニケーションは人々がよりスケールの大きな社会的ネットワークをもつことを促進させる。より多くの人々と，より頻繁に，より素早いコミュニケーションを行なうようになるのだ。今回の山梨調査のデータからも，ケータイ・メールとPCメールの両方を利用する人々が，より広い社会的ネットワークの人々と，より頻繁にコミュニケーションを行なっていることに気づくことができるだろう。広い社会的ネットワークの人々と頻繁に素早くコミュニケーションが行なわれることで，情報が，そして時には知識も，素早く広がるのである。

　コンピュータ・コミュニケーションが，資源の保存に有利な，密度が高いコミュニ

ティを作り上げるか,あるいは,新しい情報や資源を得るのに有利な密度が低いコミュニティを作り上げるかは明らかではない。インターネットには,いくつかネットワーク密度を高める特徴がある。たとえば,インターネット利用者は同時に複数の人々とコミュニケーションをとることができ,メッセージを簡単にコピーしたり転送したりすることができる。このような技術があると,友だちの友だちが,自分の友だちになりやすくなる。一方,社会的ネットワークが広くなると,ネットワーク密度を保つことは難しくなることが多い。ネットワークの大きさを算術的に増加させた場合,同じ密度を保ち続けるためには,内部の紐帯の数を幾何級数的に増加させていかなければならないのだ。

　山梨調査の結果は,ケータイ・メールの使用がデジタル・デバイドを増加させることを示唆している。デジタル・デバイドとは,インターネットを利用する人々と利用しない人々との間の隔たりのことで,最低でもここ十年間,社会科学者たちが議論し続けてきたものである。最近では,インターネットに最低限のアクセスしかしない人と,知識があり積極的に活用する人との間の隔たりに焦点が当てられている。キャステル (Castells, 2000) は,前者を「インターネットに振り回される人」,後者を「インターネットを振り回す人」とよんでいる (Chen & Wellman, 2004a も参照)。今回のデータでは,「インターネットを振り回す人」でも,ケータイ・メールしか使わなければ,インターネットの活用には限界があることが示されている。画面の大きさと接続速度に限界があることで,ウェブサイトの利用が制限され,キーパッドが打ちにくいことで,送信するメッセージの長さと複雑さが制限されるのだ。そして,少なくとも,今回の山梨の調査対象者においては,ケータイでは連絡をとる人々も限られてしまうのだ。そのうえ,ケータイでのメッセージのやりとりは,1対1のものに強く限定されており,PCメールで同時に複数の人を会話のやりとりに含められるのとは対照的である (Geser, 2004)。この結果のなかには,別々の1対1のウェブ上の会話に,物理的に近くにいる友人グループとの会話が組み合わされたものが混在しているのだ。

　インターネットが登場する以前から,普及している現在にかけて,ネットワーク化された個人主義が生じてきたことは,多くの人々が,自分が選択した複数のコミュニティのなかでうまくやっていること,そして,親戚づきあいや近所づきあいというものが絶対に行なわなければならないものではなく,むしろ,選択肢のうちの1つになってきたことを表わしている (Greer, 1962 ; Wellman, 1999)。このような現象は,日本にインターネットが出現する以前から既に生じてきているが (Nozawa, 1996 ; Otani, 1999),ケータイとパソコンの普及によって,ますます加速してきているように思える。ケータイを使うことで,いつでもどこでも誰にでも連絡をとることができる。このことは,コミュニティの断片化,すなわち,人々が多くのコミュニティのなかで活動しつつも,特定の1つのコミュニティにあまり情熱を傾けたり,注意を向け

続けたりすることがなくなりつつある状況を示しているのではないだろうか。複数のコミュニティに関わりをもつことは，社会によりインフォーマルに操作されることを減少させ，自ら行動を決定することを多くするに違いない。不愉快な支配を行なうコミュニティから抜け出し，より自分を受け入れるコミュニティにより深く関わろうとする，そんなことが簡単にできるようになってきたのだ。

ネットワーク化された個人主義の影響は，社会的結束の強さの変化にはっきりみられるだろう。人々はロシアのマトリョーシカのように，1つの組織化されたヒエラルキーの一部になるのではなく，複数の部分的なコミュニティや組織に所属する。あるコミュニティは，広範囲にばらばらに広がった民族的移民グループのオンラインでのつながりのように (Mitra, 2003)，広く分散して存在しているかもしれない。また別のコミュニティは，メーリングリスト等のコンピュータ・コミュニケーションによって，近隣の人々を中心とした伝統的な地域グループのつながりをより広げているかもしれない (Hampton, 2001)。「グローカライズされた」世界では，地域での関係というのは，広範囲に広がるコミュニティと組み合わされる (Wellman, 2003)。なぜなら，マクルーハン (McLuhan, 1962) 的な「グローバル・ヴィレッジ」というのは，伝統的なコミュニティにとって替わるものではなく，補完するものだからである。ほぼすべてのコンピュータがインターネットにつながれ，人々がそのコンピュータのデスクに座っている今日において，この話は特に真実味がある。この先，多くのコンピュータがワイヤレスになっても，近所の会合や，地域への侵入者など，目に見える形での利害関心は変化しないので，地域は重要なものであり続ける (Hampton & Wellman, 2003)。地域と遠距離——ケータイとパソコン——これらはすべて1つの流動的で複雑な社会的ネットワークなのである。

注)

i) 本研究は，平成15〜17年度日本学術振興会科学研究費補助金基盤研究（B)「インターネットの社会関係資本形成過程に関する時系列調査」（研究代表者：宮田加久子, 研究課題番号15330137）の研究成果の一部である。

ii) 「ファクスの送信」「ビデオの予約録画」「電子メール送信」「キーボードによる文章入力」「インターネット検索」「ダウンロード」「インストール」の7項目について，自分でできる程度を3段階設定してもらった。その合計値が高いほど，情報機器利用能力が高いと自己設定している。

iii) 「自治会」など10の組織と，「趣味や遊び仲間のグループ」などの3つのインフォーマルなグループの各々について，「メンバーとして積極的に参加」「メンバーになっている程度」「メンバーではない」の3段階で評定してもらった合計値のよって，組織参加積極度を測定した。

5 章

高速化する再帰性

羽渕一代

1節　はじめに

　現代若者論は，社会問題として語られることが多い。これは常識によって理解することが難しい少年犯罪の発生に由来している。こういった犯罪はたいへん少ないが，わかりやすい説明が得られなかったり，納得しにくい現象であったりするために，人々の不安を生み出しているようである。そういった不安の行き着く先が，少年犯罪という社会問題の理由を新しいメディアの出現に求めるという社会的態度である。実際，若者のケータイ利用に関わる言説には，モラル・パニックの形式をとっているものもある（Cohen, 1972）。たとえば，小此木（2000）は，現代人，特に若者が「仮想現実」と「現実」の区別をつけられない理由について，ケータイやインターネット利用時の心理的特性を用いて説明する。また，中村（1996c）は，ケータイを利用する若者は，利用しない若者よりも，非行少年である確率が高いと述べている。

　本章では，ケータイ・インターネットを利用した親密な関係，そして「出会い」の構成に焦点を当てる。「ケータイ利用は犯罪を助長する」といった言説に代表される批判の多くは，出会い系サイトを念頭に行なわれている。さまざまなメディア機器をとおしてアクセス可能な出会い系サイトは，社会問題とみなされているが，ケータイを利用したアクセスに対しては，その手軽さゆえに，社会的不審感が特につのっているようだ。2003年，「インターネット異性紹介事業を利用して児童を誘引する行為の規制等に関する法律」が施行された。この一部に，出会い系サイトに対する18歳以下の若者の利用制限がある。この法的努力は，出会い系サイトが援助交際に利用されることに対する懸念から起こったものである。さらに，出会い系サイトに関わる言説において，援助交際に利用されているということに対する懸念以上に，出会い系サイトそのものが，援助交際を助長しているといったものもある。そして，レイプや強盗，

殺人などとの関連をマスメディアがあおってきたのである。

匿名的な出会い系サイトが若者の問題と深く関わると一般的に認識されているため、上記のような言説は若者とケータイ・インターネット利用との関連性から一歩進み、若者を出会い系サイトに関わる犯罪と関連づけることへとつながっている。しかし、このような形式にあてはめた若者問題への焦点化は、ケータイ普及に関するゆがんだ像へとつながっている。メディア・コミュニケーションは、社会生活に対して単に影響を及ぼしているだけでなく、社会的文脈の広い範囲のなかに関連づけられ、生じるものである。本章では、経験的データによって、若者文化とケータイ利用との関連を究明するために、ケータイ利用の実態について、より細かく正確な見取り図を提供することを目的としている。特に、ここで配慮したのは、ケータイに対する著しく偏ったイメージをもつことのないようにデータを扱うことである。言い換えるならば、データに忠実にバランスのとれた理解につとめたということである。

2節 「出会い」という文化

1990年代以降、日本における「出会い」文化は、メディア・コミュニケーションによるものとして認識されるようになった。これより前にあった「出会い」の意味とは異なるものとなったのだ。1990年代以前、メディアを利用した「出会い」は、イメージされていなかった。このイメージが定着して初めて、匿名の相手との「出会い」が社会問題としての現われたのである。この変容は、1980年代のテレクラの興隆が出発点だと考えてよいだろう。たとえば、現代風俗情報を扱う『別冊宝島』には次のような事例が紹介されている。

> 新郎の隆明（仮名・33歳）、新婦の幸子（仮名・29歳）。二人はアイコンタクトでこう交信した。「俺たちテレクラで知り合ったなんて、絶対に言えないもんな」「ずうっと秘密にしておかなくちゃね」。
> 　　　　　　　　　　　　　　　　　　　　　　　　　（小林哲夫, 1995 P. 73）

渋井（2003 Pp.12-19）によれば、1980年代の性情報の氾濫という時代的背景があったことで、テレクラを通じて匿名の他者と出会うことは、「やましいこと」であるかのように印象づけられたという。テレクラ以降、性産業に関連するものとして、ダイヤルQ^2や伝言ダイヤルのような音声メールサービスの興隆をみる（6章を参照）。そして、性産業との関連をイメージづけられたために、メディアを利用した「出会い」文化は、明らかに陰の文化であり、いかがわしいイメージを維持してきた。

匿名的な「出会い」の現象を解釈する際、安心と不安に関する理論を援用することができる。安心－不安という信頼の問題は、これまでの近代化論において主要なテー

マであった。
　それは，ジンメル（Simmel, 1909）が論じて以来，問い続けられてきた，見知らぬ人との相互行為の問題であり，現在でも多くの実証的研究がなされている。たとえば，近年の社会心理学において，次のような研究結果が報告されている。都市に住む人は，見知らぬ人への一般的信頼が，田舎の人よりも高い（山岸，1998）。もしくは，その仮説に対する反論（石黒，2003）が報告されている。「見知らぬ人－知り合い」という軸は，近代化と併走する都市化の問題として議論されてきた。
　ところが，ケータイの技術をめぐる近代化の議論と都市化の議論を援用する場合，都市化のフレームのみによる分析では不都合が生じてしまう。メディア利用の増大を都市化の様態，つまり接触人口量の増加という現象に重ね合わせることに無理があるからである（羽渕，2003）。それは，ケータイがインターパーソナルな機能をもつためである。インターパーソナルな機能とは，人間関係へのサポート機能のことであり，その場面は「出会い」「関係維持」「関係選択」といった3つをさしあたり設定できる。
　「出会い」場面について，ケータイの電話番号を教えることに対する敷居の低さが，見知らぬ人との接触を可能にしていること（岡田ら，2000；Ling & Yttri, 2002）やケータイ・インターネット（メールも含む）の利用によるアクセス可能な社会的空間の多次化が，見知らぬ人との接触可能性を増大させているといった想定をすることは容易である。こういったイメージには，都市化の議論を援用する余地がある。しかし，それ以外の2つの場面，「関係維持」と「関係選択」の場面では，既存の親密性，つまり匿名的ではない共同体的な親密性を強化するためのケータイ利用という仮説を立てることも可能であることから（羽渕，2003），都市化のフレームでは説明不可能な現象が数多く現われる。
　ケータイは，その利用主体の行動特性を反映するという意味で，矛盾内包的なメディアである。ケータイによる未知の人との「出会い」の増大は，都市化の要件となる接触人口量の増大と類比されるが，ケータイが既存の人間関係維持のために利用される場合，結果的に既存の共同体維持に有効利用されるものである。そして，ケータイは，見知らぬ人がこういった共同体という繭の中へ侵入することを許さない。
　したがって，単純に，ケータイを通じて行なわれる相互作用が，日常的に出会う人の数を増大させ，さらにさまざまな制約を超えるという発想は，幻想でしかない。同じ場所に人々がいるということや，その機会があるというだけでは，「出会い」成立のための必要十分条件を満たさないのと同様に，今よりもより進化したケータイが現われたとしても，「出会い系」とよばれるケータイ・インターネットのサイト利用が増大したとしても，主体の能動的な選択によって「出会い」が回避されることも，成立することもある。そのため，既に「出会い」が成立した後，関係性の維持に有効な道具として（羽渕，2002b），もしくは「出会われた人」を取捨選択するための道具としても利用されている（松田，2000a；Ling & Yttri, 2002）。ここでは，維持され

ている既存の人間関係をベースとして，地理的・時間的制約を離れ，人が絶え間なくメンテナンスを行ない続ける親密圏をテレ・コクーン（telecocoon）とよびたい。これは，インターネット空間でのインティメイト・ストレンジャー（富田，2002b）とは異なる。それは，テレ・コクーンの集団的性格が，共在という個々人の経験をベースにした関係性——電子空間ではない場所における関係性——をさし示すからである。

これまで，都市化の進展による見知らぬ人との相互行為をめぐる不安が，近代化議論の重要な要素としてあったならば，近代化のゆくえを占う議論では，テレ・コクーンという関係性のありように対応した安心感，親密性の意識の芽生えが重要な論点となるのではないだろうか。このような視点からは，「技術が発展すること＝都市化の進展」というこれまでの図式から生まれてきた近代化の諸理論を再検討させる契機をケータイ技術が与えてくれたと考えられる。

ここから以下のような仮説を設定してみたい。

1) 若者文化における出会い文化の変容として，「出会い」の契機の増大による親密な他者への選択可能性が増大したのではないか。
2) 自己の代替可能性の増大への再帰的自覚から生起する不安感が醸成されているのではないか。
3) こういった不安感の表象としての「関係性のしがみつき」形態があるのではないか。

3節　調査方法

本章で取り扱うデータは，ケータイ利用と自己の社会的位置への認識を理解するために行なったものである。2つのインタビュー調査から得られた質的データと全国規模で行なった量的データである。

1　インタビュー調査

質的データの意義は，1)仮説発見，2)異文化理解，3)量的データではとらえきれないようなミクロな意味世界の探求可能性などにある。ここで扱ったデータは，普及初期の仮説発見型調査とケータイ利用の成熟期に行なったミクロな意味世界の構築を理解するために役立つインテンシヴ・インタビューによるものである。

1つめのデータは，ケータイ普及初期段階である1998年に東京／渋谷・原宿と大阪／ミナミで行なった街頭インタビューから得られた。東京調査においては，男性20名・女性37名，大阪調査では，男性14名・女性17名のケースが得られた。

消費の中心地区であるこの2つの地域は、若者文化の発信地として象徴的な場所であり、膨大な数の若者を引き寄せる街として機能している。したがって、これらの街は、若者の消費を中心としたライフスタイルに強い影響をもつ地域である。そして、この時期は、パーソナル・メディアの所有種類がポケベル（ページャー）からケータイへの移行の終了期であり、移行した理由やケータイの利用感覚を調査するのに適した時期であった。さらに、都市のストリートでの利用が最も先進的な様相を呈しており、街頭での聞き取りが調査方法として適していた。つまり、利用者というインフォマントを見つけやすい場所であり、先進的な利用を行なっている若者に接触しやすかったということである。

もう1つは、普及成熟期段階である2002年に行なった青森県下の女子高校生へのインテンシヴ・インタビュー調査の結果である。この調査は、より日常的なメディアとして機能しはじめたケータイ利用について、意味世界を表象するデータを採取するために行なった。調査地域は、本州の最北端にあり、典型的な周縁地域として位置づけることができる。人口が約146万人と少なく、他県と比較すると平均所得が最も低い県の1つである。また、情報インフラの整備が遅れている地域でもある。女子高校生11名に対して、1回あたり2時間程度のインタビューを、1人あたり2、3回行なった。

2　量的調査

ここで用いる量的データは、2001年にモバイル・コミュニケーション研究会（代表：吉井博明）が行なった「携帯電話利用の深化とその影響」に関する調査結果である。この調査は、2001年11月から12月にかけて日本全国の12歳から69歳までの男女を対象に行なわれたものである。層化二段無作為抽出法（全国200地点）で選ばれた3000標本を訪問留置で配布し、訪問回収によって1878標本（回収率62.6％）を得た。

4節　利用状況

ケータイ利用者は、上記の全国調査において64.6％であった。年齢による利用率の差が大きく20歳代は8割以上利用しているが、年齢層が高くなるにつれて、利用率は低下している。また、図5-1のように、男女の利用率の差も少しではあるがみられた（70.1％：59.3％）。また、職種別利用割合では、大学生の97.8％が最も高かった（図5-2）。

次に平均的利用像を素描してみたい。利用料金は、平均で月に7100円であった。女性より男性の方がケータイ利用料金を払っている額が多かった（7700円：6300円）。

電話機能の利用状況は、1日に1、2通話利用という回答が最も多く（26.7％）、

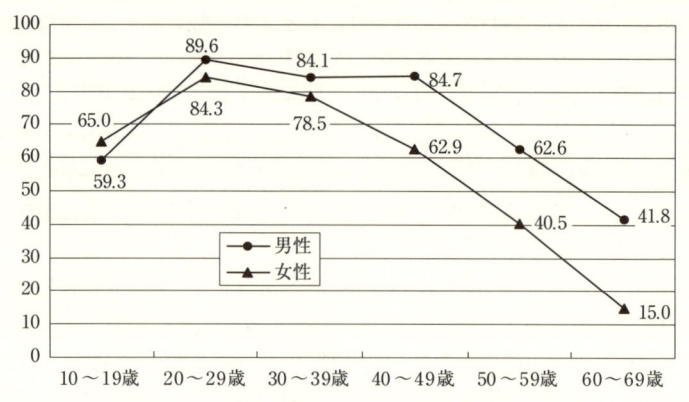

図5-1　年齢と性別によるケータイ所有率（%）

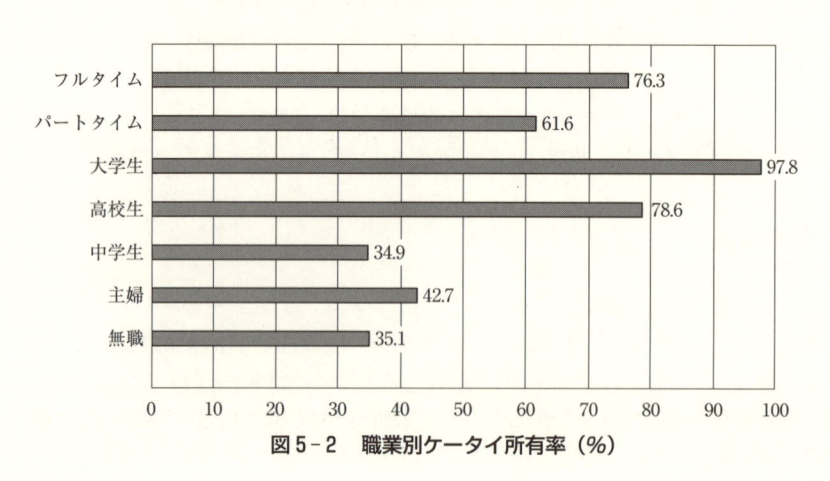

年齢	男性	女性
10〜19歳	59.3	65.0
20〜29歳	89.6	84.3
30〜39歳	84.1	78.5
40〜49歳	84.7	62.9
50〜59歳	62.6	40.5
60〜69歳	41.8	15.0

図5-2　職業別ケータイ所有率（%）

職業	所有率
フルタイム	76.3
パートタイム	61.6
大学生	97.8
高校生	78.6
中学生	34.9
主婦	42.7
無職	35.1

図5-3　性別によるケータイ通話頻度（%）

頻度	男性	女性
まったくしない	1.2	2.5
週1回より少ない	7.8	12.8
週2〜6回程度	21.1	26.9
日に1〜2回程度	23.6	30.2
日に3〜4回程度	19.4	17.6
日に5〜9回程度	15.5	7.5
日に10回以上	11.3	2.5

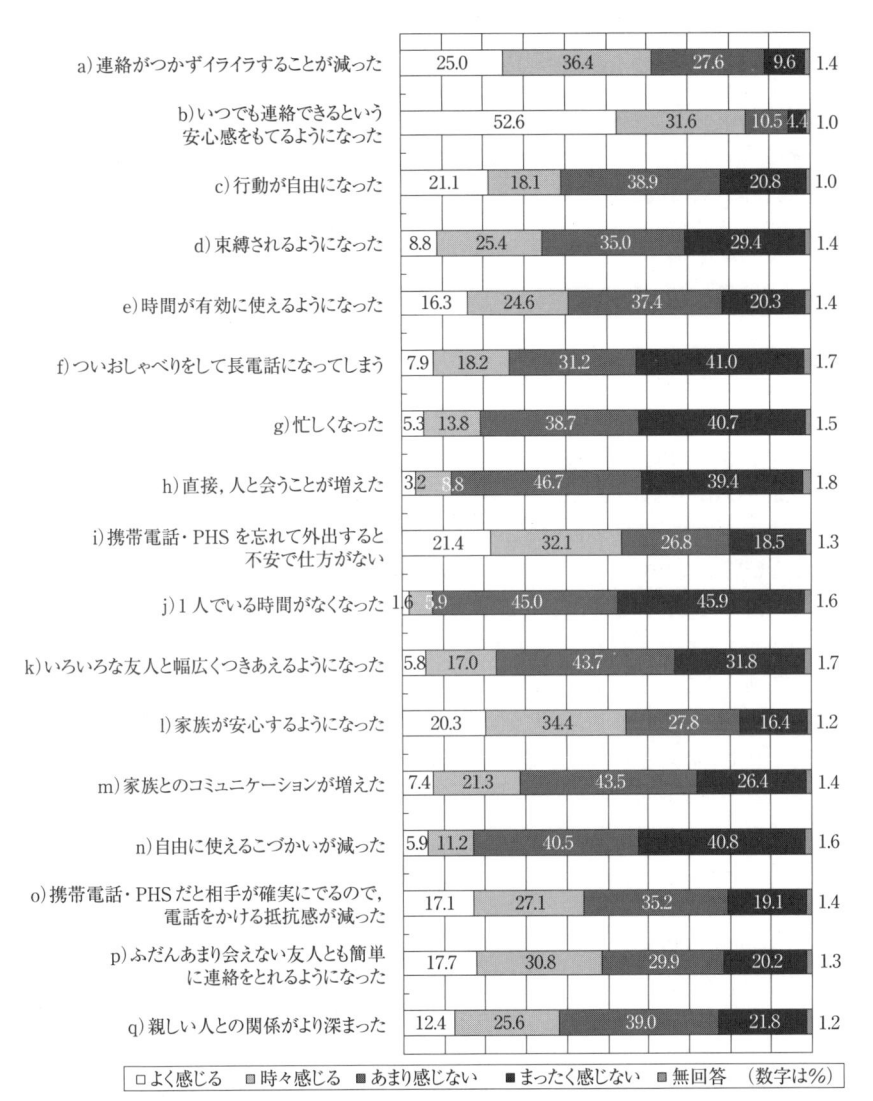

	よく感じる	時々感じる	あまり感じない	まったく感じない	無回答
a) 連絡がつかずイライラすることが減った	25.0	36.4	27.6	9.6	1.4
b) いつでも連絡できるという安心感をもてるようになった	52.6	31.6	10.5	4.4	1.0
c) 行動が自由になった	21.1	18.1	38.9	20.8	1.0
d) 束縛されるようになった	8.8	25.4	35.0	29.4	1.4
e) 時間が有効に使えるようになった	16.3	24.6	37.4	20.3	1.4
f) ついおしゃべりをして長電話になってしまう	7.9	18.2	31.2	41.0	1.7
g) 忙しくなった	5.3	13.8	38.7	40.7	1.5
h) 直接, 人と会うことが増えた	3.2	8.8	46.7	39.4	1.8
i) 携帯電話・PHSを忘れて外出すると不安で仕方がない	21.4	32.1	26.8	18.5	1.3
j) 1人でいる時間がなくなった	1.6	5.9	45.0	45.9	1.6
k) いろいろな友人と幅広くつきあえるようになった	5.8	17.0	43.7	31.8	1.7
l) 家族が安心するようになった	20.3	34.4	27.8	16.4	1.2
m) 家族とのコミュニケーションが増えた	7.4	21.3	43.5	26.4	1.4
n) 自由に使えるこづかいが減った	5.9	11.2	40.5	40.8	1.6
o) 携帯電話・PHSだと相手が確実にでるので, 電話をかける抵抗感が減った	17.1	27.1	35.2	19.1	1.4
p) ふだんあまり会えない友人とも簡単に連絡をとれるようになった	17.7	30.8	29.9	20.2	1.3
q) 親しい人との関係がより深まった	12.4	25.6	39.0	21.8	1.2

（数字は%）

図5-4　ケータイを使用することの効果

性別に利用頻度を比較すると，男性の方がヘビーユーザーである（図5-3）。一方，ケータイ・メールの利用者は，ケータイ利用者（N=1213）の57.7%にのぼる。そして，女性の方がメールを利用している率が高い（48.6%：69.5%）。また，メール利用者と非利用者の平均年齢を比較すると約10歳，利用者の平均年齢が若い（32歳：45歳）。

ケータイ利用の影響については，1998年の質的調査（岡田・羽渕，1999）をもとに作成した17項目を利用し（図5-4），それぞれの質問に対して4件法で回答（「よく

感じる」「時々感じる」「あまり感じない」「まったく感じない」）してもらった。

　影響として意識されている上位4つの項目（「いつでも連絡できるという安心感」「連絡がつかずイライラすることが減った」「家族が安心」「携帯電話・PHSを忘れて外出すると不安」）は，これまでの調査報告（モバイル・コミュニケーション研究会，2002）から，「安心―不安」を表象すると解釈できる。

5節　出会い文化の変容

　社会的な行動範囲を広げ，人間関係を増やしていくことは，子どもから大人へと成長していく過程において一般にみられる。この節では，人間関係を広げる最初の契機である青年期の「出会い」について概観する。そして，この「出会い」を求める方法を，ここでは出会い文化とよぶ。

　モバイル・メディアにかかわる日本のサブカルチャー史において，ポケベルの若者に対する影響は大きなものであった。そのなかでも注目に値するものが，「ベル友探し」とよばれた親密性をめぐる社会現象であった。「ベル友」とは，まったく偶然に組み合わせたポケベル番号[i]に，テキスト・メッセージを送信し，友だちを探すというものであった。たとえば，1990年代中頃に，ポケベル利用者から，しばしば，「ベル友にならない？ショウタより」といったテキスト・メッセージを突然受信することが報告されていた。それに対して，受信者はベル友が欲しければ，返事をすることになる。ここから，見知らぬ者どうしのポケベル・コミュニケーションが始まる。こういったメディアの利用法を出会い文化の1つとしてベル友文化とよぼう。そして，この文化はケータイによるメル友文化の先駆であった。

　1998年の調査時，ベル友文化は残っており，次のような発言が聞かれた。この頃のベル友文化は，交際相手や遊び相手との「出会い」の一形態として認識されていた。そうであるがゆえに，特定の交際相手ができたり，ベル友文化を利用して出会った相手が，利用者の好みに合わなかったりすると，その文化から離脱してしまう傾向がみられた。

【女，19歳，大阪】
036　ベル友がいっぱい増えた。
――ああ，いっぱいいるんだ。
――何人ぐらい？
036　最初，10人ぐらい入って，そのうちの2人ぐらいと遊びに行ったりとか。
――同性？　女の子？
036　男。

【女，17歳，東京】
015　ベル友，いたんですけど，両方，ピッチに替えてからピッチで話すようになって1回会ったんですよ。
──どうでした？
015　いや，もうすごい想像と違って，だからそれ以来やめちゃったんですけど。

【女，20歳，東京】
033　昔いました，ベル友。
──いまは？
033　もう彼氏できたから，全部（関係を断ち切ったという意味）。

　その後，ポケベルでのテキスト・メッセージ交換は，ポケベルの衰退とともにケータイでのメール交換へと統合され，「ベル友」から「メル友」へ，テキスト・メッセージ交換を主軸とした友だちの名称が変更されていった。
　メル友は，ベル友のような偶発性を装った出会い方をすることはできない。そのため，ベル友とは微妙に異なった意味合いを帯びたものになっている。たとえば，17歳の女子高校生は，恋人探しの手始めはメル友を友だちに探してもらうことだという。

【女，17歳，青森】
010　彼氏が欲しくて，メル友を探してもらっている。
──彼氏探しは，メル友から？
010　ほとんどそうだよ。メル友で仲良くなれそうだったら，会って，つきあうかどうするか決める。

　ポケベルのアドレスは，限られた範囲の数字で作られていることから，相対的に簡単に未知の相手との「出会い」を探すことが可能なものであった。他方で，ケータイ・メールのアドレスは，さまざまな数字と文字とが利用できるため，より複雑な組み合わせがある。それゆえ，ランダムな組み合わせのアドレスに，手当たり次第にメールを送って，友人や恋人を見つけることはできない。したがって，ベル友文化は，メディア技術の形式に決定される側面の強い若者文化であった。そしてポケベルが利用されなくなることで，この文化もなくなった。新しい人との「出会い」は，ランダムに選択される偶然のつながりとしてのベル友から，既存の人間とのつながりをもとにした人間関係の文化，メル友文化へと移行したのである。
　恋愛現象に関心をもつ研究者は，恋愛や異性とのつきあいについて，若者から「出会いがない」という嘆きを聞くことが多いという（香山，2004）。日本の若者文化が，ジェンダーによって分離していることが一因だともいわれるが，実際，多くの若者には異性との「出会いがない」という意識がある（羽渕，2005）。これは，出会い文化の変容と関わる。日本における西洋型男女交際は，ここ数十年単位の短い歴史しかも

たないといわれている。さらに，恋愛と結婚の結びつきが一般的となったのも，それほど歴史が長いわけではない。たとえば，1967年までは，「見合い結婚」が「恋愛結婚」よりも多かった（湯沢，1995）。結婚のきっかけは経済的，階層的理由にあり，結婚は個々人のためではなく，イエとよばれる一次集団の家族戦略のためになされた。よって，つり合う相手との「出会い」は，「お見合い」という形式の近隣住人や親族らによる紹介によって成り立っていた。現在でも「お見合い」文化は存在しているが，一般的に考えれば，仲介者が知人であれば，その仲介者に対する信頼を元手に，安心して「出会う」ことができる[ii]。

加えて，日本の若者文化のなかに，「紹介」とよばれる出会い文化がある。決まった相手のいない若者が交際相手を探す場合，同性による異性の紹介が行なわれる。この「紹介」は「お見合い」と似たような社会的行為であり，「お見合い」が結婚を前提にした紹介であるならば，「紹介」は交際を前提にした紹介である。これらは，現在のようなメディア技術が発達する前からあった。その後，メディア技術が発達したことで，この「紹介」とよばれる，実際に対面しての「出会い」は，よりお手軽な「メル友紹介」にとって代わられたのかもしれない。

この紹介システムにメディア技術を利用したビジネスが介入したものが，現在問題となっている「出会い系」とよばれるものである。私が出会った多くの女子高校生は，出会い系サイトの利用は行なわないと話す。彼女たちは，知らない男性に出会うことが「気持ち悪い」という。しかし，メル友紹介の仲介者が友人である場合には，彼女らの警戒感がすっかり解かれてしまう。

内閣府の調査（内閣府大臣官房政府広報室，2003）によれば，出会い系サイトを見たことがあるのは，15歳から19歳までの男子で16.2%，女子で29.6%である。さらに，利用したことがある15歳から19歳までの男子は12.6%，女子は7.4%である。ちなみに，本章で中心的に扱っている調査データにおいては，よくアクセスするサイトとして「出会い・友達」という項目を選択した13歳から19歳までの若者は6.9%だった（モバイル・コミュニケーション研究会，2002）。現在のところ，この出会い系サイトは，少年犯罪の温床として批判されているが，若者はどのような理由でこのようなサイトにアクセスしているのだろうか。

【女，17歳，青森】
005　彼氏，出会い系で知り合った。でも，もう出会い系はしない。もう彼氏いるし。

【女，17歳，青森】
011　（出会い系を）最初はメル友が欲しくてやったけど，だんだん（理由が）変わっていって，おごってくれる人が欲しくなった。カラオケとか。

【女，17歳，青森】
009　彼氏います。
　——どこの人？
009　沖縄の人。
　——えー？
009　出会い系で探してもらった。
　——会ったことは？
009　ない。

　女子高校生が出会い系サイトを利用する動機は，メル友や交際相手を探すことにある。うまく交際相手とめぐりあえた場合，出会い系サイトを利用しなくなることも多い。一方，めぐりあえない場合，上記の「カラオケをおごってもらうことが目的」と語るケースのように，出会い系サイトを利用する彼女たちの理由が変化することもあるようだ。なぜなら，サイト利用者の「出会い」の目的が，女子高校生がいだくような男女交際を目的としたものではなく，どちらかといえば，性的な交渉を目的としたものが多いからだ。そういった誘い文句を読んでいるうちに，「お金がもらえるなら，それでもいい」と思う学生もいるようである。

6節　他者の選択可能性と存在論的不安

　出会い文化における新しい現象について記述してきたが，なぜ，「見合い」に似た「紹介」が普及していたにもかかわらず，さらにメディア技術に媒介された出会い文化が成立したのだろうか。この節では，全国調査のデータを分析して，この点を明らかにしていこう。ここでは，若者に限らず，ケータイによるメールでの人間関係について，3つのカテゴリに分割し，自己不安や人間関係に対する意識を比較してみたい。
　1つ目のカテゴリは，「ケータイ・メールのやりとりはするものの，まだ1度も会ったことのない人との人間関係を形成している人」というカテゴリである。2つ目は，「ケータイ・メールのやりとりから直接対面するようになった人間関係をもつ人」である。最後に，「最近ほとんど会わない人との人間関係をケータイ・メールで維持している人」である。
　ケータイ・メールのやりとりをしているが，まだ1度も会ったことのない人との人間関係がある人は，ケータイ利用者の7.9%である。直接対面を行なわない人間関係をもつ人たちに特徴的な点は，地縁や血縁による人間関係のなかで，彼らが希望するような「出会い」を見つけられないことである。「私の興味や考えは，私の周囲の人たちとは違う」という項目において，彼らの肯定の度合いが54.9%であるのに対し

て，そうではないグループは29.2%である（t 検定：$p<.001$）。この結果から，メル友を紹介してもらうことで恋人探しをする女子高校生のように，電子上のみの人間関係をもつ人は，彼らの欲する親しさを既存の人間関係のなかで選択できない，という解釈も可能である。

　それでは，ケータイ・メール上の顔の見えない関係を直接の対面関係へとつなげた人たちにも同様の特徴があるのだろうか。「ケータイ・メールのやりとりから直接会うようになった人」が「いる」と回答したグループは，「私の興味や考えは，私の周囲の人たちとは違う」に肯定する率が45.6%であり，「いない」と回答したグループは，30.1%であった（t 検定：$p<.005$）。

　このようにケータイ・メールの機能を利用して，個々人のつきあう人間関係を広く求めることが可能となっており，また，利用者もそういった「出会い」を求め，自分に合った人間関係を選択していることが示唆された。ただし，こういったケータイ・メールのやりとりだけの人間関係やメールのやりとりから始まって直接対面する人は，1割未満であり，割合としては少ない。

　次に，これらの機能を利用することによって，人間関係の選択の幅が増大することから引き起こされる存在論的不安について分析してみたい。まず，現代人の「自己に対する漠然とした不安感」をとらえるために，「自分がどんな人間かはっきりわからない」という項目を作成した。この項目について，「ケータイ・メールのやりとりをしているが，まだ1度も会ったことのない人」が「いる」と回答したグループは，49%が肯定しており，「いない」と回答したグループは，31.7%であった（t 検定：$p<.05$）。ただし，10代から20代に限った場合，「いる」と回答したグループの53.4%が肯定しており，「いない」と回答したグループは45.4%であり，ほとんどその差はみられなかった（t 検定：$p=$n.s.）。この若者の特徴は，そもそも若者というライフステージが自己への不安を抱えている時期にあたっていることに由来しているのではないだろうか。

　こういった自己に対する漠然とした不安を抱えている場合，自己の構成に対する重要な要件としての仲間集団に対する意識が強くなるのではないだろうか。「仲間に自分がどう思われているかが気になる」という項目において，この自己への不安と仲間に対する意識という2変数間の相関係数は，0.372であった（$p<.001$）。この仲間に対する意識項目に関して，「ケータイ・メールのやりとりをしているが，まだ一度も会ったことのない人」が「いる」と回答したグループは，72.5%が肯定しており，「いない」と回答したグループは，52.5%であった（t 検定：$p<.05$）。また，若者に限定すると「ケータイ・メールのやりとりから直接会うようになった人」が「いる」と回答したグループと，「いない」と回答したグループとでは，有意な差がみられなかった（80.0%：69.7%）。この分析から見知らぬ人とのケータイ・メールの交換と，自己への不安や自身の関心や価値観がマイノリティであるという感覚とが相関してい

るようであるが，若者に関しては，差がみられない。

これまで，自己に対する不安と新しいメディアを利用して人間関係を構築する際に参照される仲間集団の評価における特徴を分析してきた。一般的には，メル友がいる人は，「私の興味や考えは，私の周囲の人たちとは違う」と回答する傾向がみられた。これは，仲間集団からの評価をどのように自己認識しているかということを示している。さらに，自己に不安のある人が，メル友を作る傾向も確認された。一方で，若者に関していえば，メル友がいることと「私の興味や考えは，私の周囲の人たちとは違う」という自己認識は相関するが，自己に対する不安や自己意識とは関連しなかった。これは，メディア利用のあり方にかかわらず，仲間集団の視線に敏感になり，多少なりとも自己に不安を抱える時期が，10代，20代という若者のライフステージにあるということを鑑みる必要がある。年齢とこの2つの変数が相関していることもその証拠となるだろう（ピアソンの相関分析：$p<.001$）。したがって，メル友との関係に関心をもつ態度と仲間集団からの評価を求めることと自己不安という若者の特徴とは関連する。

7節　自己の代替可能性の増大

上記のような量的データの分析結果から，新しいメディアを利用して親密な人間関係を求める人々は，地縁や血縁に代表されるような，地理的制約のなかにある人間関係において，関心を共有する他者を見つけられないと感じていると考えることができる。しかし，このような新しい関係を求める人々の割合は低く，こういった種類の出会い文化は，正統性を獲得していない。

「出会い」に関するインタビューにおいて，若者は形成可能な人間関係のありようが増大しているという感覚をもっていることを記述してきた。また，量的データによって，若者の自己不安と仲間集団からの評価に関する敏感さについて示した。この2つの知見をもとに，不安が既存の人間関係への依存を生むという仮説を提示したい。

現在，「出会い」のチャンネルが増大することで，男女交際は80年代から90年代初期にかけてみられた「熱くなるのはかっこわるい」というような恋愛形態（富田・藤村，1999）ではなくなった。恋人や親しい相手への選択可能性が増大することで，自身の位置も代替可能性が増大したのである。ここから，現代的な恋愛形態の特徴である，息苦しいほどの束縛が生成しているようである。ここで重要なのは，実際に選択するときの幅が問題なのではなく，あくまでもイメージされる可能性の増大なのである。恋人の位置を占める人が，必ずしも自分自身でなくてもよいのだという意識は，本当に取り替えられてしまうかもしれないという不安を生み出す。このような不安の表われとして，束縛という恋愛形態がある。次の事例にみられるように，18歳の男性

は「友人を作りやすくなる」と述べる一方で，異性との関係を制限している。選んだ恋人について，必ずしもその人でなくてもよかったという感覚は，恋人にとっても，将来，自分自身と誰か他の人とが置き換えられるかもしれないという不安につながる。この不安は，以下の恋愛のパターンにおいて表象される。

【全員男，18歳，大阪ミナミ】
──ベルとか，PHS とか持つようになって，なんか変わったなと思ったことある？ 自分の生活のしかたとか，友だち付き合いとか，遊び方とか。
050　友だち作りやすくなった，作りやすうなるやん。
──それはベルで知り合う子たち？ ベル友？ 自分で打つの？
050　いや。ベル友っていうか，街で会った子と……。
──ベル番教えて？
050　そう。
──ベル番やったら気軽に教えやすいかな。PHS はそんなことない？ あんまり。仲いいやつしか教えへん？
048　どうやろうな。女に教えへんの。
──何で？
048　彼女おるから。
──彼女にしか教えへんのや。
048　そう。

【女，17歳，青森】
──男友だちはいないの？メールとかしない？
008　ないない。メールなんかしたら，浮気。話しただけでも浮気。相手が，女と話しただけでも許さない。

【女，17歳，青森】
──恋人欲しくないの？
011　昨日，告られた。
──誰に？
011　えー，メル友。でも，断る。面倒くさいの。束縛嫌いだし。

上記のように，交際している相手以外の異性との「接触」は，すべて裏切り行為として認識されるようなケースもみられるようになった。一方で，束縛されることがいやだから，恋人はつくらないという女子高校生もいる。両者は現象としてはあべこべに現われている。しかし，この 2 つの現象は，どちらも交際時における自身の代替可能性の増大による不安の現われだと解釈可能である。「関係性のしがみつき」現象は，不安だから交際相手にしがみつくというものであり，他方の交際忌避の現象は，不安から引き起こされる束縛行為が予想できるため，その面倒な関係自体を回避することである。この現象は，恋愛の特殊形態として理解されるべきではない。より広い現代的親密性の変容の端緒としてとらえるべきである。つまり，親密性と人間関係に関わ

るメディア技術の相互作用は，その技術の利用者が意識する，しないにかかわらず，親密性の形態に影響を及ぼしている。

8節　テレ・コクーン

　このような関係性をめぐる安心と不安における様相は，若者の恋愛にのみ特徴的なものだろうか。ここでもう一度，量的データを参照し，社会的関係性の選択過程において，若者の関係性のこのような傾向が，より一般的に敷衍可能な意味をもつことを示したい。先述したように，1度も対面的に会ったことのないメル友のいる人は，たった7.9%である。対照的に，テレ・コクーンの状況は，より基本的な親密性の形態的側面と関連づけられる。たとえば，「最近はほとんど会わないが，ケータイ・メールで連絡を取り合っている人」が「いる」と回答した人は，利用者の65.8%であった。ここから，ケータイは，既存の親密な人間関係を維持するために，対面的な会合を補完する機器として利用されていることがわかる。利用者のなかで45.6%が，ケータイ・メールを交換している人を「かけがえのない人」だと回答している。この結果をもとに，この45.6%の人々は，ネットワークの維持を行なっていると解釈できるだろう。つまり，ケータイ・メール利用者の半数は，遠距離にある関係を維持しておりテレ・コクーンを形成している。こういった人々には，どのような特徴がみられるのだろうか。

　テレ・コクーン形成者は，周囲の人間と自分自身の興味や考えが異なるという意識はもっておらず，自己への不安感も強いわけではない。この結果から，テレ・コクーンは，電子上のみでのつきあいに特徴的な自己や関係性の形成と関連がないことがわかる。一方，仲間からの評価を意識する程度は，テレ・コクーンを形成している人に高く (57.9%)，そうでない人 (45.6%) との間に有意な差がみられた (t 検定：$p<.005$)。また，テレ・コクーンと年齢は相関しており (ピアソンの相関分析：$p<.001$)，若者にこういった態度が顕著にみられる。若者の恋愛関係維持へ費やす労力の増大について先述したが，関係性における自己の代替感覚の生成だけでなく，関係性を積極的に選択する労力を助ける社会的要請とケータイ利用との関連が示唆された。

9節　考察

　ここで，自己の構成をめぐるケータイ技術の役割について考察していこう。ケータイを利用したメールや短い会話は，人間関係のなかで大きな役割を果たしていること

は明らかである。なぜなら自己を規定する重大な要件としての人間関係維持という場面において，利用者と機器の1対1対応をここまで貫徹したケータイのような技術は，これまでみられなかったからだ。この受発信装置は，私たちの人間関係の形式を徐々に変容させてきたのではないだろうか。またそれにともない，自己のあり方にも影響があったのではないだろうか。

ケータイは，その利用者と完全に1対1対応した機器であるために，利用者の身体の一部として機能している面があると解釈できるかもしれない。そのように仮定するならば，ケータイ利用がミクロレベルでの再帰的近代化を表象する行為の1つであることを示していきたい。また，表象するだけでなく，「自己の変革→他者の承認→所属集団の変容→自己の変革」という再帰性のサイクルを高速化させることも仮説として示したい。

カステル（Castells, 1996）によれば，アイデンティティ自体は，社会的行為者が，自己やその構成的意味を理解するために文化的特性を利用する過程である。そうであるならば，ケータイ利用という新しいコミュニケーションの形式は，この自己を認識する際に影響を及ぼすといえよう。この仮説を議論していくうえで，さしあたり，これまで積み上げられてきた近代的自己をめぐる議論の重要な点を確認しておく必要があるだろう。

本章で注目してきたキーワードは，「安心」と「不安」である。再帰性を近代の特性として提唱するベックらは，近代社会を次のように描いてみせた。近代社会は，それに内在するダイナミズムによって，階級や階層，職業，性役割，核家族，工業設備，企業活動等のあり方を，また，いうまでもなく自然成長的な技術発達や経済発達の前提条件とそうした発達の持続をむしばんでいく。再帰的近代化とは，発達が自己破壊に転化する可能性があり，またその自己破壊のなかで，1つの近代化が別の近代化をむしばみ，変化させていくような新たな段階である（Beck et al., 1994）。

こういった大きな近代化の波が，個々人に対して重大な負荷を与えはじめている。すなわち，個々人が家族集団や村落共同体という繭から切り離され，生の意味について，これまでの伝統的なものを受動的に受け入れることを強制される負荷にかわり，その内容を自身で選択させられるという強制力の負荷が生じてきたのである。これまで，この繭は，個人に対して存在論的安心感の源泉となってきた。ところが，その安心感から切り離され，個人の選択と責任において個人は生きていかなければならなくなった。これは，通常，個人化という言葉で説明されるものである。

個人化とは，産業社会が発展したことで，内在的世界の客観的重要性が増大し，社会的背景の重要性が失効していくという意味である。ギデンズは，個人の安定的な他者からの承認の必要性が高まっていることを指摘している（Giddens, 1991）。存在論的安定を失った個人は，自己に対する自覚的な注意力を獲得するために激しい闘争を行なわなければならなくなっており，この状態を再帰的自己自覚的プロジェクト

(The reflexive project of self) とギデンズは名付けた（Giddens, 1992）。

さらに，存在論的不安を解消するための処方箋を専門家システムの利用へ求めているが（Giddens, 1990），このアイデアは，ケータイを語るうえで重要な示唆を与えてくれる。ケータイをある種の専門家システムの象徴的テクノロジーであると考えることで，次のような仮定が掛けるからである。ケータイは，自己のアイデンティティの省察を助け，そのうえで，そのアイデンティティの脱創出を行ない，最終的に再創出を可能にする技術的機器である。本章のデータで示したように，こういったプロセスは，若者を分析のターゲットにすることで判明する。他の例では，ノルウェーの若者が，彼らのアイデンティティの発達を仲間集団との相互作用によって促進させていること，さらにケータイがその相互作用のサポートを行なっていることをリングとイットリが明らかにしている（Ling & Yttri, 2002）。

もちろん，この社会と個人との再帰的な過程は，近代化の原理であり，ケータイの登場以前からみられるサイクルであった。しかし，ここで重要な点は，ケータイの最も重要な特性であるモビリティによって，このサイクルが高速化するということである。自己の再帰性が高速化していくことは（羽渕, 2002b），個人のもつ一時的な「不安」からの解放の物語として描くことも可能である。ケータイ利用によって，安心感を得ているのだ。ケータイ利用に関する効能の因子構造を抽出した場合，安心─不安に関連する因子の抽出が，その根拠となるだろう（モバイル・コミュニケーション研究会, 2002）。

一方，若者というライフステージは，そのほかの時期と比較して，自己に対する自覚をめぐる，激しい闘争状態におかれていることがわかっている（羽渕, 2002b）。そのため，若者層におけるケータイ利用は，それ以外の世代に比べ，特別な形態を呈している。前述に紹介したリングとイットリの研究でも，同様の指摘がなされている（Ling & Yttri, 2002）。本章の質的調査データの分析において，特に自己形成の重要な段階にある若者に焦点を当ててきた。ここから，再帰的自己自覚的プロジェクトが，新たなメディア環境のなかで物理的制約を超え，より再帰性の高速化を被っていることが予想される。このような再帰的自己自覚的プロジェクトは，電子上の社会集団によって，独特の存在論的安心感を提供しているのではないだろうか。もしそうであるならば，これは，メディア・コミュニケーションによる，リアルとヴァーチャルの融合とでもいうべき状況として理解できるはずである。

10節　結語

自己に対する不安とケータイ利用について，若者を対象に行なった「出会い」に関するインタビューと量的データにみられるケータイ・メールの利用を中心に分析して

きた。得られた知見は，次のようにまとめられる。

　ケータイの表出的機能には，2つのタイプが存在する。1つには，新たな人間関係の創出機会を，ケータイは提供する。現代日本の若者の間には，これまでのさまざまな種類の出会い文化をベースにした電子上の紹介文化として，「メル友」文化がある。すなわち，「友だちの友だち」をメル友にもち，メールの交換を続けているうちにフィーリングが合えば交際するという文化をもっている。つまり，電子版ペンパルといってもよい関係性である。

　この「メル友」文化を担う人々は，自己に対する不安や自身の関心が人とは異なるというマイノリティ意識をもっており，若者の特徴と重なる部分が大きい。そして，地縁や血縁をもととした人間関係を超えた，より幅広い「出会い」の機会である電子縁を求めたこのような人々によって，この「メル友」文化は形成されたといえる。

　この「出会い」機会の増大が，親密な人間関係の選択可能性を増大させ，翻って，自己の代替可能感を高める結果となっているという仮説を提示してきた。その都度その都度の短い間でしか安定しない人間関係上の地位は，自己に対する不安を高め，排他的な関係に対する執着をもたらすのではないだろうか。もう1つは，ケータイのインターパーソナルな機能に由来する，既存の人間関係維持という側面である。たとえば，幼い頃に仲が良かったが，長いこと直接対面していない友人との絆を保ち続けるための機会を，ケータイは利用者に提供する。量的データからわかるように，このような利用者のほうが，新たな「出会い」を探す利用者よりも多い。既存の人間関係を維持するというケータイの機能は，これまでの共同体的な社会的絆を強化するものであるために，どちらかといえば既存の共同体という繭の維持に有効利用されるものである。地理的時間的制約を離れ形成されたこのような親密圏をテレ・コクーンと，本章では名付けた。テレ・コクーンを形成する人々の心性は，仲間集団に対する気づかいを怠らないという集団維持に象徴される。

　また，テレ・コクーンを形成することがテキストを媒介としたケータイ・メールによって成立しているために，電話での通話は，対面行為に類似するものになったことを付け加えておきたい。最近，「面と向かって電話をしてやった」という新たな言葉の使い方が，テレビで放映された。これは，通話でのコンタクトと対面的なコミュニケーションとの意識がより似たものであることの証拠である。これは，メディアのつながりと現実のつながりという2項対立図式で認識していたコミュニケーションが，崩壊しつつあることの予兆として展望できる。

　こういった人間関係に向かう絶え間なさとケータイ技術との連動が，ミクロな相互行為における再帰性の高速化の証拠である。ケータイさえ持っていれば，テレ・コクーンに守られるということは，ケータイがなければ，危険な状態を余儀なくされることにも転じかねない。この技術によって制約を離れたはずの私たちが，そのケータイを手放せないでいるという新しい不自由さに対して，どんな技術を生み出していくの

だろうか。ここにも，人間の欲望と技術革新のイタチごっこがみられる。

注）

i） ページャーにふりあてられた番号は，接頭数が決まっていたため，接頭数だけその番号をプッシュし，後はランダムに番号を打つことで見知らないページャー所有者にメッセージを送ることができた。

ii） もちろん，紹介の旧来的な「お見合い」に対してビジネスが介入した結婚紹介業というシステムもある。この結婚紹介業は，ネット上の「出会い系」サイトのように社会問題化されることがほとんどない。それは，これらの業者が会員のプロフィールを徹底的に管理することで，会員どうしの「出会い」に対する安心感を提供しているからである。その安心感に対して会員は高額の会費を支払う。

6 章
ケータイとインティメイト・ストレンジャー

富田英典

　『あらしのよるに』(作：木村裕一)は，1994年に発売されその後数々の賞を受賞した絵本である。嵐の夜に偶然同じ小屋にヤギと狼が逃げ込んだ。真っ暗な小屋の中では相手の姿は見えない。お互いの正体を知らないままヤギと狼は一晩中語り明かし友だちになる。そして，夜明け前にヤギと狼は再会を約束して小屋を後にするのである。顔の見えない世界では，たとえ相手が恐ろしい狼でも，美味しいご馳走のヤギでも，心が通じてくれば友情が生まれる。新しいメディア利用によって生まれる人間関係は，『あらしのよるに』に登場するヤギと狼に似ている。そして，それを支えるメディアの1つがケータイなのである。本章では，まず匿名性，社交性，親密性について整理した後，1980年代から今日にいたる固定電話，インターネット，ケータイをめぐる具体的な事例を取り上げながらメディア上の匿名かつ親密な人間関係について論じることにしたい。

1節　「匿名性」について

　「匿名」とは実名を隠して明かさないことを意味している。名前がわかればその人に関する重要な個人情報が入手できる。しかし，それは名前が地域社会と伝統的な意味でしっかりと結びついていた場合の話である。かつては名前と住所さえわかれば，近所の人からその人の年齢，家族構成，経歴，人柄などについての正確な情報が簡単に入手できた。しかし，都市化の進展によって名前と住所は現代人を識別する指標としての地位を失いつつある。ただ，私たちは名前がわからなくても相手を特定することができる。今日では，名前以外の情報によって相手を識別することが可能になっているのである。そして「匿名性 (anonymity)」と「識別可能性 (identifiability)」のずれはインターネット社会においてさらに拡大している。

そこで，まずはじめに「匿名性」と「識別可能性」についてふれておきたい。

1 シュッツの匿名性

日常的な生活世界における匿名性を論じたのはシュッツ（Schutz, 1940）だった。シュッツの「匿名性」概念に従いながら小川（1980）は「匿名性」を次の4つの位相に分類している。それは，「機能的類型としての『匿名性』」「知られていないという意味の『匿名性』」「社会的世界の構成原理としての『匿名性』」「所与の社会構造のもつ『匿名性』」である。

「機能的類型としての『匿名性』」とは，反復可能性（repeatability）に裏づけられ，特殊性・唯一性・一回性を排除する作用である。たとえば，郵便局員とか駅の改札係という類型がそれにあたる。「知られていないという意味での『匿名性』」は，機能的類型としての郵便局員や駅の改札係の名前などのほかの知識を知っているかどうかという個人の特定性に関わる。つまり，この「匿名性」は，個人を特定できないという意味である。この2つの「匿名性」は，人間個体についての類型の「匿名性」である。それに対して，「社会的生活の構成原理としての『匿名性』」とは，社会制度が特定の誰かによって制定されたり発明されたりしたのかなど問題ではなく，客観化された記号体系で表現されていることを意味している。「匿名性」は社会的世界を構成する原理であり，そのなかで経験する他者は，一般性・代替可能性・反復可能性をもった機能的類型となる。そして，そんな他者は「みんな（everybody）」としての機能をもち，自分が第三者の立場にある場合は「彼らみんな」となり，その一員であれば「われわれみんな」となる。「所与の社会構造のもつ『匿名性』」とは，構成された社会的世界のもつ「匿名性」が人々に自明なものとして経験される場合を意味している。ナタンソン（Natanson, 1978）が，広義の「匿名性」は私たちが生まれた時に既にそこにある世界であり，狭義の「匿名性」はいかに社会的世界が世界として構築されるようになるかに関わるものと考えたように，「匿名性」には所与の側面と構成の側面があるのである。小川は，シュッツの社会的世界の構成に関する記述から「匿名性」をこのように分類している。また，小川は「機能的類型としての『匿名性』」を「没名性」，「知られていないという意味の『匿名性』」を「無名性」，「社会的世界の構成原理としての『匿名性』」と「所与の社会構造のもつ『匿名性』」を「非名性」とよんでいる。

表6-1　「匿名性」の類型化

1)	機能的類型としての「匿名性」
2)	知られていないという意味の「匿名性」
3)	社会的世界の構成原理としての「匿名性」
4)	所与の社会構造のもつ「匿名性」

小川（1979）は，シュッツの以上のような「匿名性」をめぐる議論とは別に，故意にみずからの名前を隠すことが「匿名」であるとして，その対語を「記名」ともよんでいる。それに対して，シュッツの場合は「『匿名性』は同時代人の性格を表現する用語であり，仲間と同時代人の経験を結ぶ，鍵となる概念」であり，「『匿名性』は親密性（intimacy）の対語であり，遠さ（remoteness）の同義語として使用されている」と小川（1980, p.18）は指摘している。
　そのほか「匿名性」は都市空間の特性としてこれまで都市社会学においても取り上げられてきた。また，都市化と少年非行の分野でも「匿名性」は問題とされてきた。たとえば，大橋（1987）は，シュッツが「匿名性」と「親密性」を対概念としているのは適切ではないとし，「匿名性（anonymity）」は「知名性（onymity）」の対概念であるとする。大橋は，村落共同体で生活をする人々のようにお互いのことをほとんど知っている間柄を「知名性」とよぶ。そして，都市化が進み「匿名性」が増大したと考える。大橋は，「匿名性」について『新教育社会学辞典』による「個人がその身分，地位などの正体を他人に知られない状態である」（p.679）という定義や，『社会学小事典』による「家族，近隣集団および職場集団とは異なる『第3の空間』（盛り場）に特徴的にみられる，都市大衆のなかの一員としての，相互に私秘的な状況を指す」（p.293）という定義は，「匿名性」の重要な側面をとらえているが，まだ十分ではないという。大橋は，「匿名性」を定義するには，「名前」「顔・声」「身元」の3つの条件が必要であるし，その組み合わせで「匿名性」の様態を分離している。さらに，「匿名性」の心理的特徴は，精神緊張，不安，用心，無関心，無関係，不干渉，自由，気楽，孤独，疎外であり，「知名性」の心理的特徴は，精神弛緩，安心，不用心，関心，関係，干渉，不自由，気兼ね，なじみ，所属であるという。
　このように「匿名性」はシュッツに代表される現象学的社会学における生活世界に関する議論，都市社会学，社会病理学，教育社会学における都市化と犯罪・非行に関する議論で問題にされてきた。また，そのほかにもシンボリック・インターラクションの研究における片桐（1987, 1991, 1996）の一連の研究でも「匿名性」は取り上げられてきた。
　ただ，本章ではメディアと「匿名性」の関係を問題にしている。メディア・コミュニケーションの場合は，小川が分類したシュッツの「匿名性」概念のうち「機能的類型としての『匿名性』」と「知られていないという意味の『匿名性』」が関連する。また，都市空間における「匿名性」のように村落共同体における「知名性」に対するどこの誰か知らない人という意味での「匿名性」も関連する。ただ，対面状況における「匿名性」とここで問題にしているメディア上の「匿名性」は異なる部分がある。それは，後者では姿が見えないために相手の職業などの「機能的類型」を認識することができない場合が多いという点である。
　したがって，本章では「『知られていない』という意味の「匿名性」」という小川が

分類したシュッツの第2の「匿名性」を採用し,「匿名性」を「相手を特定できないこと」と定義しておきたい。ただ,その人についてのすべての情報について特定できない場合や一部の情報について特定できない場合などその内容は一定ではない。そこで,次にインターネット社会における「匿名性」に注目してこの問題について考えてみたい。

2　インターネット社会における「匿名性」

(1)　「匿名性」と「識別可能性」

　インターネットの普及した現代社会における「匿名性」は,プライバシーや機密性（confidentiality）やセキュリティとの関係で定義されてきた。マークス（Marx, 1999）は,「匿名性」とは「識別可能性」に関わる重要な概念であり,完全な「匿名性」とは表6-2に示した7つのIdentity Knowledgeのすべてについて個人を特定できないことを意味していると考えた。これらのIdentity Knowledgeは個人が自分の情報を制御できるという意味でのプライバシー情報である。「実名（Legal name）」は日本では戸籍上の名前をさしており,「あなたは誰ですか」という問いに対する回答に当たる。「所在明示能力（Locatability）」は個人の住所を示すことができるものであり,「場所（location）」と「到達可能性（reachability）」を意味している。たとえば,電話番号や住所や電子メール・アドレスやアカウント番号などがそれに当たる。つまり,これは「そこはどこですか」という問いに対する回答である。「名前と住所に結びつく仮名」は,社会的なセキュリティ番号や生体認証パターン（biometric patterns）や仮名（pseudonyms）などのアルファベットや数字で表示される識別名であり,それらは限定された状況下での個人やアドレスと結びついている。これらはインターネットのプロバイダや銀行などがユーザーを特定し識別するために使用される。「名前と住所に結びつかない仮名」には2種類ある。1つ目は,個人の名前や住所を

表6-2　**本人を識別する7タイプの情報**
(Type of identity knowledge)
(Marx, 1999, p.100)

1) 実名（Legal name）
2) 所在明示能力（Locatability）
3) 名前と住所に結びつく仮名（Pseudonyms）
4) 名前と住所に結びつかない仮名（Pseudonyms）
　　a. 合法的な仮名
　　b. 偽名
5) パターン化された識別
6) 社会的カテゴリー
7) 適正／不適正を示すシンボル

特定できないよう保護された記号や名前や仮名である。たとえば、エイズテストの結果は名前や住所が特定されない番号で記載されている。2つ目は、偽名であることがまわりの人に気づかれてはならない仮名である。たとえば、スパイやおとり捜査や詐欺師の名前がそれにあたる。「パターン化された識別」は、個人の特徴的な現われ方や行動パターンである。相手の名前や住所を知らなくても、私たちはその人を認識することができる。たとえば、毎朝乗る通勤電車で見かける人やインターネットの掲示板にいつも同じスタイルで書き込む人、チャリティでいつも同じように寄付をしてくれる匿名の寄贈者がそれにあたる。彼らは、名前や住所を知られていないという点では匿名の存在であるが、一度しか見たことがない通りすがりの見知らぬ人たちとは異なっている。このような存在は、ミルグラム（Milgram, 1977）の「ファミリア・ストレンジャー」にあたる。「社会的カテゴリー」は、ジェンダー、民族、宗教、年齢、階級、学歴、地域、性愛的志向、言語、組織内の地位と身分、健康状態、雇用状態、レジャー活動などである。ただ、これらは、それを共有している他者とその個人を区別するものではない。「適正／不適正を示すシンボル」は、秘密のパスワードやコードを知っているとか、チケットや記章や制服などを所有しているとか、刺青をしているとか、水泳ができるなどの能力などであり、個人はそれらの資格によってその場にふさわしい適格な人として扱われる。

　マークスは、このように個人の「識別可能性」に関わる7つのIdentity Knowledgeを挙げて、完全な「匿名性」とは7つのIdentity Knowledgeのすべてについて識別不可能である場合であると考えた。そして、いずれかが明らかな場合は識別可能であり、同時に部分的な「匿名性」が成立しているとした。

　マークスの7つのIdentity Knowledgeと小川によるシュッツの「匿名性」類型を比較すると興味深い違いがあることに気づく。それは、対面状況を前提に考察されたシュッツの議論では「匿名」と分類されているものが、インターネット社会を考察したマークスの議論では個人を特定可能な指標とされている点である。たとえば、マークスの7つのIdentity Knowledgeのなかの「パターン化された識別」と「社会的カテゴリー」と「適正／不適正を示すシンボル」は、小川によるシュッツの「機能的類型としての『匿名性』」に該当するものである。「名前と住所に結びつく仮名」についても、それを知っていることが対面状況ではどの程度までその人を特定することにつながるか疑問である。確かにインターネット上では、IDこそが重要な個人認証の手段である。したがって、プロバイダから与えられたIDを表示させることなくメッセージを残せるいわゆる「匿名サイト」こそが完全な「匿名性」を保証していることになる。対面状況でも、その人のIDを手がかりに個人情報を調べることができる。しかし、それまでは単なる数字や記号の羅列でしかない。したがって、対面状況では「セキュリティ番号」や「生体認証パターン」を本名や住所と同列に扱うことはできない。「名前と住所に結びつく仮名」と「名前と住所に結びつかない仮名」についても、

「仮名」や「偽名」は対面状況では一般的に「匿名」の1つのタイプと扱われている。しかし，インターネットでは，それが「仮名」であってもオンライン上の名前として本名に代わる役割を果たしているのである。

このように対面状況では「匿名」と位置づけられるものが，インターネットでは「匿名」ではなく Identity Knowledge と位置づけられているのである。では，なぜこのようなことが起こるのであろうか。その理由は，対面状況では，一般的に本人が名前を名のれば信頼するが，インターネットでは「他者による認証」を必要としているためである。「実名」と「住所」と「名前と住所に結びつく仮名」は，対面状況においても個人認証に役立つ。しかし，それが「不明であること」の意味は対面状況かインターネット上かによって異なる。前者では「知らない」（知らない人）ことを意味し，後者では「知っているか，知らないかがわからない」（知っている人かもしれないし，知らない人かもしれない）ことを意味している。さらに，本人が名前と住所を教えたとしてもインターネット上では第三者による個人認証がなければ信用できないが，対面状況では普通はこのような個人認証は必要とされないのである。つまり，「実名」と「住所」と「名前と住所に結びつく仮名」は，対面状況では「本人による個人認証」であり，インターネットでは「第三者による個人認証」を前提としているのである。

（2） 「匿名性」が必要とされる理論的根拠

このように対面状況とインターネット上では「匿名性」の定義が異なる。そして，このような違いが両者における人間関係の違いに現われていると思われる。マークスは，今日の情報通信社会における「匿名性」の必要性についての理論的根拠を15項目にわたって説明している（表6-3）。

マークスが掲げた15の理論的根拠には，対面状況においても認められる「匿名性」も含まれている。情報通信社会に固有の理論的根拠は，おそらく8)「時間，空間，個人の保護」と10)「評判と資産の保護」と12)「儀礼，ゲーム，遊戯，祝賀会の進行」と13)「実験と危険回避」と14)「その人らしさの保護」であると考えられる。

8)「時間，空間，個人の保護」は，見知らぬ人の侵入から自分の時間や空間や個人を保護する場合である。実際に人々は知らない電話番号やメール・アドレスからのアクセスをブロックしたり，女性は電話帳や名簿に男性名やイニシャルを使用したりしている。10)「評判と資産の保護」は，他人にIDを盗まれたり偽メールを送り付けられたりして自分の評判を落としたり財産を奪われたりしないために利用される「匿名性」である。12)「儀礼，ゲーム，遊戯，祝賀会の進行」は，儀礼，ゲーム，遊び，式典などを進行する上で「匿名性」が求められる場合である。たとえば，伝統的な社会では舞踏会などで仮面や異性の衣服を着用していた。また，コンピュータゲームでも「匿名性」が保たれ，オンラインゲームでは「仮名」の使用が許されている場合もあ

表6-3 匿名性が必要とされる理論的根拠
(Marx, 1999, p.102)

1) 情報の流れを容易にする
2) 調査で個人情報を得る
3) メッセージ内容に注意を向けることを促す
4) 報告，情報捜査，自助を促進する
5) 非合法も含む情報源の獲得や行為の促進
6) 寄贈者や問題はあるが社会的な有益な行為の保護
7) 戦略的な経済活動
8) 時間，空間，個人の保護
9) 特定の基準に基づいた判定
10) 評判と資産の保護
11) 迫害の防止
12) 儀礼，ゲーム，遊戯，祝賀会の進行
13) 実験と危険回避
14) その人らしさの保護
15) 伝統的な期待

る。これは，後述するジンメルの「社交」に当たるものである。13)「実験と危険回避」は，失敗や当惑する危険がある場合である。実際，オンライン・コミュニケーションでは何らかのトラブルが発生する可能性があり，それに巻き込まれないように最初から性別や人種を偽ることがある。また，商品やサービスの試用などでも消費者は購入を強要されないように名前や住所などを詳しく明かしていない。14)「その人らしさの保護」は，「匿名性」がその人らしさを守る場合である。「匿名」の関係を続けるのか，それとも本名や住所を相手に伝えるのかは，その人が主体的に決めることである。相手のプライベートな個人情報を尋ねないことは一種のマナーである。そして，仲良くなってくるとみずから本名などの個人情報をしだいに相手に伝えるようになり，それによってより親密な関係が生まれることになる。ここでいう「匿名性」はこのような認識に基づく場合である。

　この5つの根拠を分類すると，8)「時間，空間，個人の保護」と10)「評判と資産の保護」と13)「実験と危険回避」はプライバシーの保護と関連したものであり，12)「儀礼，ゲーム，遊戯，祝賀会の進行」と14)「その人らしさの保護」は，オンラインでの「社交性」と関連している。オンラインでの「匿名性」は個人認証が不可能であることを意味している。そして，プライバシーの保護を目的に利用者間ではお互いの本名や住所まで特定できない「匿名性」が必要とされているのである。そして，後者の「匿名性」はインターネットに固有の「社交性」と深く関わっている。ただ，インターネット上において完全な「匿名性」が成立している状態では，コミュニケーションの相手が他の人と入れ替わってもわからない。したがって，マークスが指摘する「親密な関係」につながる「社交性」が成立するには少なくとも何らかの「仮名」が必要である。マークスは，「匿名性」はプライバシーを保護するために必要ではある

が，オンライン・コミュニケーションにおいて「仮名」を使用する場合は，相手に自分が「仮名」を使用していることを伝えるべきであると主張する。

　前述したように対面状況とインターネット上では「匿名性」の意味が異なる。同様に，「仮名」も対面状況では「匿名性」の用件として考えられているが，インターネット上では個人を識別する指標として利用されている。その差異が「親密性」の成否の差異となって現われていると思われる。インターネット上での人間関係になじみのない人々には，そこでの「仮名」は「匿名性」を示す指標と理解される。したがって，「仮名」に基づく関係が親密な関係へと移行することが理解できない。しかし，マークスが指摘しているように「仮名」はインターネット上においては個人を識別するIdentity Knowledgeであり，それが判明している場合は完全な「匿名性」は成立しない。そして，そこではIdentity Knowledgeに基づく一定の「社交性」が成立しているのである。

　そこで，次に「匿名性」と「社交性」との関係について考えてみたい。

2節　社交性について

　ジンメルは「社交」を次のように説明している。

　　社会生活における本当の『社会』というのは，相互協力，相互援助，相互対抗のことであって，これと結びつくことによって，衝動や目的から生まれた実質的乃至個人的な内容や関心が構成され促進されるのである。そして，これらの諸形式は，新しく独立の生命を獲得し，内容という根から一切解放された活動を営む。ただ諸形式そのもののための，また，この解放から生まれる刺戟のための活動を営む。これこそ社交という現象である。　　　　(Simmel, 1917／1979, p.72)

　このようにジンメルによれば「社交」の本質はリアリティを切り離すところにある。ただ，それは嘘の世界ではない。遊戯や芸術が嘘ではないのと同じように「社交」も嘘ではない。実際のリアリティの意図や事件へ入り込む時に初めて「社交」が嘘になるとジンメルはいう。

　また，ジンメルが「社交」の事例としたコケットリーは，インターネット上における男女関係を考えるうえで有効である。ジンメルは，コケットリーを次のように説明している。

　　女性のコケットリーの本質は，与えることを仄めかすかと思えば，拒むことを仄めかすことで刺戟し，一方，男性を惹きつけはするものの，決心させるところ

までは行かず，他方，避けはするものの，すべての望みを奪いはしないという点にある。　　　　　　　　　　　　　　　　(Simmel, 1917／1979, p.82)
　　彼女の行動は，イエスとノーの間を揺れて，どこにも止まらない。
　　　　　　　　　　　　　　　　　　　　　　(Simmel, 1917／1979, p.82)

　「社交」が社会性の遊戯形式であったように，コケットリーは愛の遊戯形式なのであり，遊戯することによって現実と戯れ，現実から解放されることができるのである。ジンメルは，コケットリーを「追従的なコケットリー」(「あなたはたしかに女性を征服することがおできになるでしょう。でも私は征服されませんよ」)「軽侮的なコケットリー」(「私は征服されてもいいのですけれど，あなたにはその力はないわよね」)「挑発的なコケットリー」(「あなたはひょっとすると私を征服できるかもしれない，征服できないかもしれない，ためしてごらんになったら！」)に分類している(Simmel, 1917／1979, p.105)。このように所有と非所有，承諾と拒絶，与えることと与えないことが，わかちがたく混ざり合っているコケットリーは，生の未決定性がポジティブな態度に純化した形式なのである。そして，ジンメルは，私たちが重要な決定を下す際にイエスとノーの間を揺れ動き未決定のまま保留することがあるように，コケットリーは男女の間だけでなくあらゆる状況においても認められるという。
　部分的な「匿名性」に守られたコミュニケーションが成立するインターネット上における男女の関係は，まさにコケットリーのあふれた場所だといえる。インターネット上の部分的な「匿名性」は，現実から解放された愛の遊戯を可能にするのである。ただ，ジンメルの「社交」やコケットリーがインターネット上における男女関係と異なる点は，後者が現代社会における「親密性」の変容と結びついているところである。

3節　親密性の変容

　ギデンズ(Giddens, 1992)は，親密な関係性が，「情熱恋愛」から「ロマンティック・ラブ」へ，そして「ひとつに融け合う愛情」へと変容していると論じた。前近代ヨーロッパにおいて，婚姻は経済的事情から行なわれたものであり，「情熱恋愛」は，社会秩序にとって危険なものであり，結婚生活にとって始末に困るものと考えられていた。ところが，18世紀後半以降になり「ロマンティック・ラブ」が人々の間で重要視されるようになると，愛情と自由が規範的に望ましい心身の状態と考えられるようになったのである。こうして，結婚が永遠のものであった時代では「ロマンティック・ラブ」と性的結びつきは一致するようになった。同時に，近代的避妊方法と新たな生殖技術の普及により，生殖という必要性からセクシュアリティは解放されるよ

うになった。その結果，セクシュアリティは個人のパーソナリティ特性として形成されるようになる。このように，自己と本質的に緊密に結びつくようになったセクシュアリティをギデンズは「自由に塑型できるセクシュアリティ（plastic sexuality）」とよぶ。その結果，今日では愛情とセクシュアリティを結びつけているものは「婚姻」から「純粋な関係性」へと変化したとギデンズは主張する。「純粋な関係性」とは，「社会関係を結ぶというそれだけの目的のために，つまり，お互いに相手との結びつきを保つことから得られるもののために社会関係を結び，さらに互いに相手との結びつきを続けたいと思う十分な満足感を互いの関係が生み出しているとみなす限りにおいて関係を続けていく，そうした状況」（Giddens, 1992／1995, p.90）とギデンズは定義している。

インターネット上において成立する新しい男女関係の背景には，ギデンズが指摘したこのような「親密性」の変容が存在している。そして，「純粋な関係性」を理想とするようになった現代人にとって，メディアが提供する新しいタイプの人間関係は，部分的な「匿名性」によって生まれるコケットリーな「社交性」を楽しみ，そこでの関係を楽しむという目的のためだけに関係を続けることによって，「本当の私」と「本当のあなた」が出会う親密な関係へと発展する可能性を秘めた魅力的な存在となっていくのである。

4節 インティメイト・ストレンジャー

ここでは，このような「匿名性」と「親密性」が交差するところに生まれる新しいメディア・コミュニケーションのスタイルに注目し，「匿名性」を前提としたメディア上の親密な他者をインティメイト・ストレンジャー（intimate strangers）とよんでおきたい（富田，1997b，1997d，2002a）。

「匿名性（anonymity）」と「親密性（intimacy）」の2つの軸を交差させて考えるとインティメイト・ストレンジャーがよく理解できる。匿名であり親密ではない人はまったくの他人（strangers）である。そして，匿名ではないが親密でもない人は顔見知り（acquaintances）である。そして，匿名ではなく親密な人は，友人や恋人（friends/lovers）である。私たちは，この3つのタイプの人たちに囲まれて暮らしてきたのである。ところが，匿名であり親密な関係が登場した。この匿名であるから親密になれるという関係こそ，今日的なメディア上の人間関係である。インティメイト・ストレンジャーとは，メディア上に成立する匿名で親密な他者なのである。

マークスが指摘していたように，メディアによって保証される「匿名性」は現代社会に潜む危険から私たちを守ってくれる。都市も「匿名性」の空間である。しかし，そこには常に自分の身体を相手にさらしているために起こる危険性がつきまとう。メ

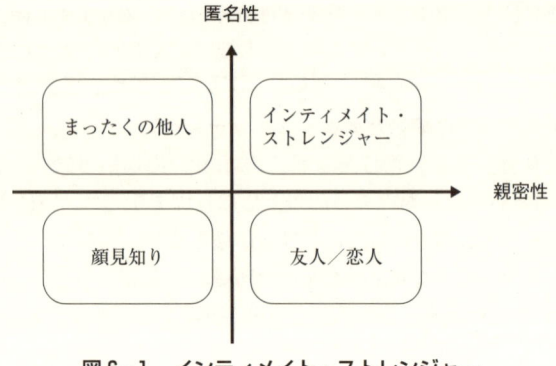

```
           匿名性
            ↑
  ┌──────┐  │  ┌──────┐
  │まったく│  │  │インティメイト・│
  │の他人 │  │  │ストレンジャー│
  └──────┘  │  └──────┘
────────────┼────────────→ 親密性
  ┌──────┐  │  ┌──────┐
  │顔見知り│  │  │友人／恋人│
  └──────┘  │  └──────┘
            │
```

図6-1 インティメイト・ストレンジャー

ディアのなかの「匿名性」は，一瞬の内に相手の目の前から姿を消し，いつでも関係を切断することを可能にするのである。「匿名性」に守られながら関係が継続するとき，そこで生まれる親密さは急速に深まる。そして，少しずつプライベートな情報を交換するようになる。マークスが指摘していたように，「匿名」の関係においてプライベートな情報を伝えるかどうかは本人の主体性に関わっている。ただ，このような「匿名性」は，オンラインでの誹謗・中傷などの問題を引き起こす点も忘れてはならない。また，オフラインと同様にオンラインの男女関係も親密であればあるほどその破局はどちらかを深く傷つける。

　このような出会いは既に印刷メディアや固定電話を使ったサービスでも登場していた。特に，1980年代に始まった「テレクラ」では見知らぬ者どうしが親密な会話を繰り広げていた。インティメイト・ストレンジャーとのコミュニケーションには，「テレクラ」「伝言ダイヤル」「パーティーライン」「ツーショット」という音声通話の流れと，「パソコン通信」，インターネットの「メル友」という文字通信の流れがある。そして，その中間にポケベルの「ベル友」が位置づけられる。文字通信でありながら，それはパソコンを必要とはせず電話と同じように手軽に利用できた。また，移動体メディアという特性によって特有の世界を形成した。そして，インターネットが利用可能なケータイの出現により，これらの流れすべてが統合されることになる。

　そこで，次にこの流れを歴史的にたどることにしたい。

5節　音声サービスとインティメイト・ストレンジャーの起源

1　テレクラ：新しい電話ナンパ

　テレクラ（テレホンクラブ）は，1980年代半ばに登場した。男性は1時間3000円前後の料金を支払い，個室で女性からの電話を待つ。女性はフリーダイヤル（0120）を利用して電話をしてくる。女性からの電話がかかると全室の電話が一斉に鳴り（実際にはランプが点滅する），最初に電話をとった客につながるというシステムである。ただ，このような「早取り制」からその後は早く部屋に入った客から順番につながる「順番制」に変わる。一般の女性は，街頭で配布されているティッシュ広告や雑誌広告を見て電話をしてくる。ただ，女性からの電話が少ない場合に備えて，いわゆる「サクラ」とよばれる女性が一般の利用者のふりをして電話をする場合があった。
　テレクラの場合は，男性客は女性と電話で話をしたあと会う場所と時間を約束する場合が多い。したがって，電話をしてくる女性がテレクラの近くから電話をしている必要がある。このように電話によるナンパが目的ではあるが，ただ会う場所と時間を約束するためだけに電話が利用されているわけではない。電話での会話が弾まなければ会う約束はできない。しかも，時間をもてあました女性が暇つぶしに電話をしてくる場合も多く，実際に会う時間と場所を決めても本当に女性がやって来るとは限らない。

2　伝言ナンパダイヤル

　NTTの伝言ダイヤル・サービスが開始されたのは1986年であった。それは，駅の伝言板のように電話を利用する目的で開始されたサービスであった。利用方法は，伝言ダイヤル・センターに電話をして，6桁から10桁の連絡番号と4桁の暗証番号をダイヤルしメッセージを録音したり再生したりするものである。全国どこからでも利用できるためケータイやポケベルが普及する以前では便利なサービスであった。ただ，誰でも思いつく123456等の番号がオープンダイヤルとして，見知らぬ人にメッセージを送る手段として利用された。自分の想いを録音すると見知らぬ別の人がそれに答えて次々にメッセージを入れるというリレーダイヤルや，交際相手を募集するメッセージを録音する伝言ナンパダイヤルも登場したのである（岡田，1993）。その後，この伝言ダイヤル方式はダイヤルQ^2やテレクラでも利用されることとなる。

3 社会問題になったダイヤルQ^2

1989年，NTTのダイヤルQ^2サービスが開始された。それは，既にアメリカで900番サービスとして始まっていた情報料回収代行サービスである。有益な情報を有料で誰でも簡単に提供できる電話サービスであり，情報料は通話料と一緒にNTTが回収して情報提供者に支払ってくれるので，利用者は手軽に利用でき情報提供者にとっても便利なサービスであった。そして，このダイヤルQ^2を利用してさまざま番組が登場した。そのなかで最も人気を集めたのが「ツーショット」と「パーティーライン」であった。前者は見知らぬ男女が電話でデートができる番組であり，後者は数人の男女が電話で自由におしゃべりができる番組である。「ツーショット」の場合は，男性は「0990」で始まるダイヤルQ^2サービスを利用して電話をかけ，女性は「0120」で始まるフリーダイヤルを使って電話をかけてくる。これらの番組は自宅から簡単に利用できるために爆発的な人気となった。また，アダルト音声を流す番組やテレクラ業者がダイヤルQ^2を利用するケースも登場した。ただ，「ツーショット」の場合は，全国どこから利用しても「0990」で始まる番号であるために，遠く離れた人とつながってしまうことも多く，ナンパに適していたわけではなかった。したがって，当初はただ電話でおしゃべりをするためだけに利用される場合が多かった。特に，「パーティーライン」の場合は，ナンパが目的ではなく，見知らぬ者どうしが自宅から電話でおしゃべりをするだけの井戸端会議であった。ただ，通話料と一緒に請求される情報料が高額であり，人気の「ツーショット」の場合は通話料と情報料あわせて4.5秒から6秒で10円である場合が多かった。そのために高額の料金が支払えない利用者が自殺した事件，ダイヤルQ^2に夢中になった息子を父親が殺害する事件などが続発した。また，「パーティーライン」で知り合った男性に女子高校生が乱暴をされた事件，デートクラブ業者が「ツーショット」を利用するケースまで登場した。その結果，1991年6月にNTTは「ツーショット」番組の新規申し込み受付を中止し，10月1日以降は既存「ツーショット」番組の契約更新を中止，「パーティーライン」に関しては1992年4月から情報料の上限を5分の1に下げることを発表した。これによって「ツーショット」と「パーティーライン」は姿を消すこととなった。また，ダイヤルQ^2を利用した「伝言ダイヤル」が登場していたが，これも廃止が決定し1994年2月に姿を消したのである（富田，1994）。

4 第二次テレクラブーム

NTTのダイヤルQ^2サービスが始まり人気を失っていたテレクラが，ダイヤルQ^2の「ツーショット」「パーティーライン」「伝言ダイヤル」が規制されるとすぐに復活し

第2次ブームを迎える。ただ，従来は店舗型テレクラであったが，この時代には無店舗型テレクラが登場する。ダイヤルQ^2で人気を集めた「ツーショット」は当時「自宅テレクラ」とよばれていたが，料金の回収方法をダイヤルQ^2ではなく銀行振り込みや街中に設置した自販機でカードを購入させる方法に変更したものが無店舗型テレクラである。自宅から簡単に利用できたダイヤルQ^2の「ツーショット」や「パーティーライン」とは違って，わざわざ料金を支払う手続きをしなければならない無店舗型のテレクラの場合は，ナンパ目的の利用がそのほとんどとなる。

その結果，いわゆる援助交際に利用されているとして，未成年者の利用を規制するために各都道府県でテレクラを規制する条例が制定されるようになる。1995年10月に岐阜県で制定された「テレクラ営業規制条例」を皮切りに，全国の都道府県で同様の条例が制定された。そこで問題となったのが無店舗型テレクラであった。店舗型テレクラの場合は，青少年が店舗へ入室することを規制することができるが，無店舗型テレクラの場合はそれができない。そこで，無店舗型テレクラを利用するためのカード購入機と広告の規制が実施されたのであった。

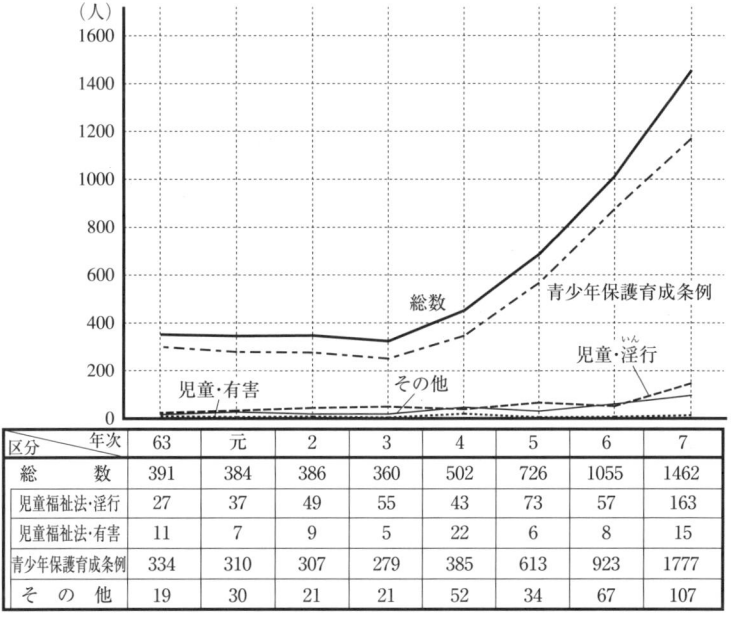

区分 \ 年次	63	元	2	3	4	5	6	7
総　　数	391	384	386	360	502	726	1055	1462
児童福祉法・淫行	27	37	49	55	43	73	57	163
児童福祉法・有害	11	7	9	5	22	6	8	15
青少年保護育成条例	334	310	307	279	385	613	923	1777
そ　の　他	19	30	21	21	52	34	67	107

図6-2　テレホンクラブにかかる福祉犯の検挙人員の推移（昭和63～平成7年）
（平成8年版『警察白書』警察庁）

5 新しい友だち「ベル友」

　ポケベルのサービスが始まったのは1986年であった。当初はビジネスマン向けの通信機器であったが，その後，機器の開発が進み，1996年に発売されたポケベルで数字を文字に変換して12文字までの短文が受信できるようになったのをきっかけに，女子高校生を中心にポケベルが大流行した。そして，そんな一方通行の通信機器であるポケベルを利用して，見知らぬ人とメッセージを交換する現象が生まれた。いわゆる「ベル友」の登場である。

　そこには，ダイヤルQ²のシステムもテレクラ業者も介在していない。小さなポケベルにメッセージを打ち合うだけである。しかも，ポケベルは持ち歩いているために，「いつでも」「どこにいても」メッセージを受信することができる。「ベル友」からメッセージが届くと近くの公衆電話からプッシュボタンを押してメッセージを返信する。すると，すぐにまた相手からメッセージが返ってくる。「おはよう」「元気？」「なにしてるの？」といった簡単なメッセージ交換ではあるが，続けているうちに友情が生まれたり，場合によっては恋愛感情が芽生えたりすることもある。「ベル友」は，見知らぬ人との出会いが風俗産業にからめとられることなく，自分たちの世界のなかで育まれだした現象といえるだろう。また，ポケベルは常時携帯しているため，それまでの同種の現象よりも直接的であった（富田，1997a；藤本，1997）。

　「匿名性」と「親密性」が交差するところに生まれるインティメイト・ストレンジャー現象は，コンピュータを利用したコミュニケーションにおいても登場している。そこで，次に「ネット恋愛」と「出会い系サイト」について取り上げたい。

6節　ネット恋愛と出会い系サイト

　メディア・コミュニケーションの特徴は一定の「匿名性」が保たれている点である。電話もインターネットも同様である。ただ，インターネットのチャットルームでは，匿名のまま親しげな会話が行なわれている。繰り返しチャットをしているとしだいに友情や恋愛感情が生まれてくる。つまり，匿名だから親しくなれる世界が生まれているのである。ただ，そのような関係はインターネットが登場する以前から存在していた。

1　パソコン通信と「パソ婚」

　1980年代のはじめに，パソコン通信が一部の人々の間で人気を集めていた。それが

一般に普及するのは，1986年にPC-VAN（NEC）が開局し，翌年にニフティサーブが開局してからである。ただ，大幅に利用者が増加するのは1990年代になってからであり，ニフティサーブの場合は，1993年5月末に会員数が50万人に達し，1996年4月には100万人を突破している。その後，入会者数はさらに急増し，1996年1月に150万人に達している。その年のニフティサーブには，570を超えるフォーラム，190店舗以上のオンラインショッピング，国内外約1350のデータベース等があり，ニフティサーブはまさに日本最大規模の商用オンラインサービスとなった。

　このパソコン通信で人気があったのが掲示板と会議室であった。そこでは，見知らぬ者どうしが，それぞれが自分の趣味や興味関心にしたがって，意見を交換したり，おしゃべりをしたりしていたのである。そこで知り合い結婚するカップルも登場した。それを当時「パソ婚」とよんでいた。このようにコンピュータを利用したコミュニケーションによって成立するサイトは当初からインティメイト・ストレンジャーのためのサイトにもなっていたのである。

　ただ，当時はまだパソコンを購入している家庭は少なく，パソコン通信は限られた人々の間で利用されているにすぎなかった。

2　恋するネット

　インターネットは日本では1993年に商業利用が開始された。そして，1995年にマイクロソフトが「ウィンドウズ95」とともに「インターネット・エクスプローラー」を提供し，インターネット人口は増加した。わが国では，商業利用開始以来わずか5年間でインターネットの世帯普及率が10％を超えた。1996年にはインスタント・メッセンジャーの定番であるICQが登場し，1997年には3大ポータルサイトの1つであるAOLでインスタント・メッセンジャーが会員に配布された。その後，残りのポータルサイトでも，MSNメッセンジャー，ヤフーメッセンジャーなどが登場した。また，各ポータルサイトには，それぞれチャットルームがあり，多くの人々が趣味や年齢に合わせた部屋でチャットを楽しむようになった。

　インターネットは新しい男女の出会いの場を提供している。米国映画『ユー・ガット・メール（You've Got Mail）』（1998年 Warner Brothers）は電子メールが取り結ぶ新しい恋愛の姿を描き出した。主人公のキャスリーン・ケリー（メグ・ライアン）のスクリーンネーム（オンライン上の名前）は「ショップガール」である。彼女に運命の恋を運んできたのは電子メールだった。電子メールを交換するうちに彼女は恋に落ちる。相手がどこの誰かも知らない。ただ，正体を明かさないからこそ素直に何でも語り合える2人だった。

　日本でも，1998年4月14日からフジテレビ系で放映されたTVドラマ『With Love ―近づくほどに君が遠くなる―』が放映され，インターネットの電子メールが若い男

女の恋愛を取り結ぶ様子を描き人気を集めた。主人公の「長谷川天(竹野内豊)」は，27歳の元人気バンドのリーダーで，今は売れっ子のCM作曲家，「村上雨音(田中美里)」は23歳の銀行員であった。2人は，お互いに嘘をついていた。職業も住んでいる場所も毎日の生活についても全部嘘だった。ただ，それは，正直な気持ちを書き続けるための嘘だったのである。メディア上で多元的で柔軟な自己を呈示することが可能な時代になったにもかかわらず，現代人はそこに「本当の私」と「本当のあなた」の出会いを求めはじめているのである。

あらゆる情報がデジタル化され複製される今日の情報社会のなかで，オリジナルという観念が揺らいでいる。そんな時代のなかで，メディアのなかに「オリジナルの私」ではないもう1人の新しい「本当の私」が生まれようとしている。インターネット時代のマクルーハン理論を提唱するレヴィンソンが「オンライン・コミュニケーションとしてのサイバースペースの電子メール，グループ・ディスカッション，デジタル・テキストなどは，どんな基準からいっても，史上他に類をみないほど完全にインタラクティヴなメディアであり，紙に固定された活字よりもはるかに短命で未完成で広範で高速なメディアだ。だから，オンラインのテキストはこのうえなくクールで，その温度は絶対零度に近い」(Levinson, 1999／2000, p.184) と述べたように，たとえそれが擬似的な関係であったとしても，電子メールの「クール」さが「本当の私」のイメージをさらに増幅させる。

3 ケータイの出会い系サイト

NTTドコモのiモードが開始されたのは1999年であった。その後，各携帯電話会社の機種からもインターネットが利用できるようになった。そして，さまざまなデジタル・コンテンツがケータイ向けのサイトに登場した。そのなかに「出会い系サイト」とよばれるものがあった。インターネットのコンテンツで最も収益が高いものが「出会い系サイト」であるといわれている。ケータイからのインターネット利用に関しても，「出会い系サイト」が人気を集めるのは当然の結果であった。

ただ，それらは「チャットルーム」で見知らぬ人と知り合って友だちになるというスタイルではなく，いわゆるマッチング・サービスである。インターネットの出会い系サイトには，年齢や性別や住所などを入力し，好みの相手を検索するサービスがある。今では，各ポータルサイトが無料で同種のサービスを行なっているが，ケータイの出会い系サイトも基本的には同じであり，条件を入れるとそれに合った相手のメッセージを表示してくれる。そして，そのなかから気に入った人へメールを送信するのである。警察庁のデータによれば，ケータイの出会い系サイトとして分類できるものは，2001年では2569件であり，2002年には3401件と推計されている (Kioka, 2003)。ケータイの出会い系有料サイトの場合，料金は1か月300円前後である。ただ，この

表6-4　出会い系サイト数（推計）(Kioka, 2003)

	2001年 9月調査	2002年 9月調査
パソコンからアクセスできる「出会い系サイト」	884	2038
ケータイからアクセスできる「出会い系サイト」	2569	3401

　出会い系サイトを利用して知り合った青少年が事件に巻き込まれるケースが問題となった。

　警察発表によれば，2001年に104件であった検挙数は，2002年には888件，2003年には1731件にまで増加した。特に，「児童買春・児童ポルノ法違反」が最も多く813件（2003年），次に「青少年保護育成条例違反」が435件（2003年）と多い。また，ケータイを利用した事件が97％を占めており，年々増加の一途をたどったのである。そして，女子高生の援助交際の温床としてケータイの出会い系サイトは大きな社会問題となった。その結果，「インターネット異性紹介事業を利用して児童を誘引する行為の規制等に関する法律案（出会い系サイト規制法案）」が2003年9月13日から施行されることとなった（警察庁広報資料，2003）。

　これまでインターネットでの出会いは新しい恋の形を成立させると認識されていたが，ケータイを利用したインターネットでの出会いは社会問題となったのである。では，ケータイで育まれる人間関係とパソコンを利用したインターネットで育まれる人間関係とはどこが異なるのであろうか。

7節　ケータイ・ネットワーク：オンライン・コミュニティからパーソナル・ネットワークへ

　ケータイからインターネットが利用できるようになったが，パソコンからのインターネット利用（以下，PCインターネットと略記）とは違いがある。それは，PCインターネットがオンライン・コミュニティを形成するのに対して，ケータイからのインターネット利用（以下，ケータイ・インターネットと略記）は，パーソナル・ネットワークを形成するという点である。そこで，次にオンライン・コミュニティとパーソナル・ネットワークの違いについて取り上げたい。

1　オンライン・コミュニティとPCインターネット

（1）　オンライン・コミュニティ

　インターネット上には，同じ趣味や関心をもつ人たちが集うネット上のサークルのようなものが多数存在している。一人ひとりが自分の趣味について語ったり，耳よりな情報を伝え合ったり，知りたいことがあれば掲示板に書いて質問すれば誰かが答えてくれる。そんな交流ができるオンライン・コミュニティがインターネット上には多数存在している。そこには何でも話せる友だちがいて，何でも教えてくれる仲間がいる。オンライン・コミュニティは私たちに新しい交流の場を提供してくれる。

　たとえば，Yahoo! JAPANの掲示板には1000以上のカテゴリーがあり，毎日たくさんのユーザーが訪れる巨大なコミュニティになっている。また，たくさんのチャットルームがありリアルタイムでのコミュニケーションの場所になっている。今では，文字チャットだけでなく音声チャットもでき，お互いの映像を見ながらチャットをすることもできる。それに対し，掲示板は同じテーマについて時間や場所を越えてじっくりと語り合える場所を提供してくれる。そして，多くのポータルサイトでも同様のオンライン・コミュニティが形成されている。また，それ以外のサイトでも多数のオンライン・コミュニティが存在し，その数は数え切れない。

　このようなPCインターネットによるオンライン・コミュニティの場合は，お互いに見知らぬ者どうしである場合がほとんどである。しかし，そんなオンライン・コミュニティには「匿名性」がはらむ不安が常につきまとう。そんな不安を解消するサービスが登場し人気を集めた。それは，ブログと一体になったソーシャル・ネットワーキング・サービス（Social Networking Service）の登場であった。

（2）　増殖するブログサイトとソーシャル・ネットワーキング・サービス

　1999年8月に米パイラ社がブログサービス「blogger」を開始し，その数が飛躍的に増加していたブログサイトは，2001年9月の全米同時多発テロで多くの人々が自分の意見や現地の情報を自分のブログに投稿し，注目を集めた。また，イラク戦争ではバグダッド市内からラエド氏が「ラエドはどこに？（Where is Raed？）」というブログを開設しマスメディアも注目した。日本でブログが普及しはじめるのは2002年になってからだった。ニフティなどの大手プロバイダが会員向けにブログサービスを開始すると日本でも利用者が拡大した。

　ホームページを修正したり更新したりするには，パソコンにあるファイルをアップロードしなければならない。また，ファイルやディレクトリの管理も必要であり，ハイパーリンクを設定する必要もある。自分のホームページを更新したり修正したりするのは慣れてくれば簡単である。しかし，初心者には難しい。ところが，ブログの場

合はホームページの画面を直接修正したり更新したりするような感覚で利用できる。また，ページのレイアウトも自動的に設定され，写真も簡単に貼り付けることができる。そのため誰でも手軽に利用できる。これまでホームページを運用してきた利用者もブログを利用して日記のコーナーを設定するようになった。さらに，ホームページは難しそうで敬遠していたユーザーも次々に自分のブログを作成し，日記や趣味を写真入りで掲載するようになったのである。こうして日記はもちろん，旅行記，ペットの成長記録，草花観察記などさまざまなテーマのブログが登場している。

　さらにブログでは自分の記事に対する意見を他の人が簡単に書き足すことができるコメントという機能がある。自分のブログを誰かが読んでコメントを残してくれているのに気がつくと楽しくなる。また，自分の記事について誰かがブログで紹介する場合は，リンクをはっているブログがわかるトラックバックという機能まである。他の人のブログ記事と自分のブログ記事をリンクすることができるトラックバック機能は双方向型リンク作成機能といえる。さらに，ブログには訪問者履歴を記録する機能もある。自分のホームページを見に来てくれた人の数を記録するカウンタだけでなく，訪問者のIDがブログ上に記録されるのである。そのIDをクリックするとその人のブログが表示される。いったいどんな人たちが自分のブログを読んでくれているのかが簡単にわかるのである。こうしてお互いの感想や情報などを交換し合うことでユーザーどうしの交流も広がることになる。

　ブログが日本でも人気を集めだした頃，インターネットの出会い系サイトに新しい動きが現われた。それは個人認証を取り入れた出会い系サイトであるソーシャル・ネットワーキング・サービス（以下，SNSと略記）の登場である。

　2003年3月に一般公開されたアメリカの出会い系サイト「フレンドスター（friendster）」は，「友だちの友だち」というネットワークを取り入れ急速に会員数を増加させた。自分の「友だち」が第一段階とすると，「友だちの友だち」が第二段階，「友だちの友だちの友だち」が第三段階となり，こうして友だちのネットワークが驚異的なスピードで拡大するシステムである。そして，友人のリンクが確立されるとユーザーはそのなかの誰とでも連絡をとれるのである。友だちの友だちというネットワークを提供する「フレンドスター」のユーザー獲得方式は，「トロイの木馬型」コンピュータ・ウィルスに似ており，公開後4か月でユーザー数は100万人を突破し，1年後には700万人を記録し，2005年には1600万人に達している。このようにユーザーが拡大したもう1つの理由は，「フレンドスター」ではメンバー全員が保証人付きであるという安心感が提供されている点にある。換言すれば，「フレンドスター」は個人認証が可能な出会い系サイトなのである。そこではインターネット上の「出会い」につきまとう「匿名性」によって生まれる不安と危険を回避することができる。

　米国で生まれたSNS人気は韓国に飛び火した。「サイワールド」は，1999年にサービスが開始され，2005年10月に利用者数が1600万人を突破し，総人口のうち約3人に

1人が利用しているという韓国最大のSNSである。「フレンドスター」と同様にユーザーは「友だちの友だち」のネットワークを作ることができる。「サイワールド」では入会するにあたって氏名と住民登録番号の入力が求められる。会員になると自分のページとして仮想リビングルームが与えられる。そこではブログや画像の公開，BGMを流したりすることができる（Wired News, 2005）。

SNSは日本でも人気を集めた。「ミクシィ」は2004年2月に運営を開始し2005年12月に会員数が200万人に達し，2006年3月には300万人を突破した日本最大のSNSである（ミクシィ　プレスリリース，2006）。入会するには会員の紹介が必要であり会員になると自分の氏名や趣味などのプロフィールの入力が求められる。友だちだけに公開したい項目，友だちの友だちにまで公開する項目，すべての人に公開する項目などを設定することができる。自分のページは自動的に作成され，自画像の写真も掲載できる。メインにはブログがあり，日々の出来事が記入できる。そこには紹介してくれた友だちや友だちの友だちがコメントを残している。また，出身学校や趣味のコミュニティがあり，仲間どうしがたくさんのメッセージを交換している。検索機能を利用すれば会いたい人を「友だちの友だち」のなかから検索することもできる。こうして，そこでは「友だちの友だち」によるさまざまなコミュニティが登場しているのである。

では，次にケータイによる人間関係について考えてみたい。

2　ケータイによるパーソナル・ネットワーク

（1）　パーソナル・ネットワーク

一般的には，ケータイの番号やメール・アドレスは友人や知人や家族の間で教え合っている。その結果，連絡したいときに，いつでも連絡がとれるようになった。近年，日本ではPCインターネットの常時接続が普及しつつある。ただ，この場合は，ユーザーがパソコンの前にいる必要がある。それに対して，ケータイの場合は，常にユーザーが携帯しているので，電源が入っている限りいつでもメッセージが相手に届く。その意味で，ケータイは常時接続状態にあるといってもいい。その結果，ケータイさえあれば友だちや家族，恋人といつでもつながっていられるような感覚になる。

ただ，ケータイを多用するようになると，ケータイをなくしてしまうと友だちから連絡がこなくなる。特に若者たちの場合はその傾向が強い。ケータイなしには彼らの人間関係は考えられない。当初は，既存の人間関係をケータイは補完してくれるものであった。しかし，日常的なケータイ利用が進むにつれて現代人の人間関係はケータイなしには考えられなくなりはじめている。つまり，PCインターネットがオンライン・コミュニティを形成するのに対して，ケータイ・インターネットは現代人のパーソナル・ネットワークを支えているのである。

パーソナル・ネットワークは，PCインターネットにおいても存在している。それを支えているのがインスタント・メッセンジャーである。掲示板やチャットルームで親しい人ができると，インスタント・メッセンジャーを使って2人だけのチャットを楽しむようになる。インスタント・メッセンジャーとは，友だちがオンラインであればすぐにわかり，その場でメッセージを交換したり，チャットを始めたりすることができる無料ソフトである。特定の話したい相手がオンラインになった場合，その相手に向かって直接メッセージが送れるインスタント・メッセンジャーは典型的なP to Pソフトである。これまでお互いにオンライン状態であってもわからなかったが，インスタント・メッセンジャーを利用すれば，友だちがネット上のどこにいようとオンラインであるかどうかがわかる。オンラインであればいつでも連絡がとれる状態をつくってくれるインスタント・メッセンジャーは，インターネット上のケータイと考えることができるのである。

（2） 都市空間での新しいコミュニケーション・ツール

リミオン（limion）が開発し1998年に発売されたラブゲッティ（lovegety，発売：エアフォルク，2980円）は，街中で彼氏や彼女をゲットできる小型端末である。男の子用と女の子用があり，5メートル以内に接近すると音と光で知らせてくれた。さらに，それぞれ「おはなしモード（とにかくお話がしたい）」「カレオケモード（あそびに行こう）」「get 2モード（彼女・彼氏をGETしたい）」の3モードがあり，モードが同じときは光り方で教えてくれる。同じ1998年にアステルが発売したPHS「COOFY（35000円）」は，ラブゲッティと同じような機能をもっていた。「Angel Waveモード」というトランシーバーの電波を送受信できる機能があり，このモードに設定した2台の端末が150メートル以内に接近すると音と振動で知らせてくれる。相手が自分のPHSに登録している人の場合は，その人のPHSの番号が液晶画面に表示され友だちが近くにいることを教えてくれる。

1999年に無料のサイト「imaHima 今ヒマ・友ナビ」としてサービスが開始されたコミュニケーションサービス「imaHima（イマヒマ）」（イマヒマ株式会社）は，位置情報を組み合わせたモバイルコミュニティとインスタントメッセージサービスである。リストに登録している友だちに対して，自分が今「どこで」「何を」「どんな気分でしているのか」をケータイのメールやショートメッセージで他のみんなに伝えることができる。「imaHima」は2001年にNTTドコモの公式サイトに認められた。フレパーネットとアトラスが2002年に発売した「NAVIGETY（2980円）」も，ラブゲッティのような機能があり，ケータイに接続し2.5キロメートル以内にいる同じ目的の複数のユーザーとメッセージの交換ができる。

PCインターネットの出会い系サイトでもケータイ用のサイトを提供するようになった。たとえば，Yahoo! JAPANでもYahoo！モバイルの「Yahoo！プロフィール」

サービスを利用すれば同じ興味や関心をもっている人を簡単に検索することができる。世界最大の出会い系サイト「マッチコム（Match.com）」の場合もケータイ用サービス「マッチコム・モバイル（Match.com mobile）」を2003年から提供している。これらのサービスは会員登録すれば誰でも利用することが可能である。さらに，PCインターネットで人気のSNSもケータイで利用できるようになった。モバイル・ソーシャル・ソフトウェア（MoSoSo : Mobile Social Software）サービスは，米国でドッヂボール・コム（dodgeball.com）がサービスを開始し，2005年春頃から話題になりはじめた。MoSoSoでは位置情報サービスと連携しているため会いたい人が近くにいるかどうかがわかる。日本でもイース社の「すもも」やエクスグループ社の「ビーグル」など同種のサービスが次々に始まっている。PCインターネットでのSNSに比べてMoSoSoの魅力はそのスピード感と手軽さである。常時携帯し電源の入っているケータイを利用するMoSoSoでは，「友だちの友だち」のネットワークを「いつでも」「どこからでも」簡単に利用することができる。同じ傾向はPCのメーリングリストとケータイのメーリングリストを比較した場合にも認められる。PCインターネットでSNSが人気を集めてはいるが，パーソナル・ネットワークに適しているのはやはりケータイなのである。

　このように新しいモバイル・コミュニケーション・サービスが次々に登場し，都市空間はケータイによるパーソナル・ネットワークのあふれるメディア空間へと変容しているのである。

8節　「嵐の夜」から「吹雪の明日」へ

　日本では，従来とは異なる新しい電話コミュニケーションが1980年代から登場していた。それは匿名であるから親密になれるという関係を生み出した。「匿名性」と「親密性」が融合する理由は，メディア上の「匿名性」と対面状況での「匿名性」の違いにある。PCインターネットやケータイ・インターネットで人気を集めた「出会い系サイト」などでは，相手の名前などのプライベート情報を聞かないことがマナーである。そして，「匿名」であっても「仮名」を利用することによって，ユーザーはプライベートな情報を知らないまま相手を特定する。ジンメルが指摘しているように「社交」の本質はリアリティを切り離すところにある。メディア上で出会った男女は，匿名性によって現実から解放された「社交」を楽しんでいる。ただ，ギデンズが指摘する「親密性の変容」によって，現代人はメディア上での出会いに「純粋な関係性」をみいだすことになった。ただ，PCインターネットやケータイ・インターネットを利用した人間関係には違いがある。前者に特徴的な人間関係はオンライン・コミュニティであり，後者に特徴的な人間関係はパーソナル・ネットワークである。もちろ

ん，前者にも2つの人間関係を認めることができる。しかし，個人と個人をダイレクトにつなぐケータイのほうがパーソナル・ネットワークを強固にするのには適している。PCインターネットで芽生えたインティメイト・ストレンジャーとの関係もケータイによってより親密な関係へと発展していくのである。そして，近年注目を集めているMoSoSoの登場は，メディアの住人であったインティメイト・ストレンジャーを都市空間にさらに多く出現させることになるだろう。ただ，メディア上での「匿名性」と「親密性」の融合によって生まれるインティメイト・ストレンジャーを社会はどのように受け入れるのだろうか。

『あらしのよるに』では，嵐の夜に偶然同じ小屋に逃げ込み友だちになったヤギの「メイ」と狼の「ガブ」は，ある晴れた日に再会する。お互いの姿を見て驚く「メイ」と「ガブ」だったが，2匹の友情は壊れることなくさらに深まっていく。しかし，その友情は仲間には理解されず裏切り者とののしられる。群れを追われる身となった「メイ」と「ガブ」は，緑の森を目指して吹雪の山を越えようとするが，そこにも狼の群れが迫る。弱って動けなくなった「メイ」を残して「ガブ」は最後の力をふりしぼり迫りくる狼の群れに向かって走り出す。吹雪がやむと目の前には緑の森が現われた。「ガブ，森が見えるよ！はやくおいで！」。「メイ」はいつまでもいつまでも叫び続けるのだった。

「メイ」と「ガブ」が吹雪の山の向こうにあると信じた緑の森とはどのような場所なのだろうか。おそらくそれはギデンズのいう「純粋な関係性」に基づく社会なのだろう。では，現代社会は，インティメイト・ストレンジャーたちにとって緑の森なのだろうか，それとも荒れ狂う吹雪の山なのだろうか。私たちは今以上に「匿名性」と「親密性」が融合する新しい人間関係への対応に迫られることになるだろう。

第3部　実践と場所

- 7章　ネゴシエーションの場としての電車内空間
- 8章　家庭・主婦・ケータイ
- 9章　修理技術者たちのワークプレイスを可視化する
       ケータイ・テクノロジーとそのデザイン
- 10章　テクノソーシャルな状況
- 11章　カメラ付きケータイ利用のエスノグラフィー

Practice and Place

7章
ネゴシエーションの場としての電車内空間

岡部大介・伊藤瑞子

1節　日本の電車とケータイ

　日本の電車は，世界的にみて静かな空間である。乗客の多くがケータイでメールを打ったり，画面をスクロールさせたりしているが，通話をする人はまずいない。ケータイの通話やウォークマンから漏れ聞こえる音は，「静寂を保つ規範（norm）」からの逸脱とみなされる。こういった行動規範は，車内アナウンスや車内表記で保たれている側面もある。しかし，乗客どうしの微細な相互行為もまた，車内の社会秩序維持に影響している。電車内で誰かの「着メロ」が鳴ったり，誰かがケータイで通話を始めたりした場合，まわりに居合わせた人たちは，チラッと音のする方を一瞥する。ケータイでしゃべっている人の声が大きかった場合は，ひょっとしたらジロっとにらんだり，不快感を表わしたりするかもしれない。このような断片は，日本の公共交通機関において日常的に見られる光景である。かつ，諸外国に比して日本で特に顕著に見られる相互行為である。
　序文で松田も述べているように，ケータイは公共交通機関において特に評判が悪い。電車やバス以外の公共空間においても，ケータイ利用が規制されることは多々あるが，とりわけ電車内でのケータイ利用が問題視され，規制の対象となる。ただし，ケータイ加入者数が312万人（普及率1.7%）であった1993年当時は，ケータイを使っている人は，規制の対象というよりも，どちらかといえば羨望の対象であった。その後1996年から，若者層がケータイを広く所有するようになると，公共交通機関におけるケータイ利用が規制の対象となってくる。そして今日，公共交通機関利用者の間においては，「ケータイによる通話は控えるべきであり，メールのやりとりならしてもよい」という共通認識が形成されているようにみえる。
　このような公共交通機関でのケータイ利用のプラクティス（実践）は，けっして所

与のものではなく、十数年に及び社会的に確立され、維持されてきた背景をもつ。この章では、日本の電車内でのケータイ利用者のプラクティスに焦点を当て、電車内の社会秩序が、ポスターなどによる明示的な規制だけではなく、日々の相互行為によって達成され維持されているさまを記述する。はじめに調査のバックグラウンドを概説する。加えて、電車内において維持されている社会秩序の特徴と、ケータイ利用者がそれをどのように認識しているかについて、インタビューデータと電車内での観察データから示す。次に、観察データに基づき、ケータイ通話によって車内の社会秩序が「崩壊」する断片を取り上げ、そこで展開された乗客どうしの相互行為について考察していく。最後に、1990年初頭以降のケータイ利用に関する社会的な論調の変遷を概観しながら、電車内での「適切なケータイ利用プラクティス」がいかに社会的に構築されてきたのか、その背景について示していきたい。

2節　公共空間とケータイ

　公共空間のケータイ利用は、日本以外でも社会問題として取り扱われ、学術的な研究対象ともなっている。ケータイ利用の社会文化的な側面にアプローチする諸研究は、その場に関係のない「プライベートな」会話による、「パブリックな」空間への侵食に関心をおくものが多い。諸外国でも、ケータイは公共空間で維持されてきた規範を混乱させ、それまでの「都市の景観」を社会的に破壊する対象としてみなされていた。それにともない、市井の人々の公共空間におけるふるまいや共有されたマナーに対する研究が進められた (Ling, 1998；Kopomaa, 2000)。さらには、公共の場でケータイを利用する時に、「ケータイ空間」にいる通話相手と、「物理的な空間」にいる自分の周囲の人々、その両者に対する相互行為をどのようにマネージメントしているかに焦点を当てた研究がなされてきている (Plant, 2001；Weilenmann & Larsson, 2002；Ling & Yttri, 2002；Murtagh, 2002)。公共空間でケータイを利用する場合は、通話相手との相互行為に意識を払うとともに、自分のまわりの人たちにも配慮する必要があり、「二重の相互行為」に身をおくことになる。

　本章では、相互行為ベースの研究に基づき、日本の電車内という特徴的な場で、人々がどのような相互行為を行なっているか記述していきたい。公共空間におけるケータイ利用に関する先駆的な研究は上述したとおりであるが、本章ではさらに、ゴフマン (Goffman) による、公共空間における人々のふるまいに関する研究をその都度援用していく。さらに、相互行為論の視点に加えて、「テクノロジーの社会的構成 (social construction of a technology) アプローチ」(Pinch & Bijker, 1993参照)、ないしは「アクター・ネットワーク理論 (actor-network theory)」[i] (Callon, 1986；Latour, 1987を参照) の視点から、電車内でのケータイ利用プラクティスについて検討

したい。そのため，ケータイを取り巻く社会的な状況がどのような歴史的変遷をたどったか概観しながら，テクノロジーと人々のプラクティスとの関係の網の目を追う。ここでの主たる目的は，日本の電車内におけるケータイ利用に関する社会秩序が，制度化された明示的な規制と，日々の相互行為の堆積によって達成されていることを示すことにある。そのため，マイクロな相互行為，歴史的な変遷の両面から検討しながら，どのように新たな社会規範が現前し，定着したかについて検討していく。

3節　電車内ケータイ利用フィールドワークの方法

この章で用いるデータは，2002年から2003年にかけて行なったインタビューデータと観察データである。インタビューデータは，ダイアリーベースの調査において得られたものであるが，その調査方法の詳細は10章に示す。また，観察データは，関東（おもに東京と神奈川）と関西（おもに大阪）の電車内において2002年7月から2003年2月の間に行なったフィールドワークからなる。この電車内の観察は，筆者に加え，3人の学生の協力を得て行なった。通常2人1組で乗客として電車に乗り，曜日，日にち，時間帯，路線を変えながら，できる限り多様な状況で観察を行なった。観察の方法は，電車に乗り込み，そばでケータイを利用しはじめた人がいた場合に，そのコンテクスト（context）を記録するというものである。調査者は，ケータイ利用者の特徴やふるまいに加えて，その周囲の人たちの反応についても詳細に記録するよう努めた。また駅間ごとに，1車両にどのくらい乗客がいるのか見わたし，おおよその混雑状況を記録した。

4節　電車内ケータイ利用規範

観察の結果，電車内におけるケータイ通話利用頻度とメール利用頻度からかんがみて，2002〜03年時点で「通話はダメ，メールはOK」という社会規範がみてとれた。また，ケータイ利用に関して24人に行なったインタビューでも，2002〜03年当時，電車内でメールは利用するが，通話は控えていることがうかがえる。

● インタビュー1　高校生N　男，18歳，神奈川県
高校生N　電車の中でも（ケータイが）鳴っている人を見ると嫌だなと思いますね。自分は絶対マナーモードにしとくぞって思いますね。
岡部　電車の中でのメールはどうですか？
高校生N　メールはよくしますね，暇なんで。メールはまあいいでしょうと。かかってきたら，あんまり大声ではなく，一応出ます。少し気を使いますね。小さい声で。

ケータイ利用に関するコンセンサスは，この当時からきちんと確立していたようにみえるが，公共交通機関では，ポスターや車内表記，車内アナウンスなどをとおして，規制のための努力を続けていた。電車やバスでは，駅を出発するたびに「お客様にお願いいたします。優先席付近では携帯電話の電源をお切り下さい。それ以外の場所では，マナーモードに設定のうえ，通話はお控えください。ご協力をお願いいたします」というアナウンスが流される。数年前まで，車内アナウンスは，ケータイの利用全般を控えるように依頼するものから，通話を控えるように依頼するものとさまざまであったが，2003年9月に，JRと私鉄を含む17社が上述のアナウンス内容に統一した。ケータイ利用についてコンセンサスが確立した要因には，もちろん，公共交通機関におけるこのような明示的な規制によるところも大きい。

電車内における規制については，1980年代以降のウォークマンにおける騒音問題にも通ずるところがある（du Gay et al., 1997）。また，ケータイやウォークマンの利用以外にも，駅構内や電車内には，適切な行動，不適切な行動を示したポスターが貼られ，さらに，アナウンスによって適切な乗客の行動をうながす努力がなされてきた。たとえば，雨に濡れた傘が他の乗客の足元を濡らさないよううながす表記，電車のドアに指を引きずり込まれないよう注意をうながす表記，1人でも多くの乗客が座れるよう依頼するアナウンス，リュックなどは他の乗客の迷惑にならないよう網棚にのせるか，前に抱えて持つよう依頼するアナウンスなどがこれにあたる。駆け込み乗車を禁止するアナウンスは，ほぼどの駅でも繰り返し耳にする。駅で電車を降りる際にも，忘れ物のないよう確認するようううながされる。特に都市部の電車内では，このように緻密な「行為規制」がなされるという特徴がある。

5節　電車内フィールドワーク：関与と関与シールド

電車のような公共の場では，秩序を保つための公共交通機関における指示とともに，秩序を乱す者に対する乗客どうしの相互監視，相互規制，相互制裁（sanction）がみてとれる。ケータイの出現以前から，公共交通機関では，相互監視によって，ふるまいがある意味統制されていた。よって，相互監視のようなプラクティスが，ケータイ利用まで拡張されたということは特に不思議ではない。ゴフマン（Goffman, 1963／1980）を援用すれば，電車内という場は，明確な社会的場であり，場への相互関与（involvement）や，場の構築への参加が期待された空間である。期待からの逸脱に対しては，特に非言語的な表示（display）をもって，他の乗客によって注意される。

ここでは，ゴフマンにならって，通常は意識しないものの，潜在的に共有された社会秩序を可視的にするために，社会秩序から逸脱した観察事例をみていきたい。電車内という社会的な場において，ケータイの通話は，逸脱したプラクティスとして「観

察可能」である。観察調査においても，この逸脱の事例が得られ，微細ではあるが，それに対する社会的監視と制裁がみられた。

● 観察事例1　大阪　2003年2月5日12：50
　車内はやや混んでいる。カジュアルな服装の20代の女性Ａが，ドアの側に１人で立っていた。電話がかかってきたことを告げるバイブが鳴ったようで，カバンから携帯電話を取り出す。電話にでると同時に，持っていた雑誌と手で口元を隠し，話しはじめる。視線は斜め下方を向いていて，ほとんど動かない。話し声はかなり小さい。女性Ａが電話にでた瞬間，すぐ近くにいた２人がＡの方をちらりと見たが，すぐに視線をはずす。女性Ａは３分程度話し，電話を切り窓の外を眺める。

　2002〜03年に観察した事例の多くは，このようなようすであった。マナーモードに設定し，電話がかかってきたらでることも可能だが，その場合は視線，姿勢を下向きにして，小さな声で何言か伝える。上記の観察事例1の女性も，公共空間という社会的状況の崩壊を最小限にとどめようと苦心していた。またこの女性は，ゴフマンの言う「関与シールド（involvement shield）」を利用している（この事例の場合は，雑誌が関与シールド）。関与シールドとは，「否定的なサンクションしか得られないようなことがらでも安心して行なうことができるよう」（Goffman, 1963／1980）知覚を遮蔽するものである。

　この事例の場合，ケータイで通話をした女性は，電車内という社会的な場において期待されたふるまいが何であるかを自分自身が知っていることを，明確にデモンストレーションしていたし，そうする必要があった。電車内のケータイ通話は，逸脱的な行為であるのだが，だからこそ，自分が「社会秩序を知っている」存在であることを観察可能にし，周囲の乗客からの社会的制裁を少しでも軽くする必要があった。他の観察事例においても，ある乗客は，通話のために，比較的乗客の少ないエリアに移動することで，電車内という社会的な場を維持していることを「示していた」。

　電車内という社会的状況は，このような社会的表示と乗客どうしの相互行為によって構築され，維持されている。「やむを得ず」電車内でケータイ通話をしなければならない時は，自分が，乗客によって維持された状況に関与，留意していることを示し続けることが期待される。そのために，ケータイの通話への関与は，二次的（secondary）であることが，他の乗客に観察可能になるようにふるまう。もしケータイ利用者が，社会的状況に対して十分なレベルの関与と配慮を表示しなかった場合，他の乗客によって，より明示的な制裁が課せられるかもしれない。リングとイットリ（Ling & Yttri, 2002）も，ゴフマン（Goffman, 1959／1974）を引用しながら，公共空間でのケータイ利用は「二重の状況における相互行為（interacting on a double front stage）」であると示している。先述したように，この相互行為は，ケータイ利用者がケータイ空間上の会話の場と，ローカルな空間に対する双方のアカウンタビリティを

管理しなければならないことをさしている。そしてリングはさらに，社会的状況においてケータイの会話に関与する人に対して，それが場にとって「ふさわしい行為」なのか「ふさわしくない行為」なのかを示すための非言語的な方略を描いている。

　ムルター（Murtagh, 2002）も，ケータイ利用に関与する人のふるまいが，ふさわしいものであるか否かを示す非言語的な方略について言及している。彼は，ケータイ利用者に視線を向けたりすることや，顔や上半身の向きを変えるしぐさは，その場のコンテクストがどんなものである（べきなの）か，どんな行為によって「公共の場の厄介者（a public nuisance）」とみなされるのか，といったことがらに境界線を引くための「ネゴシエーション」の1つだと述べている。社会的制裁のためによく見られる非言語的なふるまいは，視線によるものである。ケータイで通話している人をチラッと見たり，ちょっとにらんだりすることは，公共の場を維持するためにとられる方略である。以下のインタビューの断片も，このことを示している。

● インタビュー2　大学生O　女，20歳，大阪
大学生O　電話で喋るのは，電車の中はひかえます。
岡部　かかってきた場合は。
大学生O　とります……
岡部　ええっと，そういう場合って，やっぱり申し訳なさそうにでるんでしょうか？
大学生O　うん。
岡部　まわりの人がちらちら見てたりするようなことって気になります？
大学生O　うーん。多分見られたらやめてそう。
岡部　ええっと，注意受けるまでってありました？
大学生O　ないです。
岡部　えっとだれか，他のお客さんが使っているのを見るとどう思いますか？
大学生O　うーん。だから，そのすまなそうに短時間やっていた人はまあ，ありかな？って思うけど，めちゃ大きい声で話す女子高生とかいたらむかつく。やめればいいのになと。

　ゴフマンは，精神科病棟の入院患者たちの，社会秩序から逸脱しているようにみえる行動を詳細に観察することをとおして，私たちがふだん自覚せずに遵守している社会秩序を記述した。それと同じように，電車内における規範や秩序を乱す小さなほころびを観察することで，そこに保たれている秩序の輪郭や境界をみることができる。以下はそのほころびの観察事例である。場に対する十分な配慮を表示せぬままケータイで通話している乗客に対して，他の乗客が数秒間視線を送るという，より強い制裁を示す。

● 観察事例2　東京近郊　2002年12月27日20：55
　車内はやや混んでいる。会社からの帰宅途中と思われる，スーツを着た40代後半の男性Bが，1人で電車のドアとドアの間に立っている。突然，その男性の携帯電話の着信音が鳴り，

すぐに男性Bは電話にでる。そして笑顔で「何だよ？うんうん…今電車の中だからまた後でかけるね」と大きな声で話す。男性から少し離れたドア付近にいたスーツを着た50代くらいの男性2人が，その男性Bに数秒間視線を向ける。その後も数回視線を送るが，男性Bは気にかけていないようす。

数回視線を送った2人の乗客は，このケータイ利用者の行為が，規範から逸脱していると解釈したのだと，筆者らには観察可能であった。しかしケータイで通話している乗客Bは，社会的な制裁を回避するための関与シールドを用いたり，状況に配慮したりするという「期待」には応じなかった。

電車内での通話に対する社会的制裁は，いかなる状況においても普遍的に一様になされるわけではない。一般的なルールは，「電車内においてはケータイの通話は控える」というものである。しかしこのルールは，状況に呼応して解釈され得るものであり，その解釈には多少の幅がある。「他の人が座れるように詰めて座る」といったような定着した規範に比べたら，電車内でのケータイ通話の禁止は，2002～03年当時，若干解釈に柔軟性があった。観察した地域や時間帯，観察対象者の年齢などといった車内の状況に埋め込まれた形で，たとえばケータイでおもむろに通話を始めても，それが相互行為上ふさわしくないものとして可視化されない場合もある。以下の観察事例は，このような状況に応じた解釈の可変性を示している。

● 観察事例3　東京　2003年1月25日19：15
　　金曜日の夜で，新宿に向かう電車のため，相当混んでいる。特に周囲に配慮したようすもなく，普通の大きさの声で話している人が多いため車内はかなり騒々しい。30歳くらいのカジュアルな服装の男性Cが，7人掛けの長いすの端から2番目に座っている。男性Cが手に持っていたケータイの着信音が鳴り，男性Cは画面をちらっと見て，（おそらく電話をかけてきた相手を確認してから）すぐに電話にでる。声は普通に会話する程度の大きさ。男性Cは周囲を気にするようすはない，また周囲の乗客も，男性Cの方に視線を向けることはない。

これまでの観察事例と対照的に，誰かのケータイが鳴り，それにでた事実があるにもかかわらず，周囲の乗客のふるまいに，制裁を課す行動は観察されなかった。観察対象とした人物は，関与シールドや状況への配慮も示していないのに，である。このケータイ利用者，そして他の乗客は，繁華街に向かう混雑した夜の電車というコンテクストに呼応する形で自身のふるまいを決定したと思われる。

6節　電車内のケータイマナーに関する歴史的変遷

1　技術の社会的構成

　ケータイ利用規範の柔軟性は，1990年代初期，中期以降，2000年以降といったような歴史の諸局面についてもみてとれる。以下では，今日の電車内における「ふさわしいケータイ利用」の社会的理解が，1990年代から現在にいたるまで，どのように歴史的に再構築されてきたかに目を向けたい。過去の新聞各社のデータベースを参照してみると，電車内でのケータイ利用やケータイマナーをトピックとした記事は1996年頃から増えはじめ，2000年下半期から2001年にかけて，そのピークを迎えている。そして，2003年頃から，電車内でのケータイマナーに関する記事は減少傾向にある。

　ここでは，1991年から2002年までの新聞記事をふり返る。そして，今日「自然に」みえる電車内のケータイ利用プラクティスが，いかに社会－文化的に構築されてきたのかについてみていきたい。そのために，ここでは「技術システムの社会的構成（social construction of technological systems）」アプローチをとる（Bijker & Law, 1992；Bijker et al., 1993参照）。このアプローチに立てば，ある技術とは，技術者が特権的に開発製造して普及するものではなく，多様な人々の視点を反映させながら，社会的に構成されるものであるといえる。そして，多様な解釈の仕方がある「解釈の柔軟性（interpretive flexibility）」（Bijker et al., 1993）の段階から，ある1つの解釈へと終結（closure）するおだやかな変化のプロセスを経て，新しい技術は構築されると考える。新しい技術に対する多様な解釈が1つの解釈へと収束する過程は，ケータイという技術においても同様にあてはまるだろう。ケータイの意味，もしくは電車内でのケータイ利用の意味も，あらかじめ決まっているわけではなく，多様な社会的アクターの存在と密接にからみ合いながら達成されていく。

　このような技術に対する「解釈の柔軟性」から「終結」へのプロセスについて，バイカー（Bijker）らの「自転車の技術史」の研究をなぞりながら紹介したい。彼らは，自転車という1つの技術に対してさまざまな意味づけをする社会的アクターに着目し，このアクター間のネゴシエーションをとおして，自転車という技術の意味や形態が徐々に安定していく過程を描いている。さて，最初に登場した自転車は，前輪が大きく後輪が小さいデザインのもので，サドルが高く危険をともなうものであった。当時の自転車を取り巻く中心的な「社会的アクター」は若い男性であり，自転車は「スポーツの道具」として広く受け入れられた。この頃，一方で女性も自転車に関係する社会的アクターではあったのだが，安全性が重要視されていない自転車は女性に

とって「不便な乗り物」であった。つまり，社会的アクター間で，同じ技術に異なる解釈が付与されていたのである。

　ここで，バイカーらは，女性（や年配の男性）が，自転車に関係する「ふさわしい」社会的アクターとしてみなされていく過程に注目する。自転車製造企業にとっては，次の自転車マーケットとして女性を無視できず，結果，スピードだけではなく，安全面にも配慮した自転車のデザインに対する議論がおきる。そして最終的に，大きな前輪をやめ，エアタイヤをつけた安全な自転車のデザインへと統一され，終結していく。この安全な自転車は，スポーツの道具として自転車に乗っていた男性にとっては，嘲笑の対象となるようなデザインであったようである。しかし，実際はエアタイヤ付きの自転車は，それまでのタイプの自転車よりも速く走れるものであったため，ほどなく若い男性にも受け入れられた。ここで，「安全」を求める日常的な利用者と，「スピード」を求めるスポーツ目的の利用者双方に関わる問題が解決され，今日目にする自転車のデザインが出現することになるのである。

　本章では，公共交通機関におけるケータイ利用に関する意味が展開し，安定化していく過程にも，これと同様のモデルをあてはめられると考える。電車内におけるケータイ利用に関していえば，ビジネスユーザーから，若者，そしてより一般へと，ケータイに関係する社会的アクターがシフトするなかで，さまざまな論争を経て，しだいに現在の社会的コンセンサスが得られるようになってきたといえよう。

2　社会的アクターとしてのビジネスユーザー

　序文で示されているように，90年代初期は，ケータイ利用が一部の「エグゼクティブ」なビジネスマンに特化されており，高価なケータイは一種のステイタス・シンボルとなっていた。中村（2001c）は，携帯電話の発展段階を3段階に分け，その利用者層や特徴，イメージを分類している。これに従えば，1995年までの期間は「業務期」であるとされ，利用者の約9割がビジネスユースであるという記事もある。その後価格が下がり，急激なダウンサイジングも進むのだが，それでも「大人の男の持ち物」という匂いのするデザインばかりであった。よって，女子高生やOLは，おもにはポケベルを愛用していた。

　序文にも示されているように，1990年代前半のケータイは，「かっこよさ」「仕事のできる男」といった文化的な意味とリンクしていた。JR東日本がケータイの利用を規制する車内アナウンスを開始したのは1991年である。当時はおもに，新幹線を対象に「携帯電話はデッキでご使用ください」と呼びかけていた。この年の新聞記事をみると，ケータイを取り巻く社会的な論争が起こりつつある当時のようすがわかる。

　　　　みなさんも見かけたことがありませんか。携帯電話を手にさっそうと街角を歩

いたり，話している姿を。（中略）…「元来電話は，店の中でも他人の目や耳が気にならない場所，迷惑のかからない奥まった場所にあるもの。わざわざ騒がしい，人目の多い所でかける必要があるのでしょうか。やはり時と場所をわきまえるべきでは。また，ファッションかもしれないが，手に持ち歩くのもちょっと…」（中略）…（この）ような意見は少なくないようで，JR東海は新幹線で「座席での携帯電話のご利用は周りのお客様の迷惑になることがありますので，ご面倒でもデッキでお願いいたします」との車内放送を流しています。（以下略）

（『読売新聞』1991年9月11日）

この当時は加入者数も少なく，ケータイを持って街中を闊歩する人の方がマイノリティであった。しかしそれでも，少しずつではあるが，上記の新聞記事にもあるように，公共空間でのケータイ利用に対する監視の目がではじめている。

3　論争の勃興

電車内におけるケータイ利用マナーに関連した記事が増加するのは，ケータイの普及が飛躍的な伸びをみせていく1995〜96年頃からである。1996年12月時点での加入数約1816万台，人口の約14％である（より詳細な数字は，序章参照）。1995年にケータイの加入者数がポケベルのそれを上回り，ユーザー層も広がりをみせている。ケータイやPHSの使用方法も多角化し，女子高生のケータイ利用スタイルに注目が集まってくる。以下に示す新聞記事が，当時の社会意識を示している。

夜8時過ぎ，会社からの帰途，電車の中で突然，携帯電話の呼び出し音が聞こえてきた。退社時間でもあり，混雑していたので姿は見えないが，女性が話し始めた。静かだった車内が，電話のせいで落ち着かなくなった。聞きたくもない会話が否応なしに耳に入ってくる。わざわざ電車内で電話をかけなくてはならないほど，緊急性のある内容でもない。他愛もない話を延々と続けている。（以下略）

（『読売新聞』1996年5月9日）

NTTドコモから，バイブレーション機能のついた「デジタル・ムーバF101HYPER」が発売されるのが，1995年12月のことであるので，この当時は音で着信を知らせるのが通常であったと思われる。そのため，ケータイで会話することへの不快感と同時に，着信音に対しても周囲の乗客が不快感を示していることがみてとれる。この頃から，電車内でのケータイ・マナーを指摘する声があがりはじめ，「電車内での迷惑行為」のランキングに「ケータイ」がその姿を現わすようになる。

4 新たな社会的アクターとしての若者：論争からコンセンサスへ

　このような風潮や相次ぐ利用客からの苦情を受けて，鉄道会社側も1997年頃からその対応策に追われることになる。1997年というと，各キャリアがショートメール・サービスを開始した時期である。また，1999年2月にはNTTドコモがiモード・サービスを展開し，若者を中心に一層テキストでのコミュニケーションが増加していく。先の中村（2001c）の分類をみても，この時期（1995～1999年）の利用者層の中心は若者である。そして，ケータイが「社会悪」というディスコース[ii]で語られることが増えてくる時期である。これに伴い，電車内など公共空間におけるケータイマナーの悪さと，「若者」が結びつけられて批判的に語られるようになった。公共の場でのマナーに関する苦情や，啓蒙キャンペーンに関する新聞記事が増えはじめたのも，1995年頃からのことである。

> 　勤め帰りの電車の中でのこと。大学生とおぼしき若者が大声で長々と携帯電話をかけていたので，注意をした。ところが，この若者は「変なおじさんによう，いま言葉をかけられてさ……」と電話口でうそぶき，そのまま話を続けたのである。（中略）彼は次の駅で降りるまでついに電話を切らなかった。（以下略）
> （『読売新聞』1997年12月26日）

　ケータイがビジネスマンに特徴的なものから若者と関連付けて語られるようにシフトしていくにつれて，公共空間での規制の努力も進展してきた。ただしこの頃はもっぱら，電車内でのケータイ利用を全般的に排斥する風潮が強く，鉄道各社もまたそのように行動をうながすようアナウンスしていた。これは「適切な」ケータイ利用についての「自然な」結果というよりも，むしろ，当時の「若者」という新たな社会的アクターとの関係で構築された社会的秩序である。ケータイを利用する若者，若者に対する大人の視線，鉄道・バス会社などといった社会的アクター，そして公共交通機関でのポスターやアナウンス，マスメディアの論調，ケータイの技術的変化…これらのハイブリッドな相互作用の結果として，当時の一時的な社会的秩序が達成されたのである。

5 新たな社会的アクターとしてのペースメーカー利用者

　ケータイの加入数は，2003年3月末現在で8111万8千台，日本国民の3分の2がケータイを持つようになった。ここで2001～2002年にかけて，「ペースメーカー利用者」という新たな社会的アクターの登場を迎える。それまでは，「ビジネスユーザー」「若

者」そして「ケータイの雑音を嫌う乗客」などが社会的アクターとしてみてとれた。ペースメーカー利用者は、早くから車内でのケータイ利用パターンに関する十分な社会的アクターとはなり得ていなかった。ある意味、ペースメーカー利用者は社会一般にとっては不可視であり、明確に擁護されるまでにはいたっていなかった。電車内でのケータイ利用規制に関連して、ペースメーカー利用者が社会的アクターとなり得たのは、比較的最近である[iii]。2002年の新聞記事の抜粋をみてみよう。

　　携帯電話の普及につれて、仕事上の連絡などで、電源を切ることはできないと考えている人も増えてきているように思います。(中略)携帯電話については、そこから発せられる電磁波が心臓ペースメーカーの誤作動を引き起こすおそれが、以前から指摘されています。首都圏の大手私鉄の中には、偶数車両は電源オフ、奇数車両は通話は禁止だが、マナーモードなら電源を切らなくてもかまわないというルールを定めて、乗客に協力を呼びかけているところもあるそうです。(以下略)　　　　　　　　　　　　　　(『読売新聞』2002年8月29日付)

　実際には、既に1990年代中頃の新聞紙面でも、ペースメーカー利用者へのケータイ電磁波の影響に関する記事は散見された。その後2001年頃から、電車内でのケータイ利用の意味を問うなかで、「ペースメーカー利用者」が、関連する社会的アクターとして可視的になった。ペースメーカー利用者という社会的アクターへの配慮が社会に適用されることで、それまでの「マナー」の問題を越えて、生命を脅かす可能性のある、より「重大な」こととして問題が再編される。ここに再度、電車内ケータイ利用に関する「解釈の柔軟性」のフェーズが生じる。
　1997年頃から2001年にかけて、電車内における適切なケータイ利用に関する解釈は終結し、コンセンサスを得た安定したプラクティスが形成されたようにもみえる。しかし実際は、このように、私たちは新しい社会的アクターとの関係において、日々のプラクティス、公共空間に対する認識、そしてアナウンスなどによる制度的な規制の内容について変更を重ねる。ある意味、社会秩序のコンセンサスは常に一時的なものでしかない。
　当時、ペースメーカーとケータイという2つの技術の関係には不透明な部分もあった。そして、ケータイを使う乗客、ペースメーカーをつけた乗客、鉄道会社間のネゴシエーションによる電車内ケータイ利用の是非は、再度不安定な状態におかれた。ケータイ以外の「電車内における適切なふるまい」の歴史もそうであるが、社会秩序というものは、日常の相互行為、制度的な方針、ディスコースをとおして社会文化的に構築され、維持されていくと考えられる。科学的な事実、理論、実践の構築について論述するフジムラ(Fujimura, 1996)の言葉を借用すれば、「諸々の解決方略は、短命かもしれないし、長期間に渡るものかもしれないが、だとしてもそれらが普遍であ

ることはまずない。たとえ，社会的な合意のもと維持が求められたとしても」となる。

7節　まとめ：ネゴシエーションの場としての公共空間

　電車のような公共空間は，ハラウェイ（Haraway, 1991）のいう意味でのサイボーグ（cyborg）どうしのネゴシエーションの場である。ここでいうサイボーグとは，ロボットやSFに登場する人造人間のような意味とは異なる。ハラウェイは，私たちの身体は，どこまでが「自然の」身体で，どこまでがテクノロジーであるかを明確に区分できないとする。8章において，土橋は，洗濯機や掃除機などのテクノロジーと「主婦」の不可分性を挙げて，社会技術的な存在としての「主婦」に言及しているが，これは「私」自身にもあてはまる。ハラウェイに従えば，今原稿を書いている「私」を考えるとき，視力を補うメガネ，記憶装置としてのコンピュータといったテクノロジーと分けることはできない。このことは，離れた人とのコミュニケーションを可能にするケータイ利用者や，ペースメーカー利用者にもあてはまる。

　電車内のケータイ利用者とペースメーカー利用者は，異なるサイボーグ体であり，サイボーグとしての異なるふるまいを構成する。ケータイを持つサイボーグなくして，また，ペースメーカーを利用するサイボーグなくして，電車内でのケータイ利用の問題は考えられない。この意味で，電車内のケータイ利用は，異なる「社会技術的統一体」（8章）間のネゴシエーションとしても位置づけられる。ハラウェイの主張するサイボーグ論は，ある現実の成り立ちを構成するハイブリッドな関係の網の目へと私たちを誘う。このようにみれば，電車内という場は，組織（新聞社，鉄道会社など）や，科学的事実（電磁波がペースメーカー利用者に与える影響や，若者のケータイ利用社会調査など），そして（ケータイ，ペースメーカーなどの）テクノロジーとが一体になった多様な社会的アクター，これらが織りなす政治的なプロセスである。

　また，1章で藤本が述べているように，女子中高生と中年の男性間の「パラダイム衝突」へと発展する歴史的，文化的な動きは，電車内のような公共の場で生じている。藤本によれば，公共空間における「テリトリー」を構築するために，女子中高生はケータイというテクノロジーと同盟を組み，中年の男性は新聞というテクノロジーと同盟を組んだ。ケータイでおしゃべりする女子中高生と，新聞を読み耽る中年男性の衝突は，電車内ケータイ利用を取り巻くネゴシエーションにおける2つの社会的アクターとのコンフリクトと同じである。

　本章では，歴史的なプロセスと，日々のやりとりに埋め込まれたものとして，新しいテクノロジーの利用を規制する複雑なポリティクスを描いてきた。このようなポリティカルなやりとりの結果，ネゴシエーションの網の目のなかにいる社会的アクター

は，状況に応じて変化していく。そして，ケータイはその都度新しい意味を獲得していく。2002〜03年頃，ペースメーカーユーザーが新たに可視的になり，重要視され，鉄道・バス会社は健康，福祉の問題に取り組む責任を負うことになる。1996年頃には，若者とケータイによる「マナー違反」を結びつけることで，世代間の対立関係が活性化した。このように，日本の公共交通機関という特徴的な場でなされるネゴシエーションと相互行為の網の目を分析することをとおして，新しい技術を，日々再編される社会文化的なエコロジーに定着させていくことが，いかに複雑なプロセスであるかが示されるだろう。

注）

　本章で紹介した資料や調査データの収集は天笠邦一氏，千原啓氏，谷口浄子氏と協同で行なった。彼らの助けと彼らとの対話がなければこの調査はなし得なかった。

i）　アクター・ネットワーク・セオリーでは，人間と人工物のいずれも，社会技術的なネットワークとネゴシエーションにおける潜在的なアクターとして取り扱われる（Callon, 1986；Latour, 1987）。

ii）　ジー（Gee, 1990）に従えば，ディスコースとは，発話や行為の拠り所となる価値観や視点を内包しているという特徴をもつ（當眞，1997）。

iii）　郵政省，運輸省，業界団体による「不要電波問題対策協議会」の調査では，心臓ペースメーカーの22cm以内に携帯電話を近づけると誤作動を起こす可能性がある。ペースメーカーは，全国で不整脈の患者ら約30万人が使用している。

8 章

家庭・主婦・ケータイ

ケータイのジェンダー的利用

土橋臣吾

1節　はじめに

　日本におけるケータイの普及は，当初のビジネス利用を目的とした企業での導入などを除けば，若年層の利用が先行するかたちで進展してきた。現在ではより幅広い年齢層への普及も進んでいるが，それでもなお，20代をピークとした若年層の利用率は他の層を上回っている[i]。普及が本格化した1990年代半ば以降，ケータイはさまざまな場でさまざまな議論を引き起こしてきたが，おそらくはこうした状況を反映して，それらの議論の多くも若者の利用を念頭におくものだった。ケータイと若者，ケータイと若者文化という話題は，人々の会話のなかで，テレビ，雑誌，新聞といった各種メディアのなかで興味深い話題として語られてきたのである。

　容易に推察されるように，そうした言説の多くが関心を向けるのは，ケータイによる若者の変化であり，その新奇性である。実際，ケータイによる友人関係の変容，消費行動の変化といったものから，出会い系サイトの利用と非行といったものにいたるまで，ケータイと若者の変化に照準をあてる言説は枚挙に暇ない。そこでは，肯定的であれ，否定的であれ，ケータイを利用する若者という存在が，いかに既存の社会関係，社会秩序，慣習，文化にとって新奇な存在であるかに関心が向けられるのである。もちろん，こうした言説がどこまで正確な現実を伝えているかについては疑わしい部分もあるが，実際にケータイがきわめて短い期間で，急速に日本の若者に浸透したことは事実であり，ケータイの登場以降，日本の若年層のコミュニケーションが何かしらの変化を経験してきたこともまちがいないだろう。

　だが，ここで注意すべきは，若者の変化を中心に語られる際に強調されるこうしたケータイの現状変革的な性格は，すべての利用者にあてはまるわけではないという点である。ケータイに限らず，あらゆるテクノロジーの影響はすべての利用者に等しく

及ぶわけではない。それは、利用者の社会的位置によって大きく変わるし、利用の具体的な文脈によっても大きく変わり得る。より正確にいえば、ケータイの影響として立ち現われる事態は、実のところ、ひとりケータイによってもたらされたものではなく、むしろ、ケータイというテクノロジーと特定の社会的位置におかれた個々の利用者のふるまいが相互作用するなかで、それぞれに「特定の帰結」が導かれた結果なのである。端的にいうなら、若者におけるケータイの姿は、若者という特定の利用者において導かれた「特定の帰結」なのであり、異なる社会的位置を占める利用者にとってはまた別の話があり得るというわけである。

だとすれば、その利用者の社会的位置によっては、現状の社会関係や社会秩序を変えるだけではなく、同時にそれを維持・強化するようなかたちでケータイの影響が顕在化する局面も十分に考えられるはずである。本章でみるのはまさにそうした局面であり、以下ではそれを、家庭という文脈における主婦のケータイ利用を通じて検討していく。もちろん、主婦におけるケータイ利用の姿もまた、若者のそれと同様に、特定の利用者における特定の帰結にすぎず、あらゆる意味において一般化することはできない。だが、ケータイの社会的影響をより精緻にとらえていくためには、さまざまな社会的位置におかれた利用者のさまざまな利用状況を知ることがまず必要であり、これまで論じられることの少なかった家庭の主婦へ焦点を当てることは、その意味で何かしらの意義をもち得るであろう。

次節以降で詳しく検討するように、本章で依拠するのは、ケータイや他のメディアの家庭空間における利用状況を探るために実施されたインタビュー調査であり、そこでの主婦の語りからは、ケータイが主婦の社会的役割を強化し、家庭のジェンダー的な秩序を再生産していくプロセスをみてとることができる。だが、具体的な調査結果の検討に入る前に、次の2節ではまず、家庭という場、主婦という存在に着目することの含意をより具体的に明らかにすることで、議論の見通しを確保しておきたい。そのうえで、3節以降、具体的な調査の知見に依拠しつつ、主婦が家庭におけるみずからの活動のなかで、さらには家族という社会関係のなかで、ケータイという存在をいかに意味づけ、位置づけているのかを検討していくことにしよう。

2節　テクノロジーと家庭, テクノロジーと主婦

文字通り、携帯し、外へ持ち歩くためのメディアであるケータイを、あえて家庭という場との関連で考えるのは奇をてらった試みにみえるかもしれない。だが、図8-1に示すように、2001年の調査によれば、ケータイの利用場所は通話・メールともに「自宅」が第1位であり、家庭はケータイ利用の主要な場となっている（モバイル・コミュニケーション研究会, 2002）。これには、一般に人が最も長い時間を過ごすの

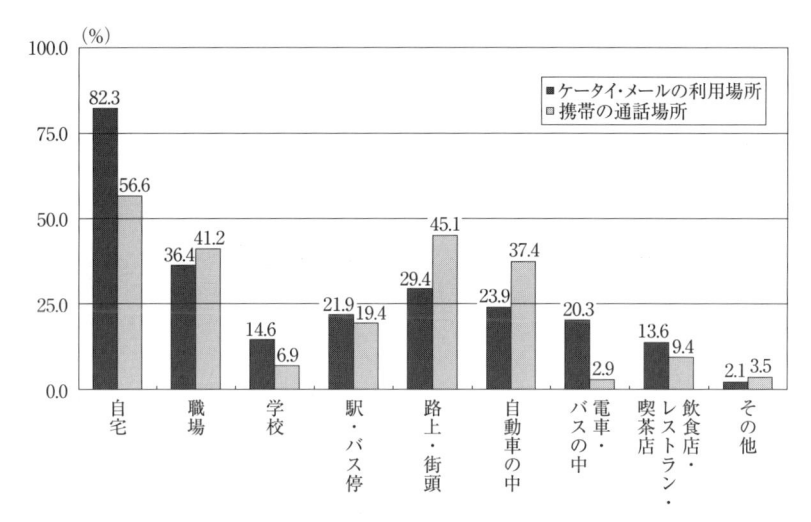

図8-1 ケータイ，ケータイ・メールの利用場所
(モバイル・コミュニケーション研究会, 2002)

が「自宅」である，という単純な事実の反映にすぎない部分もある。だが，それでもこうした調査データは，家庭という場が私たちの社会におけるケータイのあり方を考えていくうえで，無視することのできない領域であることを示している。ケータイが私たちの社会にいかなる存在として定着しつつあるのかを正しく理解するためには，移動中や外出先，街中での利用といった典型的かつ可視的なケータイの姿だけでなく，相対的に不可視でありながらも活発に利用されている家庭でのケータイの姿へも目を向けなくてはならないのである。

だが，ここで重要なのは，ケータイが家庭でも活発に使われているという事実それ自体ではない。むしろ考えておきたいのは，家庭という場との関係でケータイをとらえていくときに，具体的にどのような論点が開示されるのかという点である。では，そもそも家庭とはいったいどのような場であろうか。ここでは1点だけ確認しておきたい。すなわち，家庭という場は単なる物理的空間には還元できないという点である。家庭は物理的空間であると同時に社会的・文化的な空間であり，そこにはさまざまな価値や規範，ジェンダーや世代をめぐる権力関係が埋め込まれている。また，家庭という場は不変の安定的な存在としてあらかじめそこにあるわけではなく，そうした価値や規範や権力関係を媒介に常に構築・維持され続けていく必要がある。つまり，家庭空間とはその内部にさまざまな社会的力学が重層する場なのであり，そうした力学を通じて初めて成立する空間なのである。

多くの研究が明らかにしてきたように，こうした家庭空間の力学は家庭への新たなテクノロジーの導入に際しても強力に作用し，たとえばR. シルバーストーンら (Silverstone et al., 1992 ; Silverstone & Haddon, 1996) はそれを「テクノロジーのドメスティケーション (domestication)」という言葉で表現している。シルバーストーンらによれば，公的領域で生産され，意味づけられたテクノロジーは必ずしもそのままのかたちで家庭に受容されるのではない。テクノロジーは家庭という私的領域へ浸透するなかで，公的領域におけるそれとは異なる独自の意味を付与され，それぞれの家庭の価値や規範に適合するように再構成されるのである。家庭という文脈を考慮に入れるのであれば，ケータイについてもまず問われるべきはこの点だろう。ケータイという新たな存在が家庭という場でいかに意味づけられ，いかに再構成されていくのか。また，それが家庭の構築と維持にいかに寄与するのか，しないのか。単なる物理的空間ではない社会的・文化的空間としての家庭を考えるなら，ケータイについてもこうした問いが必然的に浮かび上がってくる。

では，家庭のなかでも，なぜ特に主婦なのか。もちろん，家庭におけるケータイを考えるときに，主婦だけが特権的に重要な存在であるわけではない。だが，それでもいくつかの理由を挙げることはできる。第一に，これはそれ自体がジェンダー的な不均衡に他ならないのだが，一般に主婦は家庭の維持に関して他の家族よりも大きな役割を期待されている。家事や育児，その他の家族関係の維持に関わる活動は，社会的に構造化された性別役割分業を通じて，主婦という立場へ不均衡に配分されているのである。それゆえ，ケータイがそうした主婦の社会的役割との関係でいかに利用されているのかをみることは，家庭におけるケータイの位置づけを知るうえで，1つの重要な手がかりとなる。おそらくは，他のすべてのメディアもそうであるように，ケータイは家庭の共同性，家族の紐帯を強めることも弱めることもできる。だとすれば，家庭の維持への役割期待を担わされた主婦が，そうしたケータイの両義性にいかに関わっていくかという問題は，家庭という場におけるケータイの意味を探るうえで重要な問いだといえるだろう。

第二に重要なのは，歴史的にみても女性あるいは主婦は新たなテクノロジーの日常生活領域への導入に際して大きな役割を果たしてきたという点である。典型的なのは，ケータイに先立って長い歴史をもつ固定電話の歴史だろう。アメリカにおける電話の社会史を書いたフィッシャーが詳細に検討するように，その初期において，電話はビジネス目的の道具的なメディアとして意味づけられており，電話産業にとって，家庭は事務所や店舗に比べて二次的な市場にすぎなかった (Fischer, 1992, Pp. 65-69)。また，その普及当初，電話のコンサマトリーな利用はある種の誤用とみなされ，家庭の主婦を中心になされる電話での「おしゃべり」は，電話の不適切な利用法とみなされもしたのだった (Rakow, 1988)。ところが，こうした主婦の電話はその後も広がり続け，結果的に女性の社交性目的の電話利用は，電話が社会的に「ありふれた存在」になるプロセスで重要な役割を果たすことになる (Fischer, 1992, Pp. 182-188)。実際，アメリカの電話産業は1920年代以降，そうした社交性目的の利用をあて

こんだ広告を大規模に展開するのである。

　松田が指摘するように，こうした歴史にみてとれるのは，「電話の使い手としての女性たちの日常的な実践が電話というメディアの『性質』を変化させた」という事実である（松田, 1996c, p.199）。つまりそこには，産業的に付与された電話の公的な意味が，女性あるいは主婦の私的な利用を1つの媒介として変容し，電話が家庭を中心とする日常生活領域に適合的な存在へと再構成されていくプロセスをみることができるのである。同様の含意をもつ歴史は，ラジオやテレビあるいは家電などのテクノロジーについても指摘することができるが[ii]，そうした歴史は家庭への新たなテクノロジーの導入に際して，主婦がきわめて重要なアクターであったことを示している。現在のケータイについていえば，主婦層への普及は他の層に比べてまだ相対的に低く[iii]，同様の歴史が生じるかどうかは今後の展開しだいである。だが，当初はやはりビジネスマンを中心に，そしてその後，若者を中心に広がったケータイの社会的位置づけが今後変化していくとすれば，その変化の担い手として主婦という存在をやはり想定しておく必要があるように思われる。

　さて，以上の検討をふまえて，以下では具体的な調査結果に依拠しつつ，主婦のケータイ利用のあり方を考察していく。調査は，ケータイを含むいくつかのメディアの家庭における利用状況をとらえようとするものであり，パソコン，インターネットなども含めた，近年のデジタル情報化の趨勢を念頭においている。調査は2002年4月に開始され，本章執筆時点で，約20世帯へのインタビューを完了し，現在も継続中である[iv]。こうした調査のデザインを反映して，以下では，おもにケータイとパソコンとの比較を分析の軸にしていくが，これは1つには，iモード以降のケータイがインターネット接続という点において，パソコンと代替的な関係になっているからである。また，ケータイとパソコンは同時期に家庭に導入されることも多く，家庭における両者の意味づけの違いがいかに生じるのかをみることで，ケータイの位置づけをより明確に理解できる。いずれにせよ，重要なのは，ケータイという技術的な存在が，主婦という社会的な存在といかなる関係を切り結ぶのかという点であり，以下ではそれを，家庭における主婦の活動，家族関係のマネジメント，ケータイへの所有の感覚という3点において検討していく。

3節　主婦の活動の流動性とケータイの可動性

　家庭における主婦のケータイ利用を理解するうえでまず重要なのは，家庭でなされる彼女らの活動がしばしば複線的で流動的なものであるという点である。家事・育児という仕事を想起すれば容易に理解されるように，そこには複数の活動の同時並行的な流れがある。しかも，そうした家事・育児の活動は，他の家族の生活リズムに大き

く影響されるものであり，自由時間が量的に確保されている場合でも，主婦が常に自分の意図通りにそれを利用できるとは限らない。それゆえ，多くの主婦にとって，1つの場所で1つの活動に長時間専念することは必ずしも簡単なことではなく，彼女たちのメディア利用もそうした要因に枠付けられていくことになる。そして，多くの主婦のインフォーマントは，ケータイをそうしたみずからの活動のリズムに親和性の高いメディアとして認識し，その点において，それを高く評価していく。たとえば，育児をしながらのメール利用に関する次のような事例は，この点を明確に意識したものだといえるだろう。

【Aさん　30代】
　パソコンは子どもが生まれてからはまったく使ってません。仕事を辞めて，きっと家でもパソコンはできないだろうと思ったので，メールをこちらで（ケータイで）とるようにしました。（子どもがいると）今みたいに動き回るし，開いていると必ず触りにくるし。だから，メールはもうこれで。（子どもが）寝てから夜（パソコンを）やればいいんですが，くたくたになっている頃だし，それと，夜泣きがいまだにあるから，ちょっと夜は厳しい…だから，そうですね，いつでもできるように，そのために。パソコンだとやっているうちに子どもがまた動くし。だから，今私にとってはケータイがないとメールができない，他の人と連絡がとれない。[v]

こうした事例は育児以外にも家事一般との関連でしばしば語られる。今回の調査では，日常的なメールのやりとりの手段としてケータイよりもパソコンを好む主婦はほとんどみられなかったが[vi]，その理由の多くは，上に引いた事例同様，家事や育児をしながらの利用を考慮してのものであった。だとすれば，ごく単純でありながらきわめて示唆的な事実として，家庭という，いわゆる「移動」をともなわない空間においても，「モバイルであること」が重要な意義をもち得ることを指摘できるだろう。主婦にとって，ケータイの携帯性がもつ意義は，単に外出時に持ち歩けるというだけではない。それは，他のことをしながら（たとえば，子どもを目で追いながら）同時並行的に使うという利用スタイルを可能した点においても重要な意義をもつのである。

こうした知見はきわめてささいなものにも思えるが，それは，多くの主婦のメディア選択において決定的に重要な意味をもっている。これについては，主婦が家庭でパソコンを使おうとするときに，しばしば以下のような空間的アレンジを求められていたことを考えればより明確に理解できるだろう。

【Bさん　60代】
　新しいパソコンを入れたのがたまたま家を建てかえたときだったから，最初から置き場所はここって決めて。台所っていうかな，キッチンにおいてあるの。で，やりながら，夕飯の支度なんかしながら，あ，ちょっとメール見るかなっていう感じ。……だから，日常的だよね。前はね，寝室においてあったの。……だから今の方がそういう意味では気軽に使ってるかしら。ちょっと何かやりながらやるには，そのほうが。いちいち向こうの部屋までいってとかじゃなくって思って，最初からそこにおいたの。

今回の調査では，主婦の利用をきっかけに，ここで語られているようなパソコンの再配置がなされるケースがいくつかの世帯でみられた。ごく単純な事実として，パソコンであれ，他のものであれ，テクノロジーを日常生活の中で使いこなすためには，それを自らの日常的な動きのなかに取り込むことが必要になる。ここで語られている，パソコンの置き場所に関する工夫などは，その典型的な事例だといえるだろう。いうまでもなく，ケータイはそうした問題をあらためて考える必要のないテクノロジーであるという点で，パソコンと対照的であり，その意味で，流動的で複線的な動きを要求される主婦にとって，きわめて適合的なテクノロジーとなるのである。

さて，こうした動きの流れや機器の配置に関わることが空間的な要因だとすれば，ケータイのフレキシビリティは，時間的な側面からも評価されている。たとえば，パソコン経由のインターネットに対するケータイ・インターネットの優位性を指摘する次のような発言は，ケータイがパソコンに比べて，時間的にもフレキシブルに利用可能であることを意識したものである。

【Cさん　30代】
　iモードもよく見ます。それは暇つぶしというか，なんということなく，いろんなところを。着メロと待ち受け画面と本を検索して買ってみたり。あと良く使うのは，スポーツの速報みたいのを見てみたりとか。暇つぶしですよね。なんとなく暇つぶしで使っちゃう感じですね。パソコンの暇つぶしは，なんかちょっと本気な，本気な暇つぶしって感じで，このケータイのやつは，なんでもいいから適当に，誰か来たらピッと切っちゃえっていうか。ほんと2，3分の気が向いたときに。……パソコンの方は使うときで週2回くらいで，使わないときは月1回とか。

あるインフォマントは，家庭でのパソコンの使いにくさを語る際に，家事との関係で自らの時間が細切れになっていることを指摘したが，そうした細切れの時間へのケータイの組み込みやすさは，主婦としての彼女らにとって大きな利点となっている。もちろん，その時々の利用目的にもよるが，一般に，パソコンでインターネットを有意味に利用するためには，ある程度まとまった時間が必要になる。それに対して，iモードなどのケータイ・インターネットの利用は細切れの時間の中でも，場合によっては何かしらの有意味な利用が可能である[vii]。語られているように，どちらも暇つぶしとして利用可能なメディアであるが，その暇もまた細切れであるとき，その短い時間を何かしらの満足で埋めてくれるメディアとして，ケータイのインターネットはパソコン経由のそれとは異なる意味をもつのである。

また，メールの利用についても，ケータイとパソコンではそのリズムが異なり，ケータイの方が彼女らにとって適合的である場合が多い。典型的なのは，以下のような，ある程度の即時性を求める「短い用件」に際してのメール利用であり，そうした場面では，ケータイ・メールは明らかにパソコンよりも有利である。実際に，家事や

育児という，一日一日を単位とすることの多い活動においては，そうした即時的なやりとりが必要なことも多く，そうした意味でも，主婦の生活へのケータイの組み込みやすさを指摘できる。

【Cさん　30代】
　今日晩御飯いる？とか，そういう短いやつ，今日何時？とか，そういうわざわざパソコン立ち上げるまでもないような，短い用件が多いので。……あとは，ご近所さんと何人かで遊ぶんだったら，1件ずつ電話するよりも，まとめて「今日何時頃公園いかない？」って送っちゃうとか，短い文章を。そういうのは，パソコンのメールだったら絶対打たないですね。

【Dさん　30代】
　パソコンはめったに開かない。だって，タイムリーに話ができないから。向こう（夫）はずっと（仕事場の）パソコンの前にいてずっと見てるから，こっちはケータイで。たいしたことは言わないけど。パソコンも使うことはありますけど，わざわざこう電気いれなきゃいけないから，こっちは入ってくれば鳴るから，あ，来たなってやって，それで返せるからついついこっち使っちゃいます。

　以上のようなケータイの優位性をみるならば，とりあえず，ケータイは多くの主婦にとって，その活動を支援するエンパワーメントのメディアであるといえるだろう。だが，この点についてはまた別の評価もあり得る。というのも，ケータイが主婦の活動を支えるというとき，それは一方では，ケータイによるジェンダー的な不均衡の再生産とみることもできるからである。みてきたように，ケータイは主婦が現状の役割をこなしながら，メールやウェブを利用することを可能にしている。だが，実のところ，それは同時に，パソコンであればその利用をめぐって表面化せざるを得なかったはずの主婦の不利な状況（細切れの時間）が不可視化されることでもある。うがった見方をするなら，ケータイは家事や育児の流れにうまく適合するがゆえに，逆に主婦の細切れの時間を細切れのままにしておくことに加担し，それによって，従来からの性別役割分業を温存していくのである。このことは，ケータイをみずからにふさわしいメディアとして選択する主婦が，同時に家庭でのパソコンの利用を断念することがある点に端的に現われている。

　もちろん，こうした一連のプロセスは，当事者にとっては明らかに積極的な選択としてなされている。だが，重要なのは，その積極的な選択が，あくまであらかじめジェンダー的な不均衡をはらんだ社会的役割の内部での選択であるという点である。実際，次節でみるように，主婦のインフォーマントがケータイで頻繁にやりとりをする相手は，多くの場合家族であり，そこでの彼女らにとってのケータイは，新たな社会関係や活動を開くツールというより，むしろ家族関係の維持という既存のジェンダー秩序のなかでの主婦役割を果たすためのツールになっている。冒頭で述べたように，ケータイをめぐる言説の多くは，その現状変革的な側面を強調してきた。だが，ここ

でみてきたように，また以下でさらに検討するように，主婦におけるケータイは必ずしもそのようなものではない。それはある局面において明らかに，既存の秩序体系をなぞりつつ，それを強化するかたちで利用されるのである。

4節　家族関係のマネジメント

　こうした論点は，ケータイがとりわけ親子関係のなかでいかに利用されているかをみると，より明確に理解できる。以下でみるように，多くの主婦のインフォーマントはケータイでの子どもとのやりとりを重視している。だが，興味深いことに，そこに父親が介在することはまれであり，そこでも夫婦間でのジェンダー的な差異を指摘できる。しばしば指摘されるように，日本の家族において，母子密着と父親不在はその1つの特徴だが，そうした親子関係をめぐるジェンダー的な差異はケータイの利用においても観察されるのである。たとえば，次の50代の主婦と大学院生の息子の語りでは，ケータイでの親子コミュニケーションにおける父親の不在が，あらためて意識されるまでもない，なかば自明のこととして感じとられている。

【Eさん　50代】
母　でも，あれは（ケータイ・メールは），コミュニケーションがよくとれますね。だから，朝，何も聞かないで出て行っちゃっても，途中でしょっちゅうこう，メールする。メールだとどこにいても，何かしら返ってくるし，家では無口でも，メールだとちゃんと返ってくるから。かえって，しょっちゅう連絡とっているような。
　──そこにはお父さんは入らないんですか？
子　父親の場合はなぜかないですね。父親は携帯なので……（注：父親以外は全員PHS）
母　家族に1台は携帯が要るっていうので，PHSだとつながらないことがあるんでね。だから，主人は携帯で。でも，メールはできないのかな。

　もちろん，こうした親子コミュニケーションへの夫婦間での関与の違いが生じるまでには，個々の家庭でそれぞれに異なる背景があるはずである。それは実際的な理由であることもあれば，感情的な次元がからむこともあるだろう。いずれにしても重要なのは，こうした夫婦間での違いが，それぞれにとってのケータイの位置づけ，意味づけの違いへ結びついていくと考えられる点である。この点に関連して，松田（2001a）は，2000年に行なわれた質問紙調査の分析から興味深い知見を引き出している。松田によれば，ケータイを介して形成・維持される社会的ネットワークの拡がりには明確なジェンダー差がある。つまり，既婚男性がケータイでやりとりをする相手は，仕事以外の用件であっても仕事関連の人脈が中心になるのに対して，既婚女性の場合は有職者であっても家族とのやりとりが中心になるというのである。松田はこうした知見

から，女性にとってのケータイを「プライベートフォン」と特徴づけていくが，ここには，女性にとってのケータイが男性に比べてより私的な領域へ方向づけられている事実をみてとれる。

こうした分析をふまえるならば，これまで語られているような子どもとのコミュニケーションにおける夫婦の差が，ケータイ利用をめぐるジェンダー差を導く1つの契機となっている可能性を指摘できるだろう。つまり，男性のケータイ利用が「仕事」を通じてもっぱら公的な世界でのネットワークの拡大に寄与するのに対し，女性のそれは「子ども」を1つの重要な媒介として，より私的な世界へ方向づけられていくのである。松田も注意をうながすように，こうしたケータイ利用をめぐるジェンダー差はもちろん，個人の自由な選択の結果というより，むしろ男女の「社会構造上の位置」の問題として理解されるべきものである。そして，そうである限りにおいて，ケータイはここでも，その利用を通じて，母親と父親の「位置」の違いという家庭のジェンダー的な秩序を強化する契機になっている。

親子コミュニケーションに関するもう1つの事例を別のインフォーマントの記録から確認しておこう。次にみる夫婦のやりとりは，親子コミュニケーションにおける夫婦の違いが，ケータイという存在をどのように評価するか，その「評価基準」の違いとも関連する場合があることを示している。

【Fさん 50代】
──通話とメールはどう使い分けていますか？
妻　用件にもよるし，うん，用件にもよるけど，あの，言葉では言えないことがメールでは送れるっていうのがあるね。
夫　いや，そんなこと，そんなことないと思うよ。だって，いっぱい押さなきゃいけないじゃん，ややこしいじゃん。
妻　そうなんだけど，内容的っていうか，気持ち的に。
夫　そんなことないよ，だってややこしいじゃん，あんなの。
妻　ややこしくてもいいの，それはあなたの考え方でしょ。メールなら言えるってこともあるのよ，世の中には。たとえば，子どもとけんかしたときにね，電話ではちょっと言えないことってあるでしょ。そしたら，メールで，「ごめんね，さっきはちょっと言いすぎたね」とかね。そうすると，向こうも「うんうん私のほうが言いすぎた」とかね。「うるさいなぁ」だからね，電話だとね。

ここでは，子どもとのメールでのコミュニケーションを契機に，ケータイ・メールに対する評価の仕方の違いが顕在化している。端的にいえば，夫はケータイ・メールを機器の操作性の次元で評価しようとし，妻はそれをむしろコミュニケーションの感情的な次元への効果という点でとらえている。かつてリビングストーン（Livingstone, 1992）は，家庭で用いられるさまざまなテクノロジーに関するインタビュー調査を分析するなかで，個々のテクノロジーに対する評価に夫婦間で顕著な違い，す

なわちテクノロジーをその機能や性能という観点で評価しようとする男性と，それをむしろ日常生活の具体的な文脈に即して評価しようとする女性という違いがあることをみいだしたが，この指摘は上で引いた事例にも相当程度あてはまる[viii]。もちろん，こうした違いを一般化することはできないし，それが男女の本質的な差であるわけでは当然ない。だがそれでも，上の例には，夫婦の「社会構造上の位置」の違いとテクノロジーに対する評価基準の違いが相互に結びつき，夫婦間の差異がより顕著に可視化されていくプロセスをみることができる。

　いずれにせよ重要なのは，主婦，母親のケータイに対する評価は，その相当程度が，家族関係，特に親子関係の維持という観点からなされるという点である。そして，実のところ，これはケータイに限ったことではない。他のテクノロジーについても，異なるかたちにおいてではあるが，その利用と評価において親子関係への関心が強く関係していることをみてとれるのである。たとえば，以下の2つの例のように，彼女たちはしばしば，パソコンやインターネットの受容においても，親子関係を何らかのかたちで意識している。そして，そうした意識はときに明示的に，ときに暗黙の内に，新たなテクノロジーを親子関係のなかへ埋め込もうとする実践を導いていく。

【Gさん　50代】
　家を作るときも，子ども部屋に行くのにリビングを通るように作ったんですよ。……だからテレビでも買うときは，リビングに一番大きいやつを。なるべく，子どもがリビングに興味をもつように，していたにもかかわらず，それぞれの部屋にみんな大きいテレビおいちゃって……それでもやっぱりパソコンが（リビングに）あるから，パソコン使いたいときには出てくるから，今のところつないでいるのはパソコンかな。

【Eさん　50代】
子　親が旅行にいくときとかに，インターネットでいろいろ調べるのを頼まれたりしますね。
──お母さんからするとやはり便利ですか？
母　まぁ，（息子）2人いなくなったら（筆者注：実家から出ていったら）やっぱ不便かなって思うから，その前に習っておこうかなっていう気はありますね。でも，何か頼むのも1つのコミュニケーションになるんですね。

　ここで語られているのは，パソコンを家族の共有スペースに設置することの意義，そしてインターネットの利用をあえて子どもに任せることの意義といったことがらであり，それはすなわち，親子のコミュニケーションの維持である。いうまでもなく，ケータイやパソコンは基本的には個人メディアであり，それは，「お茶の間のテレビ」のような家族メディアとは対比的に位置づけられる。そして，家庭にこうしたメディアが導入されることについては，これまでにも多くの議論がなされ，メディアの個人化による家族の個別化という影響関係などが指摘されてきた。典型的なイメージとしては，そうしたメディアとともに自分の個室に引きこもる子どもといったものであ

る。だが，ここにみられるように，テクノロジーに対する主婦・母親としての関与は，そうした個人メディアを家族・親子の関係性へ組み込んでいく試みをともなうことがあり，こうした側面においても，主婦は家庭への新たなテクノロジーの導入に際してしばしば重要な役割を果たすのである。

　だが，注意すべきは，彼女らが果たすそうした役割は，メディアの「採用」や「利用」といった明確な行動として把握されるものではなく，むしろ多分に意味的・感情的な次元でなされる可視化されにくいものだという点である。実際に，インターネットを息子に任せることで親子のコミュニケーションを図るインフォーマントは，インターネットをむしろ利用をしないことで，それを感情的な次元で親子の関係のなかへ位置づけている[ix]。当然ながら，こうした次元でのメディアへの関与は，メディアの「利用行動」へ照準をあわせる視点からは把握され得ないし，そもそも当事者にも明確に意識されないことが多い。だがそれでも，それは既に繰り返し指摘してきたようなジェンダー的な不均衡をはらみつつ，個々の家庭における新たなテクノロジーの意味づけに作用し，家庭におけるテクノロジーのあり方を強く規定するのである。

5節　ケータイへの所有の感覚

　さて，以上のような主婦とケータイの関係をみたうえで結論的にいえるのは，今後ケータイが，数ある情報テクノロジーのなかでも，主婦にとって特に親密な存在としての位置を占めていく可能性が高いということである。先にも述べたように，確かに現状では，主婦層へのケータイの普及率は他の層に比べて高いわけではない。だが，ごく単純に考えて，現在既にきわめて活発なケータイ利用者である未婚女性のライフステージが上昇すれば，主婦のケータイ利用率はおそらく自動的に上昇するし，そして何よりも，今回の調査からみる限り，ケータイは主婦の活動，役割意識，社会関係の重要な部分を確かに支えており，その意味で，主婦とケータイの関係は他のテクノロジーに比べても近しいものになる可能性が高いと考えられるのである。

　こうした推測の傍証として，ここでは，パソコンとケータイのそれぞれに対する所有の感覚について若干の知見を紹介しておこう。推察されるように，相当程度の個人差があるとはいえ，ほとんどの主婦のインフォーマントにおいて，パソコンよりもケータイにより強い所有の感覚，より近しい感情がもたれており，それは，たとえば次のような事例に典型的に現われている。

【Fさん　50代】
　これ（ケータイ）はね，初めて買ったときから違和感なかったね，あらうれしいって。パソコンはね，ケータイに比べたら形が大きいでしょ。で，壊れたら怖いっていうのが，私は。あんまりほら，機械に対してあれじゃないから，強くないから。主人なんかは，壊れてても，

なんかおかしいってなっても，すぐにどうにかできるでしょ。でも，私はできないから，あんまり。全然システムがわからないからね。まあ，触らぬ神にたたりなし。そうですね，大分距離がありますね。

彼女にとって，ケータイとパソコンへの距離感の違いを生む最も具体的な差は，「機械」としての形の大きさや，「システム」の複雑さといった要因であり，こうした意識は他のインフォーマントにもしばしばみられたものである。もちろん，女性の「機械音痴」というステレオタイプには根拠がない。しかしながら，個々の家庭における具体的文脈のなかでは，多くの主婦が，自らが採用者ではない，職場や学校での利用経験がないなどの要因も重なるなか，パソコンをどことなく近づきがたい存在と感じとっていく。それに対して，携帯電話は文字通り小さくて簡単なものと感受され，より容易に所有の感覚をもち得るメディアとして位置づけられやすい。上で引いたインフォーマントの言葉を借りるなら，それは「違和感」を感じさせないのである。

だが，とりあえずは機器の扱いやすさ，近づきやすさの問題として意識されるテクノロジーへのこうした距離感は，同時にやはり，家族のなかでのジェンダー的，世代的な位置どりとも関連している。上の事例でみるならば，この主婦が語る「機械に弱い私」という自己認識は，「機械に強い夫」との対比から導かれており，そこには「技術的なもの＝男性の領域」という古典的なジェンダー規範をみてとれる。さらにいえば，この事例の他にも，自分自身相当に活発な利用者であるにもかかわらず，家庭のパソコンをあくまで夫あるいは子どもの領域に属するものとみなす主婦のインフォーマントは数多くみられ，そうした意識がある場合には，それとの対比で，ケータイが自分にとってふさわしいメディアであるという感覚がより強く感じられていくこともある。つまり，ケータイと主婦の親和性は，その両者の関係の内部だけで生じるのではなく，ここでみてきたような他の家族との対比や他のテクノロジーとの対比を含めた全体のなかで生じるのである。

こうした状況がまた異なるかたちで現われた例として，別のインタビュー記録を参照しておこう。背景にあるのは，1台のコンピュータが家族で共有される状況であり，現在の日本の家庭ではしばしばみられる状況である。

【Hさん　50代】
　私は，パソコンが怖いっていう方が先で，（最初のうちは）知ってることしかできなかった。ここいじっちゃって，消えちゃったら，なんか怒られそうだからやめとこう，とか。
　———怒られるというのは，誰にですか？
　いや，みんなにです，他のみんなに。
　———今でもそういう怖さはありますか？
　そうですね，あんまり余計なことはしないようにしようっていう。自分専用だったら気持ちが違うでしょうけどね。やっぱりケータイですね，今は。ケータイのほうが使いこなせているから，そう言える感じですね。パソコンよりはっていうことですよね。パソコンはそこ

まで使いこなせていないから。

　明確に語られているように，機器の操作性だけではなく，家族共用の機器と自分専用の機器の違いについても意識している彼女にとって，パソコンの「怖さ」は単に機械音痴といった自己認識から来るというより，むしろ家族で共有することで生じるさまざまなトラブルへの懸念に由来している。この家族もそうであるように，パソコンの採用に際しては，夫あるいは子どもが主導権をにぎることが多く，パソコンの所有権は，家族共用であっても暗黙のうちに夫や子どもに偏ることが多い。また，夫や子どものパソコン利用が仕事や勉強といった「大義名分」をもつことが多いのに対し，職をもたない主婦にはそうしたわかりやすい必然性がない。そうした場合には，結果として主婦のパソコン利用は，他の家族のそれに比べて重要ではないものとして位置づけられてしまう。こうした状況においては特に，主婦がパソコンをみずからのものと感じ，それに所有の感覚をもつことは容易ではないだろう。

　それに対して，当然ながらケータイはあらかじめ完全に個人所有である場合がほとんどであり，その操作の簡便さも手伝って，容易に所有の感覚をもつことができる。しかも，前節までにみたように，ケータイはさまざまな次元で，主婦・母親としてのアイデンティティに適合的であり，結果として，ケータイにより親密な感情がもたれていくことになる。もちろん，上記の事例もそうであるように，だからといって主婦のパソコン利用が完全に放棄されるわけではない。だが，2つの新しいテクノロジーに対する感情的な意味づけの違いには，テクノロジーに対する距離感を規定する家族内でのジェンダー的・世代的な差異がやはり作用しており，逆にいえば，ケータイやパソコンといった新しいテクノロジーはそれをめぐる家族それぞれのふるまいを通じて，家庭内でのそれぞれの位置の違いをあらためて顕在化するのである。

　おそらく，こうした家庭内でのミクロ・ポリティクスはマクロ次元で観察される男女間でのデジタル・デバイドの問題にも関わっている。確かに，各種統計が示すように，パソコンやインターネットの利用における男女格差は縮小している。だが，それはあくまで，利用率という大局的把握におけるものであり，ここで確認してきたようなより微細な次元では，個々のテクノロジーへの距離に男女で大きな違いが存在し得るのである。実際，ここでみた2人の主婦は統計的にはどちらもパソコン利用者，インターネット利用者に数えられるだろう。だが，その利用者としての内実は質的な格差を含んでおり，しかも，それは強いられた格差として感受されないままに，主婦としてのアイデンティティとの関係でなかば自明のことと受け入れられてしまう。第3節でもみたように，主婦がパソコンよりケータイをみずからにふさわしい存在とみなすとき，それはあくまで積極的な選択としてなされるのである。このようにみるなら，ケータイと主婦の親密な関係は，それが進展すればするほど，男女間の格差をみえにくいかたちで拡大していく可能性がある。

6節　社会技術的存在としての「主婦」

　さて，以上本章では，特に主婦のそれに絞って，家庭内でのケータイの位置づけ・意味づけのあり方をパソコンとの比較において具体的にみてきた。そこで確認されたことを一言で言うならば，ケータイというテクノロジーと主婦という社会的役割の相互作用である。そして，冒頭であらかじめふれたように，そこに観察されるのは，ケータイという新たな存在がその新しさにもかかわらず，むしろ既存の社会的な秩序を再生産するプロセスである。もちろん，個々の具体的な利用場面においては，ケータイは主婦のコミュニケーションや活動にさまざまな新しさをつけ加えている。それは，たとえば親子コミュニケーションの活発化であったり，家事・育児の効率化であったりするだろう。しかしながら，多くの場合，そうした個々の利用それ自体が，既存のジェンダー秩序を踏襲したものであり，ケータイの新しさはそうした秩序に組み込まれるかたちで利用されていたのである。

　だとすれば，そこにはシルバーストーンらが論じたような，テクノロジーのドメスティケーションのプロセスが確実にあったということができる。つまり，ケータイという新たなテクノロジーは，家庭という文脈における主婦の具体的な利用を通じて独自の意味を付与され，それによって，彼女たちにとっての家庭，家族という文脈に深く組み込まれていったのである。だが，ここで注意したいのは，そうしたプロセスは，〈技術的なもの〉としてのケータイと〈社会的なもの〉としての主婦が相互に独立した存在のままで連関していくプロセスとしては，おそらくとらえられないという点である。むしろ，今回の調査からみえてきたのは，両者がその相互作用を通じて，不可分の統一体を形成していくプロセスだったのではないだろうか。この点については若干の理論的説明を加えておく必要があるだろう。

　周知のように，〈社会的なもの〉と〈技術的なもの〉の不可分性という論点をいち早く提示したのは，アクター・ネットワーク理論などのテクノサイエンス研究の分野である。そこではまず，〈社会的なもの〉と〈技術的なもの〉を截然と切り分けたうえで，両者の影響関係を論じる従来の社会科学の視点が批判される（Callon & Law, 1997）。アクター・ネットワーク理論によれば，社会は純粋に〈社会的なもの〉だけで成立するのではなく，常に〈技術的なもの〉をその不可欠な一部として含んでいるのであり，両者を別物として区分することはできないのである。こうした見方は二元論的な発想からは奇異に映るが，本章でみてきたケータイを含むさまざまな技術が私たちのあらゆる行為や関係を媒介していることを考えれば，むしろ当然のこととも
いえる。社会は技術なしには存立し得ないし，技術は社会に埋め込まれて初めて機能するのである（Callon & Law, 1997）。こうした視点からすれば，ケータイのような存

在を考えるうえで重要なのは，それが人間や社会にどのような「影響」を与えるかではなく，むしろ「ケータイ－のある－社会」あるいは「ケータイ－をもつ－人間」という社会技術的な統一体がいかに形成されるのか，そのプロセスを記述することだということになる。

　実際に，前節までにみてきた主婦のケータイ利用の実態は，このような視点からのみ正しく理解することができる。この点について，まず確認しておきたいのは，主婦としての彼女らとケータイの関係は，単に互いに影響を与え合うような関係だったのではなく，おそらくは互いが互いのアイデンティティの前提をなすような関係であったという点である。つまりそこでは，主婦であることの内実がケータイというテクノロジーによって支えられ，ケータイという多様な意味をもち得るテクノロジーが主婦の活動やアイデンティティの一部として，ある特定の意味をもつものへと定義されていったのである。したがって，本章でみてきた主婦とケータイの相互作用は，主婦という存在がケータイという〈技術的なもの〉によって影響を受けた過程としてのみ理解することもできないし，ケータイが主婦という〈社会的なもの〉によって構築された過程としてのみ理解することもできない。そこではおそらく，その両方が不可分に進展していったのであり，端的にいうなら，両者が関係を切り結ぶプロセスは，〈ケータイ－を持つ－主婦〉という社会的技術的な統一体が，まさに社会技術的に生成する過程だったのである。

　これは何も目新しい事態ではない。というのも，これまでに家庭に導入されたテクノロジーの多くは，多かれ少なかれ，同じような意味で社会技術的統一体としての主婦の生成に関わっていたとみることができるからである。最もわかりやすいところでは，洗濯機，掃除機など，家事と直接に関わるテクノロジーを想起すればよいだろう。今日の主婦から，こうしたテクノロジーを奪ったとすれば，多くの主婦は，現在彼女が果たしている主婦としての役割をそのまま果たすことはできないはずである。その意味で，実のところ，主婦はかねてから単に社会的存在としてのみ存在していたのではなく，同時にすぐれて技術的な存在でもあったといえる。本章でもそう論じてきたように，主婦という概念は基本的には社会的な概念である。だが，〈社会的なもの〉としての主婦はそれのみで存立しているわけでなく，常に〈技術的なもの〉をその内に含んでいたというわけである。そしてもちろん，こうした家事テクノロジー以外に，電話，テレビ，ラジオといった情報テクノロジーもまた，社会関係の維持，社会的アイデンティティの形成といった面で，主婦であることの内実を直接・間接に支えてきたはずだし，場合によっては，自動車のようなテクノロジーをそこに加えてもよいだろう[x]。

　既に明らかなように，ケータイは，こうした〈社会－技術的なるもの〉としての主婦という存在に新たな一面をつけ加えるテクノロジーとして重要な意味をもっている。本章でみてきたように，ケータイをひとたびみずからの社会的役割との関連で利

用しはじめた主婦あるいは母親は，主婦であること，母親であることの内実の少なくともある一部を，やはりケータイというテクノロジーによって維持していくことになるのである。特に，家族コミュニケーションの文脈へのケータイの埋め込みにはそうした側面がわかりやすく現われており，家族と頻繁にメールのやりとりをする彼女たちからケータイを奪ったなら，彼女たちの主婦であること，母親であることの内実が今のままではあり得ないことは容易に想像がつく。あえて図式的な言い方をすれば，ケータイというテクノロジーは外側から彼女たちに影響を及ぼしているのではなく，主婦あるいは母親としての彼女たちの内側に，その不可分な一部として組み込まれているのである。

　この点に関して本章の知見からみて重要なのは，そうした社会技術的な存在としての主婦の生成は，ケータイの機能と主婦業・母親業の実際的側面の結合だけではなく，ケータイの象徴的意味と彼女たちの自己イメージの結合としてもなされるという点である。そして，こうした2つの次元が両立するとき，ケータイと主婦の親和性はきわめて高いものになる。おそらく，本質的に保守的な力をはらんだ家庭空間の力学が最も強力に作動するのはこの瞬間であり，家庭の主婦が，実際的次元・象徴的次元の両方でケータイをみずからにふさわしいメディアとして位置づけるとき，同時に彼女たちはジェンダー的な不均衡を前提とした性別役割分業をきわめてスムーズに受け入れていくことになる。本章がジェンダー的な秩序の問題を繰り返し指摘してきたのはまさにこの点をとらえるためであり，新しいテクノロジーが潜在的には現状変革的な力をもちながら，実際の利用の局面で逆の作用をもたらし得ること，さらには，家庭空間の権力作用が当事者にとってきわめてみえにくいかたちで発揮され得ることは，あらためて強調されてよいだろう。

　もちろん，同じ家庭という文脈を考える場合にも，他の家族からみた場合にはまったく異なる光景が見えてくるはずである。特に，子どもの視点から見たとき，ケータイは親を経由しない個人専用のコミュニケーション・ツールとして意味づけられることも多く，そうした局面におけるケータイは，家庭の文脈に埋め込まれるというより，むしろ家庭の文脈からの離脱を意味することになるだろう。だとすれば，1つの家庭のなかで，異なるケータイの意味づけ・位置づけがあり得ることは明白であり，その点についての検証もまた興味深い課題であるといえる。いずれにせよ重要なのは，ケータイや他のテクノロジーが，利用者の社会的位置や利用の社会的文脈を再編成しながら，同時にその不可分な一部として統合されていくプロセスをとらえることであり，こうした視点は，一口に家庭の情報化とよばれている事態をより具体的にとらえていくうえで，重要な役割を果たし得ると思われる。

注)

i) モバイル・コミュニケーション研究会の2001年実施の調査によれば，世代別のケータイ利用率は，男性では10代で59.3％，20代で89.6％，30代で84.1％，40代で84.7％，50代で，62.6％，60代で41.8％となっており，20代をピークに50代，60代では利用率が大きく下がる。こうした傾向は女性ではより顕著であり，10代で65.0％，20代で84.3％，30代で78.5％あったのが，40代では62.9％，50代で40.5％，60代で15％と，40代以降の利用率低下が極端に大きい（モバイル・コミュニケーション研究会，2002）。

ii) たとえば，スピーゲルはアメリカの家庭におけるラジオの受容過程を検討し，当初は男性的な領域に属する技術的機器として考えられていたラジオが，しだいに女性の領域に編入され，そうすることで家庭の中心に浸透していったことをみいだしている。つまり，草創期のラジオは，「遠くの電波をつかまえるスポーツ」のように位置づけられ，またその外観も「ごつごつした技術的機器」であり，明らかに男性的な意味を帯びた，家庭にそぐわない異物であった。しかし，その後，機器のデザインの変化，放送内容の洗練などによってラジオは「女性的な余暇の過ごし方」となり，リビングルームへ迎え入れられていく。このように，ラジオの社会的な位置づけ，意味づけは，女性あるいは主婦を1つの軸として変化し，そうした変化を経て，その後家庭娯楽の中心として大きな成功を収めていくのである（Spigel，1992，Pp.26－29）。

iii) モバイル・コミュニケーション研究会の2001年実施の調査によれば，職業別にみた場合の主婦層のケータイ利用率は他の層に比べて明らかに低い。高校生，大学生の利用率の高さ（それぞれ，78.6％，97.8％）は別としても，フルタイムの仕事をもつ人の76.3％，パートタイムの仕事をもつ人の61.6％に対して，専業主婦のケータイ利用率は42.7％にとどまっている。

iv) 調査地域は東京都内（都心部）および近郊の横浜市の北部である。都心部については，比較的居住歴の長い住民の多い住宅地である。横浜市北部については，日本の典型的な大規模開発型の郊外住宅地を中心としている。

v) 以下も含めて，インタビュー記録の引用におけるカッコ内は筆者による補足である。

vi) ただし，これは私用のメールに限ってである。仕事のメールであれば，その機能上の違いからパソコンのメールでなければならないこともあるし，また，私用のメールでも長文にわたるメールや会う機会の少ない人たちへのメールではパソコンが使われることが多い。そうしたメールは，「手紙を書く」のと同様に，特にそのための時間を割いて行なわれる活動であり，ここでの「日常的なメール」とは，ふだんからよく顔を合わせる人との比較的小さな用件の伝達に使われるメールである。

vii) ただし，ケータイのウェブとコンピュータのウェブで同等の情報を獲得できるというわけではない。現状では，ケータイ経由のウェブから取得可能な情報はコンピュータ経由のウェブに比べてかなり限定されている。実際に，日本におけるケータイのウェブサービスで最も活発に利用されているのは「着メロダウンロード」であり，次に「待ち受け画面ダウンロード」が続くという状態であり，その他の利用はさほどさかんではない（モバイル・コミュニケーション研究会，2002）。

viii) リビングストーンはこうした知見をテレビや電話，ビデオ，AV機器などに関するインタビュー調査から引き出している。

ix) この家庭について若干の背景を説明しておくと，息子2人はそれぞれ自分の個室に自分専用のコンピュータをおいている。2人ともかなりのヘビーユーザーである。自室にコンピュータをおくことで，居間で親と過ごす時間が減ったのではないかという点について質問すると母親は否定したが，その後別の機会に息子に聞いたところ減ったという実感をもっていた。こうした認識の違いにも，テクノロジーの家族関係・親子関係に対する否定的な影響を母親がより強く警戒していることがうかがい知れる。

x) この点についてはさまざまな側面からの議論が可能であろう。注のii)で触れたような，家庭へのテクノロジーの導入に際して，テクノロジーと女性性との密接な連関があったことを想起してもよいし，ラジオやテレビといった放送メディアが家庭にいるオーディエンスを獲得していくうえで，多

くの「主婦向け番組」やそのための時間帯を開発していったことを想起してもよい。こうした一連のプロセスにおいて，メディア・テクノロジーと主婦は常に互いに互いを定義し合い，そうした関係こそが，テクノロジーが家庭に導入されていくときの重要な経路だったのである。

9 章

修理技術者たちのワークプレイスを可視化する
ケータイ・テクノロジーとそのデザイン

田丸恵理子・上野直樹

　ケータイは，単なる電話から情報端末へと進化してきた。ワークプレイスにおけるケータイの利用もまた，単なる連絡のための道具から，空間的に分散して働く同僚たちの協同的活動を支援する，中心的な道具となりつつある。ケータイは人と人をつなぐという意味において，きわめて社会的な道具である。しかし，単にケータイというテクノロジーを導入しただけでは，人々の間に社会的なコミュニケーションは成立しない。むしろ，その道具を利用する人々やコミュニティの側に，社会的なつながりが存在することで，初めて，ケータイを媒介としたコミュニケーションが成立するし，ケータイは社会的な道具となり得る。今日ワークプレイスにおいて，ケータイが広く使用されるようになっているが，ケータイが社会的な文脈のなかで，どのように利用されているかに関するワークプレイス研究は，十分には行なわれていない。そこで本章では，ワークプレイスにおけるケータイ・テクノロジーの利用とそのデザインについて，焦点を当てる。

1節　観点と目的

　従来，社会学や科学社会学においては，テクノロジーは，技術決定論や社会構成主義のアプローチによって研究されてきた。技術決定論では，テクノロジーの社会への影響を明らかにしようとしてきたし，一方，社会構成主義では社会がテクノロジー形成に及ぼす影響を明らかにしようとしてきた。しかし，この正反対にみえる両者のアプローチは，テクノロジーと社会を独立にみなして，相互の影響関係をみようとする点では，同じ前提を共有してきたともいえる。
　これに対して，最近の，テクノサイエンス研究（Hughes, 1979；Latour, 1987；Callon, 1986）によれば，テクノロジーと社会は切り離すことはできず，テクノロジー

のデザインとは同時に社会システムのデザインにほかならない。たとえば，フーコー（Foucault, 1975）が紹介しているようなパノプチコンのデザインは，単に監視塔という人工物（artifact）をデザインしたものではない。監視者から囚人が一望でき，かつ囚人からは監視者が見えないというデザインは，単なる空間のデザインにとどまらず，監視者と囚人との社会的な関係や権力構造をデザインしたものである。一方で，監視者と囚人とのポリティックスも，パノプチコンという人工物を抜きにデザインすることはできないであろう。このように，人工物のデザインと社会組織のデザインとは相互構成的なものであり，人工物をデザインすることは，社会システムをデザインすることであるといえよう。

　このような視点は，1990年代のワークプレイス研究からも指摘することができる。かつてヒューマン・インタフェース研究，ユーザビリティ研究やデザイン実践においては，多くの場合，コミュニケーションや協同的な活動のための道具は，その道具が用いられる活動やネットワークのあり方と切り離されて単体として評価されたり，デザインされたりしていた。しかし，90年代以降，ワークプレイス研究がさかんに行なわれるようになり，さまざまな協同的な活動のあり方がどのようなものか明らかになるにつれ，道具，あるいは，情報デザインもより大きな広がりのなかに位置づけられるようになってきた（たとえば，Engeström & Middleton, 1996；Goodwin & Ueno, 2000）。ワークプレイス研究をもとにした見方に従うなら，実際には，どのような道具であれ単体として用いられることはない。むしろ，ある道具は，協同的な活動やネットワークのなかに埋め込まれているし，また，その活動のなかでさまざまな他の人工物，リソース（resources）と関連づけられて用いられているのである。協同的な活動やネットワークのなかで道具を用いることで，また，他の道具，リソースとともに用いることで，単体としてデザインされた道具はしばしばそのデザインの意図を超えて用いられる。このようにして，協同的な活動やネットワークのなかで道具を用いることは，少なからず，道具のデザインに貢献している。

　90年代ワークプレイス研究が示したことは以上のことにとどまらない。この観点に従うなら，道具を使うことだけではなく，道具のデザインも，また，協同的な活動のなかで社会−道具的ネットワークを構築することのなかで行なわれる。たとえば，ニューマン（Newman, 1998）は，ミドルウエアの開発プロセスについての文化人類学的な研究のなかで，ミドルウエアの開発とは，一方では，ある仕様を満たすソフトウェアの開発とみなすことができるが，もう一方で，特定の社会−道具的ネットワークを構築することであることを示している。つまり，ミドルウエアの開発とは，関連企業，顧客群，競合他社，業界標準，社内の技術的リソース，コンピュータ技術者のネットワークを構築する作業である。そして開発チーム・リーダー，システム構築担当，マネージャー，コンサルタントなどが参加する開発会議のなかで行なわれていることは，一方でプログラム上のオブジェクトをさまざまなレベルで可視化することだ

が，もう一方では，ミドルウエアをめぐる矛盾や対立を含む社会－道具的ネットワークを可視化し，組織し，妥協点を探ろうとする調整行為である。このようにして，キャロンとロー（Callon & Law, 1997）の言葉を借りるなら，ソフトウェアの仕様は，経済的，技術的制約を含むさまざまなアクターの間の複雑な相互作用の過程を反映したものなのである。

　以上のように，テクノロジーのデザインを，社会－道具的ネットワークの構築としてみることで，従来の社会学とは異なる見方が得られる。テクノロジーが一方的に社会組織の再構成を決定するわけではないし，逆に社会組織によってテクノロジーが決定的に生み出されるわけでもない。同じテクノロジーが社会に投入されたとしても，社会組織の側にその変化に応じて再構成され得るような状況が存在しなければ，その道具は社会的ネットワークに影響を与えることはできないであろう。このように，テクノロジーと社会的構造とは，相互構成的なものである。このような観点に従えば，単にテクノロジーそのものを分析したり，社会組織の側だけに焦点を当てたりする見方は十分なものではない。テクノロジーがどのように社会組織やネットワークのなかに投入されてきたのか，という過程を通じて，テクノロジーと社会組織との間の相互作用をみていくことが重要である。

　以上のような観点からすれば，ケータイの意味は，ケータイという人工物そのものから出てくるわけではなく，それが用いられる実践や社会組織と切り離すことができないということになるであろう。従来，ケータイは，個人のためのテクノロジーとみなされ，アプリケーションの開発も，多くは，個人の使用ということを前提として行なわれてきた。こうしたケータイの意味づけのあり方は，ビジネス界でも同じであり，たとえば，ケータイとは先進的に働く人々のための道具としてみなされてきた。しかし，これからみていくとおり，現実のワークプレイスでは，ケータイとは従来考えられていたものとはまったく異なった意味をもつ人工物であることが明らかになる。たとえば，本研究の対象になったコピー機の修理，保守作業を行なうワークプレイスでは，ケータイは，個人のためのテクノロジーではなく，組織的にネットワークにリンクされることで，グループ活動を記述し，調整し，また可視化する人工物になっている。あるサービス・エリアに分散して働いている修理技術者のチームのメンバーは，頻繁にケータイ上に表示される顧客からのコールと，顧客を訪問中のメンバーのリストを参照することで，刻々と変化する同じチーム全体の動きをみることができるし，また，そのリストを参照することで，修理技術者たちは相互に動き方を調整することが可能である。このように，ここでは，ケータイというテクノロジーによって，あるまとまりをもったチームが可視化され，組織化されているのである。同時に，このチームのなかで用いられることで，ケータイは，協同作業のためのテクノロジーになっているということも可能である。実際に，このケータイのリストのデザインは，修理技術者のなかから生まれたものであり，同時に，参加デザインの手法によ

って洗練されたものである。

しかし，このワークプレイスにおいては，ケータイは，チームを可視化したり，組織化したりする人工物であることにとどまらない。さらに，修理技術者にとっては，そのケータイ上のリストを参照することで，サービス・エリア全体の状況がその都度，可視的にもなっている。こうしたことによって，修理技術者は，サービス・エリアという空間をどのように，いつ移動すべきか，その都度決定できる。つまり，修理技術者たちは，ケータイによって，彼らの時間と空間を再構成したのである。

このようにして，ケータイは，チームという社会組織やサービス・エリアを可視化し，そのことによって，修理技術者たちの時間と空間を再構成するテクノロジーとなっている。また，参加デザインをとおして，ケータイは，協同作業を可視化し，調整するテクノロジーとして再デザインされていったのである。このケータイの事例は，テクノロジーの意味は，テクノロジーそのものから出て来るのではなく，テクノロジーと社会組織や実践の相互作用のなかから構成されることを示している。このようにして，ケータイのデザインとは，ある特性をもったテクノロジーのデザインではなく，ある社会システムのデザインと考えることができる。

本章では，このような観点から，ワークプレイスにおけるケータイ・テクノロジーの利用のフィールドワークを通じて，ケータイ・テクノロジーのデザインとそれが投入された社会的ネットワークとの間の相互作用を詳細にみていく。そしてケータイ・テクノロジーのデザインと社会的ネットワークのデザインがどのように相互構成的に行なわれてきたのかをみることを通じて，社会システムとしてのケータイのテクノロジー・デザインについて議論する。

2節　ワークプレイスにおけるケータイ利用のエスノグラフィー

本章では，コピー機の保守作業を行なう修理技術者の協同的活動と，彼らのチームワークを支えるモバイル・テクノロジーに焦点を当てる。オーア（Orr, 1996）は，修理技術者たちが，彼らのコミュニティのなかで，どのように修理技術や修理知識を共有しているかに関する，文化人類学的研究を行なった。しかし，この研究が行なわれた1980年代以降，日米ともに，修理技術者の仕事は，大きく変化している。アメリカでは，無線システムの導入により，分散した同僚がいつでも連絡をとれるようになった。また，知識マネジメントシステムの導入により，修理知識の蓄積・共有化が進められた。日本でも，1990年代以降，ケータイ，ノート・パソコンなどモバイル・テクノロジーが導入され，チームワークのあり方に変化が起きはじめている。

筆者らは，2000年から2002年にかけて，現代の日本における修理技術者たちのフィールドワークを実施した（田丸・上野, 2002；上野・田丸, 2002；Ueno & Kawatoko, 2003)。調査対象は，コピー機を製造販売している会社のサービス部門であり，市場にリリースされた機械の修理および保守を行なっている。サービス部門は，顧客先で機械の修理を行なう修理技術者と，彼らを支援するバックオフィスからなる現場の組織（全国に多数点在），地域単位で現場をまとめ，技術的な支援を行なう組織（全国で4つ），全国のサービス部門を管理し，現場の技術支援に加え，開発とのパイプ役も果たす管理部門（全国で1つ）から構成される。調査は，これらの3つの組織を横断的に実施した。現場の調査では，修理技術者に同行し，修理活動の様子や，派遣システムや知識マネジメントシステムの使い方，チーム・メンバー間でのコミュニケーションなどを観察した。さらに，顧客先での状況的なインタビューや，オフィスに戻ってからの詳細なインタビューも実施した。現場の調査は，異なる特徴をもつ3箇所で実施した。地域や全国の部門の調査では，インタビューを中心に実施した。

本文では，これらの調査に基づき議論するが，まず，修理技術者たちが，どのようにケータイ・テクノロジーを利用しているかを，観察された事例から紹介する。

● Case 1：困難な修理の相談

カラー複写機のスペシャリストである鈴木は，同僚から，しばしばカラー機の修理の相談を受ける。彼は，担当機種の電子マニュアルや管理部門発行の技術文書を，ノート・パソコンで持ち歩いている。加えて，日頃から自分の修理経験を手帳にメモしていた。ある日，顧客先へ移動中，同僚の佐藤からケータイがかかってきた。佐藤は，顧客先で，カラー複写機の困難な故障と取り組んでおり，支援を必要としていた。「DM1200で，XPコードが出たまま，どうしても消えないんです。何か思い当たることはありませんか」。鈴木は「どこかで聞いたことのある事例だな」と思い，手帳のメモを参照した。しかし，該当する情報は見つからない。次に，ノート・パソコンを立ち上げ，DM1200のマニュアルや技術文書を検索すると，「わかった！」と叫び，佐藤に電話した。しかし，なかなかつながらない。あきらめてバックオフィスに電話をすると，既に彼の困難な状況が伝わっており，佐藤の所に支援者が派遣されているという。支援者の電話番号を聞き，ケータイにかけると，つながった。鈴木は技術文書のなかから，自分の見つけた情報を伝えた。「じゃあ，それでやってみて。部品ならオフィスにあるから」と電話を切って，鈴木は次の顧客先に向かった。

● Case 2：スケジュールの調整

修理技術者の竹田は，顧客先で修理を終え，次の訪問先を決めるために，ケータイのネットワーク・アプリケーションで，派遣のためのシステムであるセルフ・ディスパッチ・システム（詳細は後述）の画面を参照した。このシステムでは，顧客のコールの状況と，チームのメンバーが今どこにいるのかという訪問リストが一覧できる。修理技術者は，次にどの顧客を訪問すべきかを，コールリストや担当機械の状況，地理的な距離，トラブルの困難さなど，さまざまな要素を考慮して，自身で決定する。残っていた7件のコールリスト中には，竹田がいる場所の向かいのビルにあるA社と，自身の担当のB社が含まれていた。その時，同僚の田中が，ディスパッチ画面から，竹田がA社の近くにいることを知り，スケジュール相談のため，ケータイをかけてきた。「私の代わりに田中さんはB社へ行ってくれますか。私は向かいのビルのA社に行くことにします」と竹田は言い，電話を切った。こうして，2人の間でスケジュール調整をすませると，竹田は，次にA社に行くことをセルフ・ディスパ

ッチ・システムに入力し、顧客先に「あと5分程度で到着します」とケータイで連絡すると、次の訪問先へと向かった。

● Case 3：部品の調達

山田は顧客先で点検中に、修理要請の内容とは異なる箇所で問題を発見した。この修理には、交換ユニットが必要である。消耗品の交換部品や、トラブルから推測される部品は事前に準備して訪問するが、この時は予想しないトラブルで、部品の持ち合わせがなかった。山田は、セルフ・ディスパッチ・システムの画面を参照し、彼の近くで、その部品を持っていそうな同僚を探した。まず、一番近くで作業中の同僚にケータイをかけた。「DX500のAユニットを持っていない？」。持っていないらしい。ついで、2人、3人と電話をするが、お客様と対応中なのか応答がない。いったん連絡を中断し、要請内容の修理作業を続けていると、着信履歴で山田からの電話を知った同僚からケータイがかかってきた。しかし彼も部品を持っていなかった。山田は、とりあえず動く状態まで機械を復帰させた後、部品を調達するために、いったん、顧客先を離れた。オフィスに戻る途中も、セルフ・ディスパッチ・システムで近くの同僚を探し、連絡をしてみたが、結局その部品を持っている人は見つからず、オフィスまで戻ってきて、やっと部品を手に入れることができた。30分程で顧客先に戻り、部品を交換して、すべての修理を完了した。

以上のように、観察したフィールドの修理技術者にとって、ケータイは単に連絡のための道具ではない。むしろ、チーム・メンバーがお互いに協同的に働くことを支援するテクノロジーとして、さまざまなコミュニケーションや情報や知識の交換、調整活動などを支えているのである。

3節　エリアを可視化するテクノロジーとしてのケータイ

事例のように、修理技術者たちの仕事場では、モバイル・テクノロジー、あるいはケータイ・テクノロジーは、チークワークを維持したり、組織化したりする道具として、彼らの活動から切り離せない存在となっている。ここでは、特に、エリアの生態系を可視化するテクノロジーに焦点を当て、このような道具がどのようにデザインされ、どのように利用されたのか、そしてデザインと利用との間でどのような相互作用が行なわれたのかをみていく。

1　エリアの生態系

コピー機の修理技術者の仕事場の特徴の1つは、特定のオフィスではなく、ある地域の中に分散している点である。たとえば、10人前後の技術者からなる1つのチームは、特定の地域、つまりエリアを担当する。図9-1のように、顧客およびコピー機は、エリア内のあちこちに点在し、技術者は、顧客からの依頼に応じて、顧客先に出

図9-1 エリアの生態系

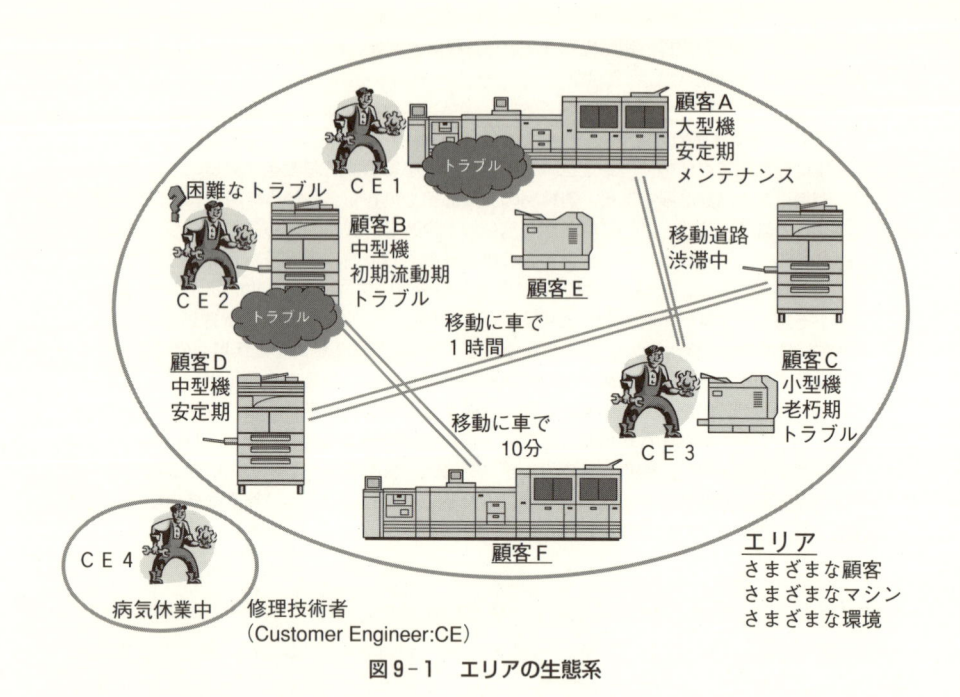

向いて機械の修理をしたり，定期的な保守作業を行なったりする。

　各エリアは，そこに点在する顧客群に応じて，それぞれ特徴をもっている。たとえば，ハイテク・ビルが集中するエリアでは，ネットワーク化されたコピー機が大量に導入されており，ネットワークやプリンター・ドライバーなどのソフトウェアに関するトラブルが多い。一方，老朽化したオフィスが多いエリアでは，コピー機にとって必ずしも良いとはいえない環境に設置されることが多い。たとえば，湿度が高く，紙が湿気を含むことで，紙送りのローラーが適切に作動しないなどのトラブルが多発する。また，コピー専門店，印刷会社，デザイン事務所などが多いエリアでは，高いコピー品質が要求され，ほとんど目立たない小さな汚れでも修理を依頼される。このように，コピー機は，エリアのさまざまな社会−物理的環境のもとに置かれ，使われている。コピー機の修理や保守作業を行なう場合，エリアや顧客の特徴は，重要な手がかりになる。

　また，エリアの状態は固定的ではなく，日々，あるいは数か月という単位で変化している。市場に投入されてまもない機種は，未知のトラブルに遭遇する確率が高く，修理に時間がかかる可能性が高い。逆に，市場導入後数年経過し，安定期にある機種には，既知の故障や，ローラーの磨耗など，比較的容易に解決するトラブルが多い。このように機械が市場に投入されてからの経過期間は，修理時間の見積りを容易にす

る。あるいは、同じエリアを担当するチームのメンバーがどこにいて、どう動いているのかという情報も、エリアが、その都度、どのような状況にあるかを相互に伝えるリソースになっている。

以上のように、エリアとは、修理技術者にとって、さまざまな情報を含む生態系である。修理技術者にとって、コピー機は、それ自体として存在しているものではなく、あくまで、ある特徴をもちつつ変化する社会−道具的ネットワークのなかに位置している。これまでみてきたようなエリアの生態系のあり方は、トラブルの診断や修理の際に、重要なリソースを提供しているのである。

2 エリアを可視化するテクノロジー

修理技術者のチーム・メンバーたちは、エリア内に分散しつつ、さまざまな形で協同的に仕事をする必要がある。たとえば、個々のコピー機のトラブルは、その時のトラブル状態やそのコピー機の修理履歴に加えて、エリア内の同機種の機械で、どのようなトラブルが多発しているかにより、その意味が解釈される。このように、トラブルは機械単体ではなく、エリア内に存在する他の機械の状態と関連づけて理解される必要がある。しかし、日々、あるいは数か月単位で変化するエリア全体の状況は、1人の修理技術者によって可視化することはできない。

また、日々あるいは時間帯に応じても、エリアの状況は刻々と変化している。修理技術者たちは、この状況にチームとして対応している。たとえば、誰がどの顧客を訪問すべきかは、その緊急度、チームの各メンバーの位置や動き、状態に応じて相互の調整が必要である。こうした刻々と変化するエリアの状況はどのように可視化され、メンバーへの仕事の割り当てはどのようになされているのだろうか。以下、このことを実際にエリアを可視化するテクノロジーのデザインが、どのようなものであったか、その歴史も含めてみていく。

（1） 物理的なボード・システム

サービス部門の中心的なテクノロジーの1つが、修理技術者の派遣システムである。1980年代の派遣システムは、修理技術者の名前と時間が格子状に配置された大きな黒板システムであり、そこにコールのあった顧客カードが配置された。顧客から修理要請がコール・センターにかかると、ディスパッチャとよばれる担当者が、コールの緊急度や、修理技術者の訪問状況などを一望し、各コールを修理技術者へ割り当てた。このシステムでは、コール・センターは、鳥瞰的にエリア全体の動きや状況を把握し、修理技術者を動かすという、一種の現代的なパノプチコンといえるようなものであった。しかしながら、このパノプチコン的なシステムには、重大な矛盾が存在していた。適切で柔軟な派遣を行なうためには、時々のコールリストや派遣状況などエ

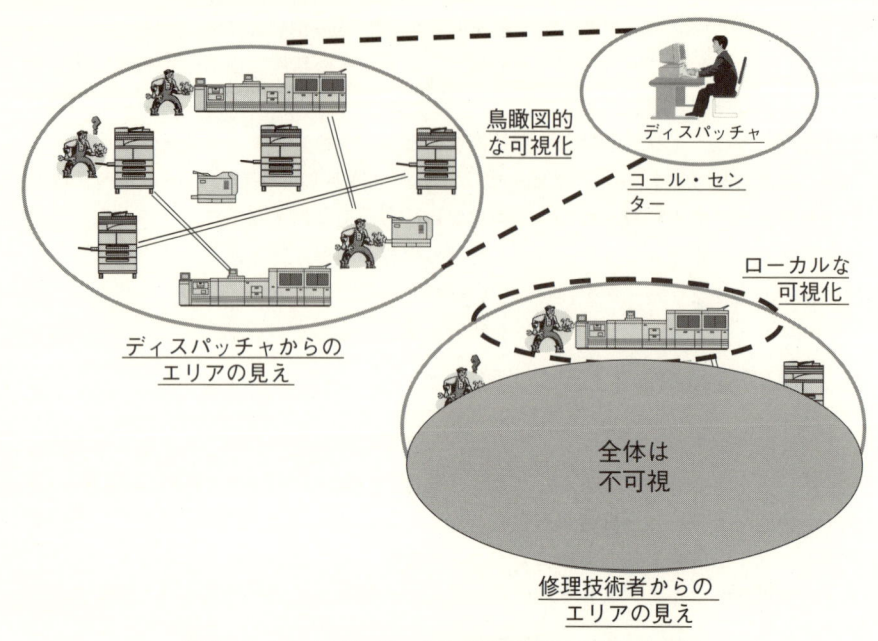

図9-2 ディスパッチャと修理技術者のエリアの可視化

リア全体の情報と，エリアの地理，顧客や個々の機械状態というエリアの詳細情報の両方が必要とされるのである。しかし，エリアの詳細を熟知する修理技術者には，エリア全体は不可視であり，逆にディスパッチャは，エリアの詳細を知らない。こうした矛盾は，修理技術者たちによる制度化されていない実践によって，部分的にはカバーされていた。たとえば，ベテランの修理技術者は，ディスパッチャからコールの状況や他の修理技術者の訪問状況を，電話で聞き出すことで，エリアの状況を部分的に可視化した。そして，「この機械のこの故障なら，誰々が行ったほうがいいよ」とディスパッチャに助言し，柔軟なスケジュール調整を可能としたのである（図9-2）。

（2） ITテクノロジーによるボード・システム

1990年代にIT技術が導入され，物理的なボード・システムは，ホスト・コンピュータにつながる端末へと変化した。しかし道具は変化したものの，コール・センター中心のシステムであることに変わりはなく，修理技術者からは，エリアの全貌は不可視のままであった。しかし，情報がIT化されたことは副次的効果をもたらした。他の目的のために各拠点に導入された端末から，ディスパッチ情報へアクセスできるようになったのである。これは非公式な方法であるにもかかわらず，このことを知った修理技術者たちは，操作を学習し，みずから，コールや派遣の状況を参照するように

なった。これにより拠点オフィスにいる時のみという制限はあるものの、修理技術者からもエリアが可視的になった。その結果、制度化されない修理技術者たちの調整活動が、ますます大きな役割を占めるようになった。

（3） モバイル・テクノロジーによるセルフ・ディスパッチ方式への転換

　1995年頃、ノート・パソコンとケータイというモバイル・テクノロジーの導入により、コール・センター・システムは、セルフ・ディスパッチ・システム（self-dispatch system）とよばれる新しいシステムに置き換えられた。ここでは、センターのディスパッチャに代わり、修理技術者が、みずから、担当エリア内をどのように訪問するかを決定する。このシステムでは、ノート・パソコンをサーバーに接続することで、コールリストと訪問リストを、修理技術者自身が参照できるようになった。図9-3は、このシステムの画面例である。画面左側のコールリストの中から、修理技術者自身が適切なコールを選択し、画面右側の訪問リストへと移動させる。彼らは、セルフ・ディスパッチ・システムを利用するなかで、さまざまな相互作用をデザインした。たとえば、コールを選択する際に、終了予定時刻を「14：00」と入力する。しかし、あるチームでは、顧客先で機械を見て、1人で解決するには困難である、あるいは非常に時間がかかりそうだと認識した場合、終了予定時刻の末尾に「1」を立てて、「14：01」と入力するというルールを作った。これにより、修理技術者は、自身の困難な状況を、離れて仕事をしているチーム・メンバーに可視化することができる。実際、これを見たチームの同僚が、「助けに行きましょうか」とケータイで連絡してくる。このように、セルフ・ディスパッチ・システムによって、鳥瞰図的なエリ

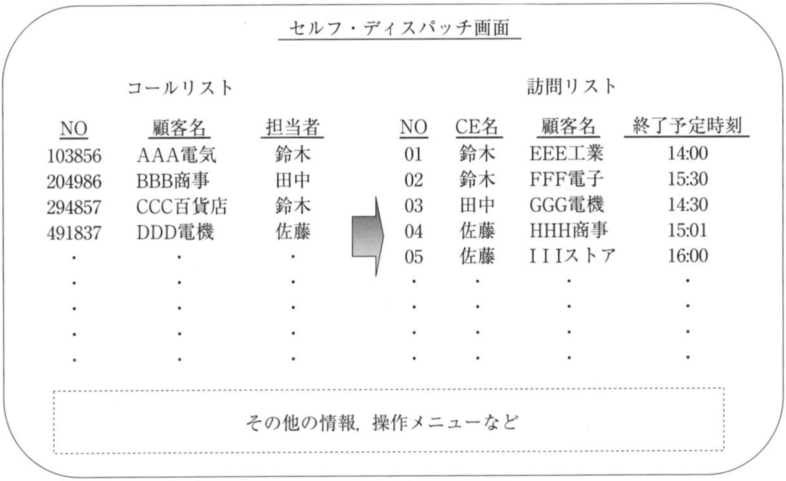

```
┌─────────────────────────────────────────────────────────┐
│                  セルフ・ディスパッチ画面                    │
│                                                         │
│      コールリスト              訪問リスト                   │
│                                                         │
│  NO      顧客名    担当者    NO   CE名   顧客名   終了予定時刻 │
│ 103856   AAA電気   鈴木      01   鈴木   EEE工業   14:00    │
│ 204986   BBB商事   田中      02   鈴木   FFF電子   15:30    │
│ 294857   CCC百貨店 鈴木  ⇒   03   田中   GGG電機   14:30    │
│ 491837   DDD電機   佐藤      04   佐藤   HHH商事   15:01    │
│   ・        ・       ・      05   佐藤   ⅠⅠⅠストア 16:00   │
│   ・        ・       ・      ・    ・     ・        ・     │
│   ・        ・       ・                                  │
│                                                         │
│  ┌───────────────────────────────────────────────┐     │
│  │          その他の情報、操作メニューなど              │     │
│  └───────────────────────────────────────────────┘     │
└─────────────────────────────────────────────────────────┘
```

図9-3　パソコン版セルフ・ディスパッチ・システム画面例

アの全体像が，修理技術者に可視的になっただけではなく，修理技術者の個別の状況というエリアの詳細情報までも可視的になった。このことは，適切で柔軟な仕事の割り付けにとどまらず，相互に支援しあうことも可能としたのである。

（4）ケータイ・テクノロジーによるセルフ・ディスパッチ・システム

2000年頃，ケータイネットワーク・アプリケーションを構築するためのサービスが提供され，セルフ・ディスパッチ・システムも，このケータイ・テクノロジーを導入したシステムへと変化した。基本的なデザイン・コンセプトは，ノート・パソコン版のシステムを踏襲している。しかし，その利用は大きく変化した。モバイル・ツールは「いつでも，どこでも（anytime, anywhere）」利用できることが特徴であるが，実際には，パソコンの立ち上がりの遅さ，高層ビルでの通信の不安定さなどの理由により，パソコン版システムで，エリアが可視化されるのは，拠点のオフィスにいる時と，顧客先を訪問する前後の1日数回のみであった。一方，ケータイ版セルフ・ディスパッチ・システムでは，顧客先でのちょっとした修理の合間でも，ケータイの画面を参照でき，真の意味で「いつでも，どこでも」エリアを可視化できるようになった。これにより，修理技術者たちは，時々刻々と変化するエリアの生態系を絶えず意識しつつ，以前にも増して，エリアの状況に即した修理活動や，仕事の割り付けを行なえるようになったのである（図9-4）。

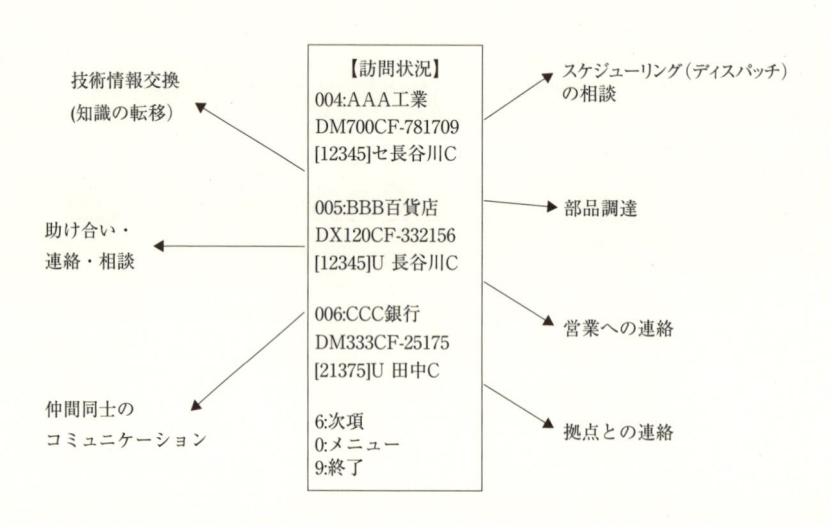

図9-4　ケータイ版セルフ・ディスパッチ・システムを介した多彩なコミュニケーション

4節　センターとフィールドの関係の再編

　派遣システムによるエリアの可視化は，ワークプレイスの活動や社会組織と無関係に行なわれてきたわけではない。むしろ，その時々のワークプレイスにおけるセンターやフィールド，バックオフィスとの関係や，支配の構造など，社会組織との相互作用のなかで，可視化のデザインも変化してきたのである。ここでは，派遣システムのデザインの変化とともに，活動や組織構造がどのように変化したのかをみていく。

1　修理活動のネットワークの再編

　コール・センター・システムからセルフ・ディスパッチ・システムへのデザインの変化は，フィールドにおける修理技術者の活動を再編した。コール・センター・システムでは，センターのみがエリアを可視化することができ，エリア内の修理技術者の活動を支配した。修理技術者たちは，センターから次にどこへ行くかを指示され，指示に従って顧客先を訪問し，修理を行なった。セルフ・ディスパッチ・システムになると，派遣の方法は一変した。エリアの状況は個々の修理技術者に可視的になり，指示に従うのではなく，エリアの状況をみずから判断し，自主的に訪問先を決定した。

　しかしながら，この変化は，単に派遣方法の変化だけにはとどまらなかった。彼らは，フィールドの状態に応じて，状況的に修理のやり方も再編した。通常の修理においては，トラブルを修正して機械を動かすための修理活動と，トラブルを発生しにくくするための再発防止活動とを行なう。しかしコールが多い状況では，まず「動かす」ことを優先して，エリア内のコールリストに次々に対応する。そして再発防止のための活動は，時間のできたときにあらためて行なうのである。このように，エリアの状態に即して，修理手続きを柔軟に再編していた。あるいは，セルフ・ディスパッチの画面で，長時間かかっている同僚を認識すると，「状況はどう？」「何か手伝えることはありますか」などと電話をかけて，同僚を支援するなど，エリア全体として，機械をどのように修理・保守するのが適切かを考慮した状況的な活動が行なわれるようになった。

　コール・センター・システムでは，派遣の権限はすべてセンター側にあり，エリアは一方的にセンターから可視的である。逆にフィールドの修理技術者からはエリアは不可視であり，センターから常に支配されている感覚をもっている。これに対して，セルフ・ディスパッチ・システムは，修理技術者自身にも，エリア全体の状況が可視的になり，相互に各メンバーがどのような状態であるかを可視化しているという点において，ハッチンス（Hutchins, 1990）のいうオープン・ツールのような道具になっ

ている。ハッチンスによれば，たとえば，チームで航行するとき，チームの1人が地図にどのような書き込みをしているかは他のメンバーにも見える。さらに，その書き込みによって，そのメンバーが状況をどのように認知しているかが，他のメンバーにも可視的になっている。このように地図は，「観察の地平」をチーム内で共有可能にするようなオープン・ツールとしての性質をもった道具だというのである。セルフ・ディスパッチ・システムも同様に，オープン・ツールとしての性質を備えるようデザインされたことや，エリア内の他のさまざまなリソースと結びついて利用されることで，チーム・メンバーどうしの状況的で協同的な活動を生み出すことができたといえる。

2 派遣の権限と緊張関係の再編

　コール・センター・システムにおいては，権力はセンターに集中し，フィールドの修理技術者の活動はセンターによって支配されていた。現場の修理技術者たちも「センターによって動かされている」と感じていた。しかしながら，前述したように，実際には，センターによる可視化は，適切な派遣を行なうためには十全なものではなかった。現場の具体的なエリアの生態系に関する情報の欠如により，時として適切とはいえない派遣が行なわれることがあった。たとえば，エリアの端から端まで移動しなければならなかったり，トラブルの困難さに対して適切な人が派遣されなかったりした。このような状況下で，センターとフィールドの間には，支配する側とされる側という緊張関係が存在していた。この緊張関係を調整し，コール・センター・システムを破綻させることなく機能させていたのは，前述したような，ベテランの修理技術者による制度化されていない調整活動であった。

　セルフ・ディスパッチ・システムに変化したことで，「訪問先の決定」という派遣の権限は，センターから修理技術者に移行した。これは，センターに集中していた派遣の権限が分散し，修理技術者が自主的に働くことができるシステムへの移行を意味する。実際に，修理技術者はインタビューでも「今は動かされているのではなく，自分自身で動いている感じがする」と述べている。

　しかしながら，自主的なシステムといいつつも，支配がまったくなくなったわけではない。修理技術者を支援するバックオフィスの主任たちは，修理技術者たちの行動を監視し，ときには派遣の方法に介入する場合もある。基本的には，自主的な派遣システムはうまく機能しているが，多忙時には，エリアが可視的になることで，「追い立てられるような気がする」「忙しい時は指示されたほうが楽だ」と述べる修理技術者もいた。多忙な状況下では，自主的な派遣システムは，メンバー間にも緊張関係を生み出すこともある。彼らも人間であり，エリアにとって必ずしも適切とはいえない行動をとることもある。たとえば，技術的に得手・不得手があり，苦手な機種やトラ

ブルを避けるような行動を示すこともある。あるいは，トラブルの多い機械を回避したい気持ちもある。このような時，フィールドの修理技術者間で，不協和音が生じることもある。そこで，主任は修理技術者たちの自主的な派遣システムに介入し，エリア全体の視点から，次にどこに行ってほしいと，指示するのである。

コール・センター・システムのときには支配する側とされる側としてのセンターとフィールドの間に緊張関係が存在していたが，セルフ・ディスパッチ・システムでは，派遣の権限がフィールドに分散されたことによって，今度は，修理技術者間に緊張関係が移動した（Kawatoko, 2003）。この緊張関係は，バックオフィスによる新しい支配によって緩和されることで，セルフ・ディスパッチ・システムがうまく機能しているのである。すなわち，セルフ・ディスパッチ・システムという自主的で分散的なシステムによって，支配がまったくなくなったわけではなく，修理技術者どうしの同僚からの監視の視線や，バックオフィスによるゆるやかな支配という形に変化したのである。そしてその支配の移動にともない，緊張関係もセンターとバックオフィスから，修理技術者どうしに移動したのである。このように，コール・センター・システムからセルフ・ディスパッチ・システムへの移行は，センターとフィールド間の派遣の権限と緊張関係の再編を生み出したのである。

しかし，テクノロジーの変化によって，一方的にセンターとフィールドの関係，あるいは修理技術者どうしやバックオフィスとの関係が再編されたわけではない。セルフ・ディスパッチ・システムがうまく機能するかどうかは，チームの修理技術者どうしの関係が影響している。チームの側に互いに助け合う関係が存在していればうまくいくし，チーム・メンバーの関係性が悪ければ，自主的派遣システムは破綻するであろう。観察対象のフィールドでは，セルフ・ディスパッチ・システムが効果的に機能していた。これは，チームワークとか自主性という素地が，もともとこのフィールドに存在していたためである。システム導入者の話によれば，当初は自主的なシステムがうまくいくのかという危惧を指摘する声が多かったという。しかしながら，コール・センター・システム時代のベテラン技術者の非公式な調整行為にみられるように，ベテランが多く，各人に任せても大丈夫であろうということから，自主的なシステムへの移行が決定されたという。このようなシステムは，修理技術者のコミュニティならどこでもうまく機能するわけではない。セルフ・ディスパッチ・システムがうまく機能するためには，それを使う側のコミュニティにおけるメンバーどうしの社会的関係が切り離せないのである。

3 組織構造の再編

派遣システムの変化は，修理技術者の派遣方法を変えるにとどまらず，修理に関わる複数の組織構造をも変化させた。最も大きな変化は，ディスパッチャという役割の

存在である。物理的なボード・システムの時は，その物理的制約から，1人が担当できるエリアの範囲は非常に限定的なものであった。ディスパッチャの人数も多く，1人で数カ所のエリアを担当していた。彼らは，比較的エリアに近い場所に遍在していた。しかしIT化が進むと，コール・センターは徐々に集中・統合化され，1人が担当するエリアの数も徐々に増え，逆にディスパッチャの数は減少していった。セルフ・ディスパッチ・システムになると，ディスパッチャの役割は非常に限定的なものとなり，人数も激減したのである。このように，派遣システムのデザインの変化と同時に，修理のための組織構造や役割構造なども再編されたのである。

以上のように，テクノロジーが社会的ネットワークを再編することと，社会組織がテクノロジーへの影響を与えることは，相互構成的なものである。セルフ・ディスパッチ・システムをデザインすることは，単に道具のデザインにとどまらず，センターとフィールドの関係，派遣の権限や緊張関係，センターの役割と組織デザインなど，さまざまなものを同時にデザインしているのである。

5節　デザイン・プロセス：デザイン・ネットワークの構築

一般的に，モバイル・ワーカーとは，さまざまな場所を能動的に動き回る人々がイメージされる。しかしながら，チャーチルら（Churchill & Wakeford, 2002）は，「路上の戦士（road warriors）」や「地球を飛び回る活動家（globe-trotters）」としてイメージされるような，典型的なモバイル・ワーカーがもつ機動性という性質以上に，実際のモバイル・ワーカーにとっては，協同的な同僚への適時なつながりという性質が，モバイル・テクノロジーのデザインにとって重要であると指摘する。本稿で取り上げている修理技術者の事例でも，彼らは，空間的に分散した仕事場で，ゆるやかで継続的な協同作業を行なっている。ここでの中心的な課題は，機動性ではなく，分散した仕事場間でのコミュニケーションや調整活動である。

本節では，協同的活動への新しいテクノロジーの適用が，テクノロジーを利用する実践と社会組織との関係によって生じたものであると同時に，参加デザインをとおしても，もたらされたものであることを述べる。特にモバイル・テクノロジーを使用したセルフ・ディスパッチ・システムのデザイン・プロセスを詳細に検討することで，派遣システムが，いかにして，修理技術者のワークプレイスや彼らの社会的なネットワークを可視化および組織化する道具として，再デザインされてきたのかをみていく。さらに，どのようなデザイン・コミュニティとリンクし，どのようにデザイン・コミュニティのネットワークが再編され，このようなシステムが再デザインされてきたのかをみていく。

1 活動のネットワークの理解と再編

　既に述べたように，センター・システムにおいて，派遣の権限はセンターに集中し，修理技術者たちは，センターの指示を受けて活動するものとしてデザインされていた。しかしながら，そのシステムがうまく機能するためには，修理技術者たちの制度化されていない調整活動が不可欠であった。このような実践と，分散的な派遣の制御を可能とするモバイル・テクノロジーが結びついたことで，センター・システムから，権限が分散した自主的な派遣システムへの転換が可能となった。

　このような現場での実践がデザインに反映された理由として，システム開発者3名のうち2名がフィールドでの修理技術者としての経験者であり，現場でベテランの修理技術者たちが行なっているコール・センターとの調整活動などをみていたことが挙げられる。彼らは現場で修理技術者として働きながら，「観察者」として，同僚の活動を見ていたのである。このように，修理技術者としての経験に加え，観察者としての経験から，修理技術者自身が行き先を決定するというアイデアが着想された。

　多くの場合，システムや道具をデザインする部門とそれを用いる部門は異なる。システムをデザインする部門は，デザインの詳細な仕様書を作成することはできても，それを使用するユーザーの仕事や活動の詳細を記述することはできない。ユーザーの活動や背後にあるネットワークへの理解不足によって，しばしば使われない，もしくはブレイクダウンを起こすデザインが生み出されている。典型的な事例として，バトンとハーパー（Button & Harper, 1993）は，ある工場における受注システムを紹介している。システム導入前，顧客からの生産の注文票は，本社と工場に紙で同時に送られ，工場では，正式な注文票が届く前に，顧客と連絡をとり，注文票の不明な点をやりとりするなど，生産準備を開始していた。しかし，新しいシステムの導入とともに，仕事の流れは，注文票，生産準備，生産，発送と，単線的に定式化されてしまい，このような事前の準備活動ができないことで，ブレイクダウンがもたらされた。

　セルフ・ディスパッチ・システムでは，システム開発者のなかに，かつて修理技術者としてフィールドで活動し，同僚の活動を見ていた者がいたことが，修理技術者たちの調整活動を派遣システムのデザインへ反映させ，センター中心のシステムから自主的なシステムへと，再デザインの着想をもたらしただけではなく，十分な活動のネットワークの理解によって，ブレイクダウンを起こさないシステムの再デザインをもたらしたといえる。

　ここで重要な点は，このようなデザインの変更が，単にモバイル・テクノロジーを導入しただけでは成功しないであろう，という点である。モバイル・テクノロジーによって，分散的な派遣システムをデザインすることは可能である。しかしながら，自主的にチーム・メンバー間で調整活動を行なう下地のないチームに，このようなテク

ノロジーが導入された場合，修理技術者たちは顧客リストの順番にディスパッチするだけという行動をとる危険も存在するのである．センター・システムの時代から，チームで協同的にエリアを保守作業するというチームワークの意識をもち，その都度，調整活動を行なっていた組織と，モバイル・テクノロジーがリンクすることによって，初めてこのようなデザインが生まれることを可能としたのである．このように，デザインとは単にテクノロジー単体で行なわれるものではなく，それを使用するユーザの活動のネットワークをも含む社会システム全体をデザインすることに他ならない．

2 ユーザー・コミュニティとのリンク

　セルフ・ディスパッチ・システムの開発・導入は管理部門の主導によって行なわれたが，その設計段階や検証実験のプロセスには，システムのユーザーである修理技術者たちが参加している．システムの開発時には，20数名からなるタスクチームが形成され，システム開発の推進者（管理部門），現場（実験サイト），コール・センターなど，派遣システムにかかわる複数の部門の人たちが，メンバーとして参加した．かつて修理技術者としての現場経験をもつ推進側のマネージャーは，汎用的なシステムが，しばしば膨大なコストのわりに使えないシステムが多いことを指摘し，セルフ・ディスパッチ・システムのデザインにおいては，意識的に，従来のシステム・デザインとは異なるアプローチとして，現場の修理技術者たちをデザイン・プロセスへ参加させたという．このことにより，彼らの活動のネットワークを，より具体的にシステムのデザインに反映させることを可能とした．実証実験後の本格的なシステムの展開には，トップダウンに行なうのではなく，デザインや実験に参加した人たちを全国展開の説明員として，徐々に全国に広めていった．

　このように，ユーザーとリンクする最も直接的な方法は，デザイン・プロセスにユーザーを参加させることである．しかし，さまざまな理由で，デザインにユーザーが参加することは容易ではない．たとえば，理解困難なソフトウェア仕様書などが壁になって，ユーザー・サイドがデザインに関与することは障壁が高い．この困難を克服しようとしたのが，ボトカーら（Bødker & Grønbæk, 1995）によって提唱されている参加デザインとよばれる方法である．彼らは，地方自治体のデータベース・デザインの事例において，ハイパーカードによるプロトタイプを用意し，ユーザーと議論しながら，リンク構造やボタンデザインを，その場で変更しながらデザインを行なった．このやりとりを通じて，ユーザー側からの具体的な提案を引き出していった．ソフトウェア仕様書の代わりに，協同的なデザインを可能とする，プロトタイプという道具により，デザイン・サイドとユーザー・サイドの新しいネットワーク構築が可能となったのである．

セルフ・ディスパッチ・システムの仕様検討においても，システム開発者と，利用者である修理技術者とのコミュニケーションのために，プロトタイプが用いられた。開発者側のプロトタイプの考え方は，あくまでも，現場の意見を抽出するための道具として位置づけ，最初はシンプルな画面構成のものを作成した。そして，タスクメンバーとの相互作用を通じて，プロトタイプを修正していった。彼らは，プロトタイプの実際の画面を見ながら，数日間にわたってシステムの考え方，機能，操作を説明し，議論を行なった。

社会システムとしてのセルフ・ディスパッチ・システムのデザインを考えるとき，ユーザーとのリンクは不可欠である。プロトタイプを介したシステム設計者とのコミュニケーションを通じて，修理技術者たちは，多くの指摘や提案を行なった。たとえば，修理技術者の状態表示（訪問中，食事，パーツ配送など）として何が必要かを具体的に提案した。彼らは，何が可視化されていることが，同僚の活動状況を的確に把握し，適切にディスパッチを行なうことができるのかを知っており，それをユーザー自身で，仕様へと反映させていった。ユーザーとリンクすることは，単に使いやすいシステムを作ることにとどまらない。参加デザインを通じて，セルフ・ディスパッチ・システムのデザインと活動のネットワークとがリンクされ，派遣のためのシステムから，エリアやグループ活動を可視化し，チームワークを支援する協同作業支援ツールへと，デザインおよびデザイン活動を変化させていったのである。

3　ネットワーク・インフラのコミュニティとの同盟関係の構築

モバイル・テクノロジーを用いたセルフ・ディスパッチ・システムは，当初，ノート・パソコンを用いたシステムであった。しかし，ノート・パソコンは重く，通信も不安定で，立ち上がりも遅いという問題から，ディスパッチのために，ノート・パソコンを使うことに抵抗をもつ人たちもおり，一部の人たちは，セルフ・ディスパッチ・システム導入後も，バックオフィスに電話をして，ディスパッチをしてもらう，という方法を行なっている人たちもいた。このようなノート・パソコン版の課題を解消するために，ケータイ・テクノロジーの採用が検討された。パソコン版セルフ・ディスパッチ・システムの時代にも，連絡や相談のための道具としてケータイは使用されていたが，ネットワーク対応の情報端末としてのケータイの出現により，ケータイ版のセルフ・ディスパッチ・システムへの移行が行なわれた。

ケータイ版のデザインの際，狭い画面に，いかに必要な情報を配置するかがデザイン上の課題であった。システム開発者たちは，ディスパッチに必要な最小限の情報だけを表現し，パソコン版の多くの情報を削除したプロトタイプを作成した。しかしながら，もはや単なる派遣のシステムではないことを知っている現場の修理技術者たちは，パソコン版の情報をできる限り盛り込むことを要求した。操作性に制約の多いケ

ータイ版のデザインにおいて，表示する情報をできるだけ制限して，操作性の向上を図りたかった設計者に対して，ユーザーとしての修理技術者たちは，操作性よりも，必要な情報が可視化され，チームとして，エリアをより適切に修理・保守できる道具のデザインを望んだのである。その結果，ユーザーの意見が反映され，ケータイ版のプロトタイプは再デザインされた。

　プロトタイピングは，ハイパーカードのようなプロトタイプツールではなく，実システムと同じ言語を使って作成されたため，プロトタイプから，実証実験へと円滑に移行することができた。まず全国の縮図といえるような，いくつかのエリアからなる地域を選択し，そこで数か月に及ぶ実験的な試用を行ない，その結果をデザイン側にフィードバックし，再デザインを行なった。しかしながら，実証実験の段階では，ケータイのネットワーク・インフラは，まだまだ不安定な要素が多かった。実証実験期間中も，ネットワークに関してさまざまなトラブルが発生した。この問題を解消するためには，ケータイとネットワーク・インフラを提供している企業との，同盟関係の構築が必須であった。実験に参加した修理技術者たちは，エリアの地図を持ち歩き，ネットワーク・トラブルが発生した箇所と症状を地図に書き込んでいった。このデータをネットワーク・インフラの企業に提供することで，これらの問題解決に取り組んでくれた。このような同盟関係が構築されなければ，セルフ・ディスパッチ・システムは，たとえシステムとして一応の完成をみたとしても，実用に耐えるものにはならなかったであろう。特に，新しいテクノロジーによるシステムをデザインする際には，テクノロジーを提供する企業との同盟関係をうまく結べるかどうかは，そのシステムの成否に大きな影響をもってくる。このように，デザイン・プロセスのなかでは，ユーザー・コミュニティ，テクノロジーを提供してくれる企業など，多彩なコミュニティとリンクし，デザイン・コミュニティのネットワークを絶えず再編していくことが重要である。

6節　ワークプレイスにおけるケータイ・テクノロジーの意味の再考

　本章では，修理技術者たちのエリアを可視化する道具である，派遣システムを事例として，このようなシステムが，それを使用する実践と社会組織との相互作用のなかで，いかにして社会システムとしてデザインされてきたのかをみてきた。ここでは，特に，セルフ・ディスパッチ・システムにおけるケータイ・テクノロジーについて再検討し，ワークプレイスにおけるケータイ・テクノロジーの意味を再考する。

　一般的にはケータイ・テクノロジーは，個人と個人を結びつけるきわめてパーソナルなテクノロジーであると考えられている。しかしながら，今回示した修理技術者の事例では，ケータイ・テクノロジーは，パーソナル・テクノロジーというよりも，む

しろ協同的に働く人々の間を結びつけ，チーム・メンバー間での社会的なネットワークを形成するためのグループ・テクノロジーとして利用されていた。セルフ・ディスパッチ・システムは，複数の修理技術者からなるチームが担当するエリアを可視化している。時々刻々と変化するエリアの状況が可視化されることで，修理技術者たちは，エリアの状況に最適な派遣の割り付けを行なうための調整行為を組織化する。セルフ・ディスパッチ・システムが可視化しているのは，エリアにとどまらない。グループ・メンバーの活動も可視的にしている。今どこに誰がいて，どのような状況なのか，困っているメンバーはいないのかなどが可視化される。このことにより，地理的に分散して働いているチーム・メンバーどうしでも，絶えず仲間の状況を把握でき，親密な協同作業を行なうことができている。こうして，修理技術者の間では，ケータイ・テクノロジーはパーソナル・ツールというよりも，グループ・ツールとして位置づけられている。

エリアやグループ活動を可視化することは，パソコン版のセルフ・ディスパッチ・システムでも行なわれていた。しかし，ノート・パソコンのような重いシステムは，必ずしも絶えずエリアを可視化することができなかった。ここでは必要な都度システムを立ち上げ，意識的にエリアを可視化する必要があった。絶えず変化を続けるエリアやチーム・メンバーの状況を可視化するには，ノート・パソコンによるテクノロジーでは十分ではなかった。これに対して，ケータイ・テクノロジーは，エリアやグループ活動の可視化に重要な影響を与えた。ケータイ・テクノロジーのような軽いシステムは，常に，個人の側に置かれ（あるいは身につけ），絶えずエリアの状況を可視的にすることによって，常にエリアという空間に分散しているチーム・メンバーをつなぎ，彼らの存在を常に身近に感じさせ，チームという単位の存在を意識させる。ここでは，ケータイ・テクノロジーは個人と個人を結びつけるパーソナルな道具ではなく，チーム・メンバー間の社会的ネットワークを可視化するグループ・テクノロジーである。このことは，ケータイ・テクノロジーそのものが，パーソナルであるとかグループ・テクノロジーであるということをいっているのではない。むしろその意味は，ケータイという人工物そのものの性質ではなく，それが使用される実践や社会組織との関係のなかで構成されている。ケータイ・テクノロジーは，セルフ・ディスパッチ・システムのなかで利用されることで，グループ・テクノロジーとしての意味を顕在化させた。同時に，セルフ・ディスパッチ・システムもまた，ケータイ・テクノロジーによって，常にエリアやグループ活動を可視化することができ，協同活動の道具としての性質を強化していった。このように，テクノロジーとそれを利用する実践とは，相互的に構成されている。

ケータイ・テクノロジーのもう1つの側面として，「いつでも，どこでも」という性質がある。時間と空間を超えて，いつでもどこでも，個人と個人を結びつけるテクノロジーである。セルフ・ディスパッチ・システムでは，サービス・エリアや修理技

術者たちの状況を可視化することで，彼らはエリアの中をどのように移動し，次にどこに行くべきかを状況的に決定している。この点において，エリアを可視化するケータイ・テクノロジーは，修理技術者たちの時間と空間を再構成しているのである。しかしその一方で，セルフ・ディスパッチ・システムでは，特定の物理的空間であるエリアを可視的にするという点において，ケータイ・テクノロジーの「いつでも，どこでも」の性質と対照的な特徴をも表現している。エリアの可視化は，チーム・メンバーにエリアを強く意識させ，メンバーの視野や活動をその特定の空間へと固定化する。さらに，エリアを担当するグループ・メンバーの状況の可視化は，チーム・メンバー間のつながりを強化する一方で，他チームとの境界を明確にする。これは，時間と空間の制約を解き放ち，人と人を自由に結びつけるケータイ・テクノロジーと対極をなす性質といえるであろう。このような性質は，物理的に固定化された空間であるエリアを保守する修理技術者，という社会組織との関係のなかで，ケータイ・テクノロジーの意味が再構成されたといえる。

　以上のように，今回示したセルフ・ディスパッチ・システムの事例は，ワークプレイスにおけるケータイ・テクノロジーの意味の再考を必要とする。ケータイ・テクノロジーは単にテクノロジーそれ自体として，パーソナル・テクノロジーであるわけではなく，時間と空間を超えて個人と個人を結びつけるテクノロジーというわけでもない。むしろ，それを利用する実践とリンクすることで，意味が都度，再構成されている。このことは，ケータイ・テクノロジーをデザインすることは，テクノロジーそのものをデザインすることではなく，ユーザーの活動のネットワークや社会組織をも含めて，社会システムとしてデザインすることであると考えることができるであろう。

10 章

テクノソーシャルな状況

ケータイ・メールによる場の構築

伊藤瑞子・岡部大介

1節　はじめに

　ケータイ利用が日常化するにつれて，制度的な規制や，特定の場所におけるマナーに対する議論が表出してきた。テクノロジーは，社会生活に変化をもたらす要因となるが，特にケータイは，既存の規範（norm）や社会的境界（social boundaries）（序文参照）を混乱させる対象として批判されてきた。ケータイによる社会変化の1つは，場所や時間といった制約から私たちを自由にしたことであるが，その一方で，ケータイによって，特定の場所におけるマナーや「社会的出会い（social encounters）」の品位（integrity）が低下したと非難されることもあった。プラント（Plant, 2002）も「鳴らない電話でさえ，その存在はある社会集団に参加しているような感覚をもたせる。…そして，多くの人々は，着信があるかもしれないという思いを胸に，今その場にいる人々から興味をそらしてしまう傾向にある」と述べている。

　日本においてみられる頻繁なケータイ・メール利用は，これまでにない社会的状況（social situations）（Goffman, 1963）を構築した。その社会的状況とは，広範なケータイ利用によって織り成される「テクノソーシャルな状況（technosocial situations）」である。テクノソーシャルな状況とは，ケータイという技術的なものと，私たちがケータイを用いる際の社会的な実践（practice）とが織り成す「場」として，ここでは定義しておく。本章では，このテクノソーシャルな状況における，特にケータイ・メールを利用したコミュニケーションが，どのように構成されているのか示していく。ここでの中心的な視座は，ケータイは，社会秩序（social order）の崩壊をもたらすメディアでもあるが，社会秩序を再構築するメディアでもあるという点である。はじめに，この調査で用いる方法論的／概念的枠組みを紹介し，その後，3つのテクノソーシャルな状況として，「メールチャット（mobile text chat）」，「バーチャ

ルな場の共有感（ambient virtual co-presence）」、「『集まり』の拡張（augmented "flesh meet"）[i]」について紹介していく。

2節　方法論的／概念的枠組み

1　調査概要

　本章では，慶應義塾大学湘南藤沢キャンパスを拠点に，継続的に行なっているケータイ利用と場所に関するエスノグラフィックな調査について紹介する。調査は，大別して2つからなる。1つは，2000年の冬に伊藤が実施した調査によるもので，高校生と大学生に対して実施した，ケータイを含むメディア利用に関するインタビューから得られたデータである。そして，本章の中心となるデータは，2002年7月から12月にかけて筆者らが行なった，「コミュニケーションダイアリー」（内容については後述する）を用いた調査と，それに基づくインタビューから得られたものである。データ収集の際に注力した点は，年代，性別などが異なるさまざまな人々が，いつどこで特定のモバイル・コミュニケーションを行なうのかということである。ケータイ・メールなどのモバイル・コミュニケーションは，つかの間の瞬間に行なわれるため，その実践をとらえようとすることは非常に困難である。よって，調査協力者自身に，ケータイ利用のログを記録してもらった。これが，先述したコミュニケーションダイアリーを用いた方法であり，これはグリンターとエルドライド（Grinter & Eldridge, 2001）の手法を参考にしたものである。彼らは，7日間にわたって，すべてのテキスト・メッセージについて，その送受信の時間，メッセージの内容，長さ，場所，受け手（あるいは送り手）を記録するよう調査協力者に求めた。このデータ収集方法は，実際に観察する手法に比べれば間接的にみえるかもしれないが，詳細な利用状況の理解が可能である。

　本調査では，ケータイ・メールだけではなく，通話，ケータイ・インターネットの利用についても，コミュニケーションダイアリーに記録するようにし，さらに，グリンターらの項目に加え，利用場所やそのコンテクスト（context）の理解につながる項目を増やした。最終的に，調査協力者には，2日間，すべてのケータイ利用について，時間，連絡をとった相手，受信したのかそれともみずから連絡をとったのか，その時どこにいたのか，どのコミュニケーション手段を利用したのか，なぜそのコミュニケーション手段を選択したのか，周囲には誰がいたのか，利用にあたって何か問題があったかどうか，そしてコミュニケーションの内容について記録してもらった。2日間にわたるダイアリーへの記録の後，ケータイ利用履歴などの背景情報，ケータイ利用時の「ふるまい」，コミュニケーションダイアリーのなかの特徴的な記録などに

ついて，より詳細にインタビューした。この調査には，16〜18歳の7人の高校生，18〜21歳の6人の大学生，40代の2人の主婦とその子どもたち（10代），21〜51歳の9人の社会人が調査協力者として参加した。なお，男性は11人，女性は13人である。結果，高校生と大学生で，合わせて594件のケータイ・コミュニケーションの事例が得られ，社会人では229件の事例が得られた。調査協力者の大部分は関東・東京エリアに住んでいるが，7人は関西・大阪エリア在住である。

2 テクノソーシャルな状況／場

　ケータイの利用と場所に関する多くの研究は，特定の社会的な場（social setting[ii]）において，その公共性を混乱させる対象としてケータイを取り扱ってきた。こうした研究においては，特定の場所における観察データから，ある物理的な場所や状況と，ケータイ利用との関係が分析されてきた（Weilemann & Larsson, 2002；Ling, 2002；Murtagh, 2002；Plant, 2002；7章）。一方で，ケータイによるコミュニケーション「によって」構成された場に焦点を当てた研究は多くはないが，テキスト・メッセージのやりとりの詳細を記述したもの（Grinter & Eldridge, 2001；Kasesniemi & Rautiainen, 2002；Taylor & Harper, 2003）や，ケータイ通話の慣習を調査した研究（Schegloff, 2002；Weilenmann & Larsson, 2002），ケータイ利用とワークプレイスの構成について調査した研究（Schwarz, 2001；Laurier, 2002；Brown & O'Hara, 2003；9章）などは興味深い。

　他のモバイル・コミュニケーションと場所に関する問題に対するアプローチは，総じて，ケータイを介した実践（practice）による，物理的な場とネットワーク化された場が複層化していくという視点が中心となっている（たとえば，Laurier, 2002）。ネットワーク化されたテクノソーシャルな場を社会的状況とみなし，分析対象とする場合，観察法とは異なる方法論が必要となる。まず，さまざまな物理的な場所を移動しながら行なわれるモバイル・コミュニケーションを追跡する必要がある。そして，場所とテクノロジーを切り離さず，それらが複合的に関与するコミュニケーションを理解していく必要がある。ケータイは，職場やレストランにおける対面的な相互行為や，固定電話によるコミュニケーションの場を根本的に変えたが，ケータイによる新しい社会的な場の理論化は十分とはいえない。そのためには，テクノロジー，社会的実践，場，これらをテクノソーシャルな枠組みで統合的に理解することが重要だと考える。

　ところでメイロウィッツ（Meyrowitz, 1985）は，ゴフマンの述べる社会的状況について，電子メディアの影響を加味して論考している。メイロウィッツに従えば，壁などによって仕切られた物理的空間のみが，社会的状況を構築するわけではない。テレビなどの新しいコミュニケーション・メディアが広く使われるようになれば，社会

的状況は再編される。メイロウィッツは、ゴフマンや状況論者（situationists）の研究に基づき、社会的アイデンティティや社会的実践とは、特定の社会的状況に埋め込まれたものであるという視座を保持している。そして、電子メディアを、従来の社会的状況を区分してきた境界を飛び越えるものとして着目する。ゴフマンの理論や状況論では、電子メディアの影響についてはおさえきれていない。一方で、メイロウィッツは特に、1960年代のテレビの登場による新たな情報の流れ（information flow）によって、男／女、大人／子ども、権力者／非権力者といった位階の境界が侵食されたと述べている。

メイロウィッツによれば、メディアが介在する社会的状況を扱うには、特定の物理的な場所における対人的な出会い（encounters）のみを社会的状況とみなす考え方を捨てる必要がある（Meyrowitz, 1985参照）。本章はこのメイロウィッツの主要な知見に基づいて分析を進めるが、分析対象という意味では、メイロウィッツが対象とした、マス・コミュニケーション、情報、アイデンティティといった事柄に焦点を当てるというよりは、むしろ、ゴフマンもしくは状況論者が分析対象とする、個人間のコミュニケーションや相互行為、そしてその状況へと視点を向ける。

本章では、社会的実践や相互行為に関する理論的知見と、「技術に媒介された社会的秩序（technology-mediated social orders）」という概念枠組みとを統合する[iii]。メイロウィッツが示したように、多くの社会的秩序／規範は、物理的な空間と電子情報システムが関連しながら成り立っている。人類学的な観点では、これと同様の事柄を、メディアが創造する「トランスローカルな文化の流れ（translocal flows）」という概念を用いて分析してきた（Appadurai, 1996；Clifford, 1997；Gupta & Ferguson, 1992）。本章では、こうしたトランスローカルな文化の流れをみる場合に、一方で、局所的な場やコンテクスト、状況の細部に対して注意深く意識を向けることが非常に重要だと考える。メイロウィッツによれば、電子メディアは、特定の社会的境界を崩壊させる影響力をもつ。この観点に加え、筆者らは、電子メディアとは、新たな社会的境界を構築し、具現化する影響力をももち合わせていると考える。この視座にのっとり、本研究では、現在まで歴史的に文脈化されてきた（contextualized）テクノロジーを取り巻く実践が、「技術的なこと」と「社会的なこと」と不可分な関係にあるという観点で議論を進めたい（Callon, 1986；Latour, 1987；Haraway, 1991；Clarke & Fujimura, 1992；Bijker et al., 1993）。

以下では、物理的な場所を拡張するテクノソーシャルな状況の具体例を紹介していく。その際、ゴフマンはじめ諸研究者によって展開されてきた「社会的期待（social expectation）」、「役割定義（role definition）」、そして「場所」に対する知見を援用したい。そのうえで、ケータイは、これまでの社会的状況の定義を根本的に覆したが、一方で、新しいテクノソーシャルな状況や、アイデンティティ、場所の新しい境界を定義することになった点について言及したい。ケータイによって物理的な境界を越え

ることが可能になり，どこでもつながることができて，社会生活が寸断（fragment）されるようになったと述べるだけでは，モバイル・コミュニケーションによってもたらされた大きな社会的変化の一側面しかみていない。ケータイは，技術的水準や社会的規範の要素が融合されたテクノソーシャルな実践を創出したし，それと同時に，地理的な構造と技術的な構造とが深く結びついた新しい場を生み出したのである。以下，本章では，新しいコミュニケーション様式であるケータイ・メールによって構築された「メールチャット」「バーチャルな場の共有感」「『集まり』の拡張」という3つのテクノソーシャルな状況を紹介する。

3節　ケータイ・メールと若者

　携帯情報端末によるメッセージのやりとりは，1990年代初期のポケベルが流行した時期に，高校生や大学生によって普及し，広く一般化した（序章参照）。ポケベルが流行していた時代からみれば，ケータイ・メールは大きな技術的変化である。現在のテキスト・メッセージにみられる社会的実践や社会規範は，このような10年以上に及ぶ歴史のなかで構築されてきたものである。それゆえ，日本のケータイ・メール利用は，諸外国にはみられないようなユニークさをもつ。

　数年前まで，普及率からみれば，若者層によるケータイ利用が目立ったが，2002年頃から世代間における普及率の差は縮小している。このように，ケータイ利用が各世代で一般的になったとはいえ，いまだに若者の利用頻度や，利用方法は他の世代に比して特徴的である。学生と社会人のケータイ月額使用料を比較した2003年の調査によれば，社会人の月額使用料は，平均して5613円であるのに対して，学生は，月平均で7186円である（IPSe, 2003）。また特に，ケータイ・メールの利用についてみると，2002年当時，給与生活者の75.2%がケータイ・メールを利用していると回答する一方で，学生の場合は95.4%がケータイ・メールを利用している（Video Research, 2002）。また，1か月のメール送受信量の平均をみると，10代は20代の2倍の量にのぼる（20代が1か月およそ30通に対して10代は70通やりとりする）。学生の多く（91.7%）は1日に5通以上のメールをやりとりをすると報告されており（給与生活者の場合は68.1%），加えて，彼らは受信したメールに対してすぐに返信する傾向にある。また，「メールが着信したら，だいたいすぐに開く」人の割合も，学生は92.3%にのぼるが，給与生活者は68.1%である。（彼／彼女らより）年長の世代のケータイ利用者は，都合のいいとき，もしくは1日の終わりにまとめてメッセージを確認する程度と答えている。このように，若者のケータイ・メール利用は特徴的である。これは，彼らのモバイル・コミュニケーションの利用履歴も関係しているが，同時に，友だちや恋人とのコミュニケーション手段や「遊び場」が限られているという点も関係

している（Ito, 2005c；2章参照）。以下では，このような特徴をもつ若者のケータイ・メール利用の事例をみながら，そのやりとりによって構築されたテクノソーシャルな状況に焦点を当てて話を進めていく。

1 メールチャット

最初に，メールによるテキストベースの会話にみられるテクノソーシャルな状況を取り上げる。ここでは，カップル間でやりとりされたケータイ・メールによる会話の事例を2つ紹介する。2つの事例とも，公共交通機関という状況における，ケータイ・メール利用の特徴をよく表わしている。1つ目の事例は，大学生（女性）Jのコミュニケーションダイアリーからの抜粋である。彼女は，バスから電車への乗換中に，テキスト・メッセージをやりとりしていた。ちょうどアルバイトが終わり，バスに乗った直後に「彼氏」に連絡を入れたところである。以下，その時の実際の行動とやりとりを示す。

22：20　［バスに乗車（彼氏とのケータイ・メール開始）］
22：24　（送信）うぅ。終わったよぉ（>＿<）疲れた～。めちゃめちゃ忙しかったよ。
22：28　（受信）おつかれ＝（>＿<）
22：30　（送信）ずっと走り回ってた。○○（彼氏）だいじょぶ？
22：30　［バスの乗客がいなくなったので通話するが，途中でお客が乗ってきたので切る。］
22：37　（送信）いいなぁ花火見れてさっ（;＿;）
22：39　（受信）だから25日一緒に行こうよ！って言うか一緒に行きたい！
22：40　［バスを降りて，駅のホームへ］
22：42　（送信）泣泣泣（;＿;）だってミーティングあったら無理だもんっ！残留（大学に朝まで居残って作業すること）だもん！うぅ～
22：43　（受信）残留あったらいけないの？
22：46　（送信）うん…ホントは行きたいのに…（;＿;）
22：47　（受信）行けるようにはできないの？
22：48　［電車に乗る］
22：52　（送信）もうやだ…わかんない。次の日の発表の準備ができてたら…○○（彼氏）に会いたいよぉ（>＿<）なんかまた体調悪化。首痛いし気分悪くて吐きそう（;＿;）うぅ
22：57　（受信）明日には会えるから我慢しないとね（^O^）
23：04　［電車を降りる］
23：05　（送信）だよねだよね。今夜はまだやらなきゃいけないことがたくさんあるよ。寝れない！

インタビューにおいて，この学生Jは，彼氏へのメッセージのなかに，自分の居場所や状況であるとか，コミュニケーションが可能な状態か否かを示す「手がかり」を埋め込んでいると述べた。そのインタビュー箇所をみてみたい。

岡部　花火のトピックが10分くらい続いているんですが，この内容は，メールでやりとりするようなことなんですね？
J　会話を続かせるための話題に，途中からなっています．意地になっている，花火あたりが．私が言いたいことは，バイトのことなんだけれども，まだ暇な時間もあるし．25日の花火のことを話し続けた．
岡部　じゃあ「ほんとうは行きたい」というのは，嘘なんですね．
J　いちおう，嘘ではない．でも行けないから，「もうわかんない」とかって送りながらも，ニヤニヤしながら送っている．
岡部　とりあえずコミュニケーションを続けるということが重要なんですね．
J　そうですね，で，そろそろ長くなりすぎたなと思って，「体調悪化」とか，いきなり話題をかえてしまう…

　最後の「話題の転換」は，彼女自身がちょうど電車から降りようとした時，会話が終わりに近づいているということをさし示す合図として用いられている．彼女は，1人でバスに乗るその瞬間に会話の相手を「確保」し，バスの中の時間をちょっとした会話の時間に変え，ちょうど目的地に到着した時に会話を終えている．このカップルのやりとりは，両者の異なる社会的状況の境界を横断しつつ，調整されていたのである．この場合，バスや電車内で，椅子に座って，ケータイの文字盤を打つ余裕がある場合にコミュニケーションが開始され，電車を降りて歩きはじめた後，会話の終結に向けて調整が進められている．たとえば，エレベーターに乗り合わせた2人が会話を始め，その後片方がエレベーターを降りる際に，スムーズにその会話が終わるようお互い調整していくように，この事例でも，会話の「始まり」と「終わり」が相互達成されている．上記の例でいえば「体調悪化」というような「微妙な」文章のやりとりによって，彼女は，自分が会話の終結を求めていることを直接的な表現を避けて伝えようとしている．
　もう1つのケースは，20代の男性会社員Hの例である．彼は，電車で移動する間，「彼女」に対して，1通につき100文字以上の長文のメールを何度か送っていた．彼は，電車を利用している間の「無駄な時間」という状況と，ケータイというテクノロジーによって可能になった社会的状況について言及している．この事例では，実際のメールの内容をデータとして得ることはできなかった．しかし，彼は，コミュニケーションダイアリーのなかで，こうしたメールのことを「つぶやき」と記し，「彼女」からの返信を「つぶやき返し」と記している．

岡部　電車の中ではほとんどケータイをいじってるんですか？
H　そうですね．…ケータイ見ているか，っていう感じですね．なんかやってたいじゃないですか．なんか無駄な時間だって思いたくないじゃないですか．
…（中略）…
岡部　メールの内容は，ほんとにとるに足らない内容なんですか？　ダイアリーには「つぶやき」と「つぶやき返し」と書いてありますが．

H　はい。とるに足らないですけど，110文字っていうメールの長さですよね。結構深いことメールで述べてるんですよね。

　彼が「彼女」とメッセージをやりとりする「リズム」は，自分の状況を伝えるものとも，コメントとも，長い独り言ともつかないものである。しかし，こういったケータイにともなうふるまいは，単に1人でぼんやり過ごすだけの状況を，親しい人との「相互空間」へと変換する。この調査協力者は，彼女とのやりとりや，突発的な友だちとの待ち合わせや，同僚とのミーティングなどに関する日程調整で，電車内の移動の時間を「埋めて」いた。これら2つの利用形態は，テキストによる会話の多くの事例にみられた。本調査のなかでは，およそ半数の学生たちが，公共交通機関利用時に，こういった類のコミュニケーションを行なっていた。

　テキストでの会話において興味深い点は，それらが物理的な場所との関係でなされているということである。筆者らは，家庭，教室，公共交通機関，職場など，さまざまな場における，ケータイを介したテキスト・コミュニケーションに関するデータを収集してきた。ケータイのテキスト・コミュニケーションは，通話が規制されている公共交通機関のような（7章参照）特定の環境において，コミュニケーションの「隙間」を埋める役割をとるという点で特徴的である。

　ケータイのテキスト・コミュニケーションは，大学生Jの例でみたように，物理的な場所の変化に応じて調整されるし，ケータイ・メールの会話中に「間（pause）」が生じた場合も調整される。ケータイ・メールによるやりとりにおいて，ちょっとした間や，レスポンスの遅れは特に問題ない。しかし，返信までに10－15分の間ができると，たいてい謝罪の言葉を含めて返信したり，何か「用事」が入ってしまったなど，遅れた「理由」をほのめかす必要があるようだ。ケータイを介したテキストの会話にともなうテクノソーシャルな状況には，このような特有の社会的期待やリズムが備わっているのである。

2　バーチャルな場の共有感

　ある一定時間会話に専念する通話とは異なり，ケータイ・メールでのやりとりは，常に誰かからの連絡に対して意識を向け，「コミュニケーション・チャンネル」を開いたままにする。これは，仕事中にパソコン上でインスタント・メッセンジャーの「チャンネル」を常に開いておくようなものである。ただし，ケータイはどこでも持ち歩いているという点でパソコンとは異なる。筆者らのインタビューでは，例外はあるものの，ケータイ・ヘビーユーザーは常にたいてい2～5人，多くて10人の親しい人とメッセージのやりとりをしていると述べる。そして，ごく少数の友人や恋人などとは，ケータイ・メールを送り合うことをとおして，まるで24時間一緒に行動してい

るかのような関係を構築する。これが「フルタイム・インティメイト・コミュニティ」（仲島ら，1999；序文参照），もしくは，羽渕が「テレコクーン」（5章）と名づけたものである。こうして，ケータイ・メールを頻繁に使う人々は，睡眠中や仕事以外の時間は，常に連絡をとれる状態にあるという社会的な期待を負うことになる。

　筆者らの調査によれば，親しい友だちや恋人どうしの間でやりとりされるメッセージの多くは，本人たちにとっても，さほど重要ではないし，急を要するものではない。メッセージの多くは，「今，登り坂の途中」「疲れた…」「お風呂に入ってくる」「靴買っちゃった」「うわー，二日酔い…」「今日のドラマ最悪じゃなかった？」といったようなものである。こうしたメッセージのやりとりによって，通話，チャット，対面的な相互行為とは実質的に異なる社会的な場が構築される。数人の友だちや恋人間で共有されたバーチャル空間では，いつであれケータイ・メールを介して相手にアクセスすることが許容されている。ただし，彼らは積極的にコミュニケーション・チャンネルを開くわけではなく，いわば「声が聞こえる状況にいる（earshot）」ぐらいの期待に基づいてつながっている。これは，技術的な観点から見たら，特定の人がログインしているパソコンのオンライン空間のような，永続的な空間とはいえない（Mynatt et al., 1997）。しかし，テクノソーシャルな観点から見ると，人々は，定期的なメッセージのやりとりをとおして構成される永続的な社会的空間を経験している。また，上述したようなケータイ・メールのやりとりは，直接的な相互行為の状況と，まったく相互行為をなしていない状態との中間にある，なんとなく互いに認識し合っている空間を定義づける。それは，ある物理的な空間で，周囲に誰か他者がいることを認識しながら，直接会話をするわけでもなく，その空間を共有しているようすに似ている。ケータイ・メールの多くは，自分の状況やようすについて伝えるために送受信される。それは，同じ場所にいる相手の存在を意識し，その人の注意をひくために，微笑んだりちらっと視線を送ったりすることにも似ている。ケータイ・メールにみられるメッセージも，これと同様に，相手のバーチャルな空間に入っていく方法なのである。

　ここで，本研究の調査協力者のなかでも，ケータイ・メールのやりとりの頻度が圧倒的に多い，ある10代のカップルの事例を紹介したい。彼らの典型的なケータイ・コミュニケーションは，学校を出て帰路についた時から始まる。彼らのコミュニケーションは，宿題をやっている最中，夕食時，入浴の前後にもなされ，その後深夜に1時間以上通話し，さらに数回メールのやりとりを経て終わる。ケータイ・メールでのやりとりの内容は，就寝前の通話へとつながり，「おやすみ」とメッセージを送り合い，また次の日へとつながっていく。家にいる場合であれば，彼らは夕方から夜にかけて34通から56通のメールを送り合っていた。なお，外出時は，メールは6通から9通にまで減少した。メッセージの内容は，深い話から，電話をする時間の調整，最近の出来事などの軽い話題まで多岐にわたる。このカップルの事例や，他の恋人どうしの間

で行なわれたやりとりのケースから，頻繁なメールのやりとりは，恋人との「場の共有感」を維持するためになされるようである。さらに，たとえメールを打っている時に，そばに両親がいたりして，プライベートな空間を確保するのが難しい状況であったとしても，彼らは「場の共有感」を保持しようと努める。

若者にとってケータイとは，家庭における親／子関係，教室における教師／生徒関係，街中における大人／若者の関係といった，おのおのの場所での「権力関係」を「すり抜ける」ことを可能にする。しかし一方で，新しい権力関係の規範が創発する。それは，親しい友人や恋人と常に連絡可能な状態になっていることが求められ，常にケータイを持ち歩く必要に迫られる，こういった規範である。この規範は，新しい社会的期待やマナーとの関連性のなかで現前する。ある10代の調査協力者は，以下のように説明する。

> いつも，誰かが自分にメールを送ってくれないかと期待してるので，メールチェックは頻繁にしている。返信はいつもすぐに送るようにしてる。短いメッセージを，「即返」すれば会話が途切れないので。

すぐにメッセージを返信しないということは，それは，ある社会的な期待に反することを意味する。「即返」することは，ケータイを取り巻く1つの社会的期待なのである。たとえば，夕方に送られていたケータイ・メールを，翌朝まで気づかずほうっておいた10代の調査協力者（女性）は，「悪いことをした」と感じたと述べる。また，他の調査協力者も，すぐに返信をしなかったことに対して，そこまで罪悪感は覚えないまでも，30分以上返信が遅れた場合は，「寝ていた」などの妥当な理由づけが必要であると述べ，実際に「言い訳」や「謝罪」文をテキストに含めていた（「ごめん，寝てて気づかなかった」など）。返事が1時間以上も遅れてしまった場合どうするかインタビューで聞いてみると，学生においてはほぼ全員，簡単な謝罪や言い訳をすると答えている。調査協力者（学生）のなかには，いつも熟考したうえで，長文のメールを返信する者もいた。このような使い方は，一般的な若者のケータイ・メール利用とは異なり，実際に友人からも「『返信が遅い』と文句を言われる」ようであり，このような実践が若者の間では一種の「タブー」に相当することがうかがえる。これに対して，「言い訳」や「謝罪」を含むメールを受け取った方は，相手の言い訳を，社会的な期待に対する「儀礼的な嘘」だと受け止めているようである。このように，即座に返信するという規範への期待，そしてタブーとみなされる実践から，テクノソーシャルな状況の特徴や輪郭が可視的になる。

一緒に暮らしていない恋人どうしは，メッセージのやりとりをとおして，お互いのようすや都合を確認し合うことを重視する。ケータイ・メールは，通話に比べれば，相手の状況に関係なく送ることができるし，かつ，電波が届く範囲であればどこから

でも送信可能である。それゆえ，特に夜自宅にいることがお互いにわかっている時などに，彼氏（彼女）からメールが届き，それに返信しなかった場合，正当な言い訳がしづらい。筆者らの調査のなかでも，10組中5組のカップルが，たとえば学校以外の場所でもずっと連絡をとり合っており，ケータイで連絡がとれない状態になる場合は，それを相手に示す実践がなされる。たとえば，あるカップルは，連絡がとれなくなることを示すために「おやすみメール」を交わし，日中も「起きてる？」「今何してる？」などといったように，互いのステイタスを確認しあっていた。また，彼氏：「いま家着いた。お風呂に入ってくる」，彼女：「はーい，私も」というようなやりとりをとおして，これから入浴すること，すなわちメールを送ってもらってもすぐには返信できない状態にあることを伝える例もみられた。まるで「ドアに鍵をかける」ように，バーチャルな空間における，プライベート空間を構築する。このように，高校生や大学生も，（社会人が公私の境界を分けるために専心するように）友だちや恋人からの連絡を制限することに苦心する。境界を構築し，その境界を相手に示すことの重要性は，テクノソーシャルな場としての，「バーチャルな友だち空間」が構築されてきていることを示唆するものである。

3　「集まり」の拡張

　ケータイの利用をさほど頻繁に行なわない人にとっては，ファーストフード店で友だちと一緒にいるのに，会話をするのではなく，お互いのケータイに見入っている日本の若者の姿は不可思議に見えるかもしれない。バーチャルなつながりが，「対面的な出会い」のランクを下げてしまったようにもみえる。しかし一方で，ケータイによって，場の共有感が拡張している面もある。若者は，物理的な場を共有することはできない友だちの存在を「とり込む」ためにケータイを用いる。そして，モバイル・テクノロジーの利用によって，「出会い」の境界は，実際の待ち合わせの前，一緒に過ごす最中，別れた後まで拡張している。

（1）　待ち合わせの前
　ケータイは，都市空間における待ち合わせの方略を変えた。以前の待ち合わせといえば，目印となる建物と時間をきちんと決めることが必須であった。筆者らも，渋谷のハチ公前や六本木の交差点などの典型的な待ち合わせ場所で，何時間も待ちぼうけをくらい，自宅や友人宅に電話をかけ，家の留守番電話に何か待ち合わせ相手からのメッセージが吹き込まれていないか，公衆電話から確認をとった経験がある。一方，現在の10代や20代の若者は，待ち合わせのために具体的な時間や場所は指定しない。大まかな時間と場所（たとえば，渋谷に土曜の夕方ぐらい）を設定しておき，当日の待ち合わせ時間までに，5通から15通程度のメールのやりとりをして，徐々にその詳

細を決めていく。待ち合わせの時間が近づくと，メールや通話でのやりとりが頻繁になされ，最終的に，混沌とした都市空間の中で落ち合う。次の事例は，大学生のE（女性）と，彼女の3人の友だちがライブを見に行くため渋谷で待ち合わせるという状況である。インタビューでEは，以下のようにこの時の待ち合わせの状況を説明する。

> ライブに行く日だった…，Aさんとは，前回のライブの時に「じゃあ早目にいってお茶でもしようか」ということになっていたので，Aさんに一番最初に連絡を入れた。Sちゃんは，ちょっと地方の子で，いつもライブに来るわけではない。…ただ，何時頃来るかとか，そういったことは言ってなかった。…Aさんと，Sちゃんも交えてお茶でもできたらね，と，当日話していた。Cちゃんは，ライブの常連さんではないので，来るかどうかはっきりわかっていなかった…

以下は，当日の大学生Eのケータイ利用と待ち合わせのようすをまとめたものである。

> 家からAに送信したメール：
>   11：30　今日は何時くらいに渋谷に行く？
> Aから家で受信したメール：
>   11：56　3時くらいに行きます。
> 家からAに送信したメール：
>   12：00　おっけー着いたら連絡します。
> Aから駅で受信したメール：
>   14：56　あと10分くらいで渋谷です。
> 電車からAに送信したメール：
>   15：00　こちらもそのくらい。
> 渋谷駅でAに送信したメール：
>   15：06　クアトロの裏口で待ちます。
> 2人の友だちは，クアトロの会場のホールで落ち合い，カフェに向かった。
> カフェからSに送信したメール：
>   16：32　何時くらいに来る？
> Sからは返事がなかったので，2人でタワーレコードに向かった。
> タワーレコードでAから着信：
>   17：02　（約2分）内容は「今どこにいるの？」
> タワーレコードでSが合流。
> 書店でCから着信：
>   17：50　（約3分）内容は「いまどこ？何時開場だっけか？」
> 4人がクアトロで合流。

このような調整は，対面的なコミュニケーションを始めるための一連の「手続き」であり，物理的にコンタクトがとれる空間の境界を越えて，場の共有感を拡張してい

るといえる。多くの場合，物理的なある地点で落ち合うよりも先に，バーチャル空間において落ち合う「地点」がある。すなわち，いつどこで，どうやって待ち合わせるのか，ということを移動中に調整しあう「マイクロコーディネーション（micro-coordination）」（Ling & Yttri, 2002）が始まる「地点」である。また，こうしたやりとりは，待ち合わせ場所に向かうために電車に乗った時などに行なわれる。待ち合わせ時間よりも前に，バーチャルな空間で自身の状況を示しておけば，たとえ待ち合わせに遅れても，一般的に遅刻とはみなされない。調査協力者のなかには，事前にメールで遅れることを連絡しておけば，30分くらい遅れても謝らないと述べる者もいた。一方で，たとえばケータイを家に置き忘れて出てきてしまったとか，バッテリーの充電が切れてしまった場合，待ち合わせ時間前にバーチャル空間で落ち合うことができず，それは社会的な規範に反する。その意味では，バーチャルなコミュニケーション空間に姿を現わしていることこそが，待ち合わせを達成するための必須条件とみることができる。

こうしたやりとりは，もしかしたら，時間に「ルーズ」だとか，マナーに反しているということになるのかもしれない。しかし彼らは，こうした待ち合わせ方法に特有な社会的な規範／期待に「誠実」に対処している。柔軟で，合理的な待ち合わせのルールを遵守することによって，相手をずっと同じ場所で待たせなくてすむ。相手が，待ち合わせの時間に先立って，居場所を知らせてきているのであれば，ただ同じ場所で待つのではなく，書店に行くこともできるし，ちょっとした用事を済ませて時間をつぶすこともできる。

以下は，20代の女性の事例である。彼女は友人と渋谷で待ち合わせをしていた。このケースに特徴的なことは，「遅刻しそうである旨を伝えること」は必須だが，それに対する謝罪の必要はない，という点である。以下に，インタビューと，実際のコミュニケーションダイアリーのデータを示す。（なお以下のインタビューは，大まかな発話内容をまとめたものである。）

　　この日，友だちと舞台を見に行こうと約束していた。渋谷で会おうということになっていたが，具体的な場所は決めていなかった。だいたい16時頃に会う予定だったが，15時の時点で遅れそうだったので，家を出るのが30分遅れるというメッセージを送った。そしたら，彼女からすぐに「分かった」と返信が届いた。
　　［バス停］　　15：00（送信）　30分遅れる。
　　［バス停］　　15：01（受信）　分かった。
　　［渋谷駅］　　16：32（送信）　渋谷に着いたよ。
　　［渋谷駅］　　16：33（受信）　渋谷のどこ？
　　［渋谷駅］　　16：34（送信）　ハチ公前。
　　［渋谷駅］　　16：35（受信）　そこで待ってて，今，行くから。
　　［渋谷駅］　　16：36（送信）　分かった，待ってる。
　　［渋谷駅］　　16：40（通話）　どこにいる？　あ，分かった，今行くね。

バス停で送信された「遅れ」を伝える内容のメッセージは，2人が共有しているテクノソーシャルな状況において，その人の「存在」を示すものとなっている。続く16：32からの2人のメールのやりとりは非常に頻繁で，1分毎にメールを送り合っている。こうすることで，待ち合わせ相手から送られてくるメールに意識を向けている自分の姿を相手に示す。このような事例は，遅刻に対する寛容さをも示しているが，物理的に一緒に過ごす時間が短くなるケースだけではない。この同じ調査協力者は，友だちと仕事帰りに飲みに行く予定を立てていた日の話をしてくれた。彼女は19：30に約束をしていたが，予定より早く仕事が終わった。そして，「待ち合わせまで時間をつぶすのが面倒臭い」という理由で，相手に早めに集合しようともちかけたという。こういった事例から，待ち時間のような社会的「隙間」は，モバイル・メッセージを介した調整によって「埋められて」いくことがうかがえる。

(2) 一緒に過ごす間

　待ち合わせをしていた人たちが物理的に出会ったあと，ケータイを介したコミュニケーションが行なわれなくなるかというと，必ずしもそうではない。特に社会的な集まりの場合はそうである。ケータイでのやりとりが制限される職場や会議とは異なり，友だちどうしで一緒に過ごしている時のケータイは，共通の「付属品」となる。先の大学生Eらの，友だちと一緒にライブに行くための待ち合わせの事例では，誰が来て，誰が来(られ)ないのかという，個々人の状況を確認するためにケータイが用いられているようすをみてきた。友だちのケータイにメールが届くと，誰からのメールなのかをたずね，そのメール送信者の話題へと会話が移行するということはよくある。

　また他の事例をみると，たとえば授業のような，通話での連絡が難しい場において，ケータイ・メールが利用されていることが示されている。インタビューでは，学生のほぼ全員が，授業中に机の下にケータイを隠しながらメールの送受信をしていると答えた。以下は，授業中にケータイを使用している高校生Fから得られたインタビューの内容である。

岡部　携帯電話をどんな場所どんな状況だとよく使うと思いますか？
F　　学校の，授業中が多いです。あの，机の上に置いておくとブーって。
岡部　それは先生のおとがめはないんですか？
F　　あー，ほとんどの先生がもうわかってしまって，別に，何もとがめない。
岡部　えっ，出しておいてもいいんですか？
F　　出しておいてます，みなさん。音鳴る子もたまにいます。そういう時は，音鳴ってるよーって先生も，もう，なんにも言わない。…うちの学校だけだと思うんですけど。
岡部　メールのどんなやりとりをするの？　たとえば，授業に，おんなじクラスにいるのに，同じ授業を受けているのに。
F　　つまんなーい（笑）とか。

岡部　そうすると返ってくるんですか？
F　　そう。
岡部　打つときは隠します？
F　　はい。黒板に先生が書いているときであれば，そこでダーっと打って。

　この学生のように，他に3人の学生も，「最悪」「つまんなーい」「先生のシャツのボタンがずれてるから見てみて！」といったやりとりを，授業中に同じ教室にいる友だちと行なっていると述べていた。より一般的には，授業中に友だちからの質問に答えたり，授業後の待ち合わせの調整をするような，「必要な」連絡を行なっているという。
　また，ある調査協力者は，バスを待つ長い列に並んでいたところ，その行列の先頭付近に友人がいることに気づき，「手を振るから後ろを向いて」とメールでその友人に伝えていた。また他の事例では，大学の大教室の講義で，友だちが座っている場所を知るためにメールを送っていた。このような利用ケースは，ケータイ・メールによって場の共有感が拡張されていることを示している。また，以下は伊藤によるバスにおける観察事例であるが，この高校生グループのケースも，以上のことをダイナミックに示している。

> 　バスはそんなに混雑しておらず，私（伊藤）は，バスの運転席に近い場所に座っていた。ほとんどの椅子に乗客が座っていて，誰も立っていなかった。制服を着た5人の男子高校生が私の後ろに集まって，バスの通路をはさんで大きな声で話していた。彼らは，何か遊びか集まりの予定について調整しているようだった。具体的にどんな集まりなのかはわからなかったが，誰が来るのか，来ない人たちはなぜ来ないのか，誰が連絡をまわしていないのか，といったようなことについて話していた。
> 　「ケンに聞いてみたら」「（ケンに）来るつもりなのかどうか聞いてみようよ」とそのなかの1人が提案した。グループのなかのケータイを持っている子が（ケンに）メッセージを打ち，その返事が返ってくる間，彼らは，「もし女の子たちが来るって言ったら，男も来るんじゃない？」「じゃあ，ケンにメール打ってよ，俺が送ってやろうか？」「お前，メールしろよ」といった調子で話し続けていた。しばらくして，ケンが参加すると連絡してきたようで，そのメールを受けた1人が，他の4人にその旨を伝えた。「オッケイ。じゃあ，問題ないね」と皆が同意する。このような調子で，選択的に友だちとコンタクトをとりながら，この高校生のやりとりは続いた。

（3）　別れた後
　これまでみてきたように，ケータイ・メールは待ち合わせの相手と会う直前，そして一緒にいる最中にも社会的接触の機会を拡張するが，それは別れた後も同様である。ケータイ・メールのヘビーユーザーどうしのやりとりをみる限り，「集まり」の後も，一連のやりとりの軌跡は継続する。彼らは，たとえば伝え忘れた情報（「CDを返すの忘れた！」）や，飲み会や集まりを調整してくれた人への感謝の言葉（「今日は付き合ってくれてありがとう！」「今日は送ってくれてありがとう」）を送り合う。

ケータイが普及する以前では,「先日はどうもありがとうございました」といった内容を,次回電話をする際や,次に会った際に告げるのが一般的であった。しかし今日では,別れた直後,歩いて帰る途中や電車の中などからメールを送信しあう,新たな規範が創出されている。帰宅途中のこうした隙間は,その日の余韻に浸る時間として利用されるのである。

「集まり」の達成のためには,このような,事前の連絡(電話による待ち合わせ時間の調整や,メールによる確認)と,事後の連絡(感謝の意の表示,次回の約束)といったことが必要となってくる。ケータイは,物理的な接触と,バーチャル空間での接触といった状況を結びつけ,一連のものにする。一緒にいる時間／物理的な空間を越えて,テクノソーシャルな集まりを構成するのである。しかし,これまでみてきたように,「集まり」が拡張したからといって,その「集まり」に関する社会秩序が崩壊するわけではない。これまで紹介してきた事例もまた,相互行為上の期待や,役割を遂行することへの期待という社会秩序を含んだ,テクノソーシャルな場／状況を示している。

4節　テクノソーシャルな状況から,テクノソーシャルな秩序へ

前節まで,ケータイ・メール利用をとおした3つのテクノソーシャルな状況／場に関する日常的な事例をみてきた。そのなかで,軽いメールを送り合ってバーチャルな場を共有すること,そして物理的に場を共有すること,これらが一連の場としてつながっていることを示してきた。メイロウィッツは,このような状況を「情報システム」という観点から議論している。メイロウィッツの情報システムという概念は,物理的な場とメディアによる場を,連続体とみなすことを示唆する。筆者らが集めたデータからも,ケータイ・メールのヘビーユーザーは,ある一定の継続的なつながりを維持することを規範とする向きが強いことがみてとれる。特に,恋人どうしでケータイ・メールを頻繁に送り合うケースでは,拡張された一体感(togetherness)を生み出すような,新しい社会的な場が創り出されている。そのため,会社で会議が始まる場合だとか,入浴する場合,必ずヴァーチャル空間の重要な相手にその連絡をすることが必要となる。

また,都市空間における「接触」に関する経験の変化についても言及したい。東京のような都市空間における匿名的な(anonymous)他者との接触の経験は,ケータイが広く普及したことによって変化した。ケータイが普及する以前の電車内や待ち合わせ場所は,周囲の人をなんとなくながめたり,まれに他人と軽く接触をとるような場であった。都市空間においては,このような相互行為は現在も存続し続けている。その一方で,ケータイによる接触が可能になることで,これらの場所は,物理的にその

場にいない他者との親密でプライベートな接触のための場となり得る。これは，松田（2002）のいう「選択的人間関係」とも関係してくる。1人で都市空間を歩いているときでさえ，ケータイでのやりとりを介して，他者との軽い接触が生み出される。友人とお互いの居場所を伝え合い，バーゲンの情報を送り合い，偶然撮影できた有名人の写真を交換し合う。このように，都市空間は，メッセージが行き交う，ネットワーク化された社会的空間となったのである。

　本章では，ケータイ・メールの事例を用い，新しいメディア・テクノロジーの役割を考慮に入れながら，実践に基づき，「場」に関する理論の拡張を試みてきた。そして，新しいネットワーキング・テクノロジーは，これまでの境界を崩壊させると同時に，新たに立ち現われるテクノソーシャルな秩序を構成することを示した。電子メディアが，社会的な境界や場所の「品位」を崩壊させるという視点だけでは，技術決定論的である。このような論考を避けるため，従来的な意味での（物理的に仕切られた）場だけでなく，テクノソーシャルな場についても注意深く研究していく必要がある。場を定義するにあたり，建造物などの物理的な構造は非常に重要であるが，同時に，ネットワーク化されたオンライン構造もまたその定義に強く影響を与える。テクノソーシャルな状況という視点は，電子メディアの流れからなる場に依拠したものであるが，それとともに，物理的な建造物や，既存の社会秩序にも依拠したものでもある。オンライン空間にのみ着目するかたちで研究が進められてきた「インターネット・エスノグラフィー」とは異なり，「ケータイ・エスノグラフィー」は，電子的な側面と物理的側面の両方を考慮に入れたかたちで行なわれる。電車やレストラン，教室などの伝統的な「場所感（sense of place）」によって定義される場と，電子メディアによって変容した場による，異種混交のテクノソーシャルな状況を研究することは有意味であると考える。

注）

i)　一般に，flesh meetとは，オンラインコミュニティのメンバーにおける対面的な集まりである，いわゆる「オフ会」を意味するが，本章ではこのflesh meetという用語を，物理的に一緒にいる「集まり」とする。

ii)　本章で用いる"setting"は，メイロウィッツの *No Sense of Place* で用いられているsettingの意味するところに依拠している。*No Sense of Place* の和訳『場所感の喪失　上』（安川一他訳）では，settingが「セッティング」と訳されているが，本章ではこれを「場」と訳すことにする。

iii)　会話分析や相互行為分析の方法論とは異なるが，本研究は，対話的な実践の研究（たとえば，Duranti & Goodwin, 1992；Tedlock & Mannheim, 1995）からも影響を受けている。また，日常的な実践においてみられる，人と人工物の相互作用について分析した諸研究（たとえば，Suchman, 1987；Lave, 1988）も本研究に関連する。

11 章

カメラ付きケータイ利用のエスノグラフィー

岡部大介・伊藤瑞子

1節　はじめに

　久しぶりに会った友だち，ペットのかわいいしぐさ，新しくできたお店のパフェ，奇妙なパンダのぬいぐるみ，池にはまった友だち，かわいいデザインのコーヒーミルク…カメラ付きケータイによって，きわめて日常的な人や動物，場所，物の写真が撮影され，共有されている。この章では，このような日常的なカメラ付ケータイ利用に関するエスノグラフィックな調査を紹介する。ケータイで撮影された具体的な写真データに基づき，その撮影・共有パターンを示し，カメラ付きケータイ特有のニッチ（niche）について言及していきたい。

　カメラ付ケータイ利用に関する，初期の質的な研究の多くは，研究用に独自に開発された，写真を収集，共有するためのアプリケーションを利用したものである。そのため，調査協力者は，写真の撮影，送信が可能な調査専用の端末を利用することになる。このような研究は，コンシューマー向けの将来的なテクノロジーの開発に焦点を当てたアプローチである。たとえば，ヴァンハウスら（Van House et al., 2005）はMMM 2という，独自に開発したアプリケーションを介した，大学院生60名による写真のやりとりを分析している。そのうえで，「伝統的な」写真とケータイで撮影された写真の相違について次のように記述している。まず，カメラ付ケータイによって，「記録に値する写真」が拡張した。特別な景色，被写体だけではなく，ありふれたものまでもが撮影の対象となった。さらに，遠隔地間でケータイを介して写真を共有することは，関係の強化へとつながっているようである。また，コスキネン（Koskinen, 2004）は，MMSを利用したコミュニケーション環境における，「ケータイ写真」（ケータイで撮影された写真）を介した相互行為について，エスノメソドロジーのアプローチから分析している。ただしこの研究は，「Radiolinja社」のサービスを利用した共

同研究であり，調査期間中，調査協力者が送受信に利用する通信料は無料であった。同様にリングら（Ling & Julsrud, 2005）の研究も，飲料会社のセールスチーム，不動産業のセールスチーム，大工のチームの3つのグループを選出したうえで，彼ら全員にカメラ付きケータイを配布し，その利用パターンを分析，類型化している。これらの研究は，新しいテクノロジーやソフトウェアのデザインを志向したものであり，人々の日常的で「自然な」コンテクストにおけるカメラ付ケータイ利用に焦点化したものではない。

一方で，カインドバーグら（Kindberg et al., 2004）は，アメリカとイギリスの大学生を対象に，対象者自身のカメラ付ケータイで撮影された写真295枚を収集し，撮影の際の背景や意図に基づいたコーディングを行なっている。彼らは，写真の撮影意図が，2軸で説明できるとしている。その1つは「情緒的－機能的」の軸であり，感情的，主観的な目的で撮影されたか，ある仕事に関連して撮影されたかという軸である。もう1つは，「社会的－個人的」で，他者との共有を意図しているか否かという軸になる。カインドバーグらの研究では，調査協力者自身の端末を用いたコミュニケーションを対象にし，通信費も調査協力者自身が負担している。彼らの研究は，現行の「自然な」利用状況を対象にし，カメラ付ケータイに特徴的な利用プラクティスを描こうとするものである。また，清水（Shimizu, 2006）による大学生のモブログ（moblog）利用調査も，ふだん使用している端末で，特別なインセンティブなしに投稿された写真を分析している。そして，一見瑣末とも思える投稿写真5463枚を対象に，モブログに特有な相互行為についてまとめている。本章でも，一般的なユーザー自身の端末を用いた，日常的なケータイカメラの利用に焦点を当てる。ケータイ，もしくはカメラ付ケータイの利用パターンは，経済的，技術的，そして社会的側面と強く結びついていると筆者らは考える。また，カメラ付ケータイによるコミュニケーションは，日常的でパーソナルな視点と強く結びついている。そのため，ここでは，個々人の生活に埋め込まれた，「自然な」カメラ付ケータイ利用パターンを調査対象とすることに注力する。現行の日常的な利用プラクティスを把握することは，将来的なサービスのアイディアにもつながり，その意味でも重要であると考える。

ここでは，日常的で「自然な」カメラ付ケータイ利用に関するデータ収集をとおして，3つの特徴的なプラクティスを挙げる。それは，「パーソナル・アーカイビング」「親しい人どうしのヴィジュアル・シェアリング」「仲間どうしのニュース・シェアリング」である。パーソナル・アーカイビングは，写真という視覚的な媒体に特有な，日常生活における視覚情報の蓄積である。あとの2つは，親しい友だちや恋人，家族間などで構築される「テクノソーシャルな状況」（10章参照）でなされる，視覚情報の共有に関するプラクティスである。

2節　コミュニケーションダイアリーを用いたデータ収集

　本章で紹介するデータは，2003年に収集された，カメラ付きケータイ利用に関する「コミュニケーションダイアリー」（Grinter & Eldridge, 2001；10章参照）のデータと，インタビューデータからなる。コミュニケーションダイアリーでは，カメラ付ケータイで写真を撮った際，もしくは写真を受け取った際のコンテクストを記録するよう調査協力者に依頼した。記録後，場所や状況といった背景情報を可能な限り理解するために，事後インタビューを実施した。なお，調査協力者は，高校生2名（17歳〜18歳），大学生8名（19歳〜23歳），中高生の子どもをもつ主婦2名（40歳代），社会人3名（29歳〜34歳）である。また，インタビューでは，コミュニケーションダイアリーのデータとともに，最近撮影した写真10枚を見せてもらいながら，それらの写真を撮影したコンテクストについて詳しく聞いた。

　「プライベート」で，「モバイル」なコミュニケーションの場合，エスノグラファーが，ケータイ利用者のコミュニケーション内容を直接的に観察することは難しい。そこで本研究では，基本的に調査協力者自身によってデータ収集がなされるコミュニケーションダイアリーの手法を用いた。このような手法では，調査者「のみ」による記録，ドキュメント化とは異なり，調査協力者も，調査者と同様に，データにアクセスすることになる。その意味で，本研究においては，データは調査協力者によって／と共に構築，文脈化されたといえる。

3節　カメラ付きケータイ利用パターン

1　パーソナル・アーカイビング

　カメラ付ケータイ特有のニッチは，パーソナルな写真の収集とアーカイビング機能にある。カメラ付ケータイで撮影された写真の多くは，私的なヴィジュアル・アーカイブとして端末に蓄積されている。これらの写真は，きわめて日常的な光景が多いことが特徴である。

　ヴィジュアル・アーカイブの1つの例は，「視覚的なメモ」である。それは，街中で見かけたアルバイト募集の広告や，読みたい本のタイトルの情報などの写真である。より一般的なものとしては，日常的な光景の写真をなにげなく撮影する，というプラクティスが挙げられる。たとえば，1日に数枚カメラ付ケータイで撮影する20歳の大学生（女性）は，図11-1のような「日常的な光景」をアーカイブしていた。

11章　カメラ付きケータイ利用のエスノグラフィー　*241*

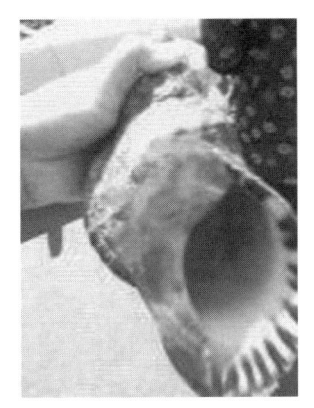

図11-1　海辺の魚屋で見かけた貝（左）とよく使う駅のエスカレーター（右）
（20歳大学生撮影）

　このようなヴィジュアル・アーカイブを志向した写真は，背景や構図を意識して撮影されるものではない。むしろ，つかの間の断片に対して，なにげなくシャッターを押したものである。以下は，大学生A（女性）が撮影した，横浜の海の写真についてのインタビューである。この例も，なにげない，つかの間的な写真の特質を示している。

岡部　海ですね。海というか港。
A　　はい。
岡部　これは，友だちと出かけていて，だらだらしているなかで，「じゃあ撮りまーす」みたいな感じで？
A　　たぶん，だらだらしてたんだと。
岡部　軽い感じで撮ったのですか？
A　　ホントに普通に歩いてて，あぁ綺麗だねって言って。
岡部　で，ケータイ取り出して…
A　　撮れば後で，ちょっとでも思い出すかなぁと思って。

　このような写真は，他の人に送信されることはない。以下に示す，大学生Eによる，「お守り」としてのケータイ写真の利用例も，私的なアーカイブへの志向を示す特徴的なデータである。

E　　…これは，追いコンをやっていて，…学生が7人いました。全然意識しないで，先生がしゃべっているところ横から激写。代々木上原の飲み屋です。
岡部　これ何か，送ったり使ったりしました？
E　　いや，これはもう，お守り。

私的なアーカイビングというプラクティスが広がり，カメラ付ケータイは，独特のニッチを占めるようになった。インタビューで，ある調査協力者は，「カメラ付ケータイは，私の目。…自分の見るもの，視点は，とても重要」であると述べている。調査協力者の多くは，こういった私的な視点をアーカイビングし，自分の生活を構築していくことに，独特の興味を覚えていた。そして，アーカイブのための写真の多くは，撮影した個人にとってのみ意味があり，アイデンティティ構築のリソースとして価値のあるものとなる。

2　親しい人どうしのヴィジュアル・シェアリング

これまでみてきたように，写真は個々人の端末に保存されたままで，誰かに送信される例は多くはない。しかし，送信された写真のデータを詳細にみていくと，ケータイというテクノロジーによる写真の共有／非共有を介した，「社会的関係の組織化」という興味深いプラクティスがみてとれる。

親しい友だちどうしで，ケータイの画面ごしに写真を共有することは，よくみられる。写真の送受信があまり行なわれないのは，パケット料金の理由や，キャリアが異なるため，という理由が挙げられるが，この経済的技術的な障壁に加えて，「社会的な理由」が興味深い。インタビューの結果，テキストによるやりとりに比して，無配慮に写真を送信することは，「押しつけがましく」「ナルシスティック」なものとしてみなされるようである。そして，ケータイで撮られた写真は，恋人，夫婦，きわめて仲のいい友だちといった，親しい間柄に送信されるようである。ケータイメールの場合は，通常2〜5人，多くても10人の間でやりとりがなされる場合が多い（松田，2002；10章参照）。写真付きのメールだと，この幅はより小さくなり，さらに，添付される写真の内容も，相手に応じて選択的になるようだ。以下の写真とインタビューの断片は，この点を示している例である。写真を撮影したのは20歳の大学生T（女性）で，彼女は，自身の新しいヘアスタイルの写真（図11-2）について言及している。

　T　　ケータイで，今日の髪型チェック，パシャとか撮って，あっ，だめだ，とかやってる。場所は家です。2，3枚撮ってうまく撮れたら，残してこんな髪形どうよ，みたいな。
　岡部　誰に？
　T　　彼氏ですかね。次の日会うって事になってたし…友だちには絶対送らないですね。バカだと思われる。自分の顔とか友だち見てもしょうがないですよね，はい。

このインタビューで，彼女は「彼氏」にヘアスタイルの写真を送ることはできても，友だちには送ら（送れ）ないと述べている。写真を送信できるか否か，どんな写真を送信するか，ということの意思決定は，親密さの度合いという社会的関係と不可分である。もしくは，写真を送り合うというプラクティスが，社会的関係を構築，維

図11-2 新しいヘアスタイルの写真(左)と,手作り酒饅頭の写真(右)
(20歳大学生撮影)

持しているともいえよう。

　この同じ学生は,彼女が作った酒饅頭の写真(図11-2)に関して,「自分撮り」したヘアスタイルの写真とは異なる意思決定をしている。すなわち彼女は,友だちに「見て見て,作ったの!」というテキストを添えて酒饅頭の写真を送信しているのである。自分撮りした写真のケースとは違い,酒饅頭の写真は,ナルシスティックというよりも,友だちとの間で「ニュース価値のある(newsworthy)」写真とみなされたようである。このように,友達と共有してもいい(もしくは共有したい)という写真か否かの意思決定には,特に若者の間で共有された「社会的プロトコル」があるようだ。

　次の例も,大学の先生と,その研究室の学生Nの間で共有された写真に関するインタビューの断片である。この大学生N(男性)もまた,親しい間柄であれば,写真の共有は「適切な」プラクティスであると述べている。彼は,大学の先生から写真付きのメールを受け取ったので,その時調理していたハンバーグの写真を返信した。

N　　これはハンバーグ作ったし。
岡部　ちょっとこのハンバーグの写真の文脈を教えてください。
N　　これはですね,先生がフリスビーのすごい技の写真を送ってきたんですよ。そしたら,何かして,画像を返さないといけないと思ったんです。で,たまたまハンバーグ作ってたから,これを送っちゃえ,と。
岡部　最初にそのフリスビーの写真がきた時に,うざいとは思いませんでした?
N　　思いません。楽しい楽しい。先生とは仲がいいし,結構うれしい。
岡部　で,ハンバーグを自分で作ってて,送った。これテキスト付けて送ったんですか?
N　　はい。送りました。えーと「自立した男でしょ?」って。

親友，家族，恋人などの間で，互いの「視点」を示す写真を送信し合うこれらの事例は，カメラ付きケータイ特有の「場の共有感（co-presence）」（10章）の達成につながる。ケータイメールの場合も，特に，仲島ら（1999）が「フルタイム・インティメイト・コミュニティ」とよぶような親しい間柄で，「今，登り坂の途中」とか，「テレビ面白かったよ」といったように，お互いの状況に関する情報を送り合う。ケータイ写真によるコミュニケーションの場合は，これにお互いの「視点」が加わる。そして，送信する相手の幅は狭くなり，送信される内容もより選択的になる。このような視覚情報の偏在的な共有は，ケータイメール空間とは異なり，互いの「視点」に基づいて「場の共有感」を達成する，新たなモダリティの構築につながると考えられる。

3　仲間どうしのニュース・シェアリング

特に親密な間柄でなされる「場の共有感」の達成に加えて，カメラ付ケータイは，日常生活における「ニュース」の視覚的な共有を促進する。多くの調査協力者が，友だちが興味をもちそうな，「注目に値する（noteworthy）」写真を端末に保存していた。また，そのような写真の撮影を志向しているようすがみてとれる。

こういった写真は，インタビュー中に，「ネタ写真」として語られることが多かった。このネタ写真は，比較的狭い範囲の友だち間や家族間にとって「ネタ」となり得るような写真のことをさす。重大な出来事や事件の「ネタ」というよりも，日常的な「ネタ」である。図11-3は，このネタ写真の例である。これらの写真は，友だちどうしで，おもにスクリーンごしに見せ合うことで共有されていた。

カメラ付ケータイは，日々の視覚的なネタを共有可能にした。そして特に若者は，

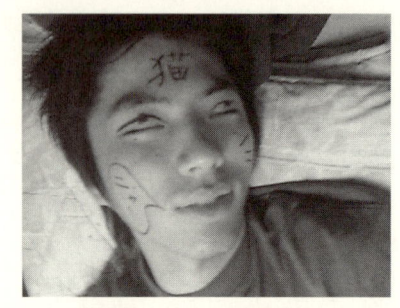

図11-3　左：映画「マトリックス」のワンシーンの真似をしている大学院生
　　　　　（23歳大学院生撮影）
　　　　右：飲み会の途中で寝てしまった間に，顔に落書きされてしまった友人の写真
　　　　　（29歳社会人撮影）

自身のグループにおいてネタとみなされるような写真のアーカイブを志向する。以下は，23歳の大学生O（男性）が撮影した写真についてのインタビューである。彼によれば，その写真は，アパートで友人とビールを飲んでいる時に，その友人が接着剤やのりも使わずに，おでこにビールの缶を付着させているものである。Oは，近いうちに誰か他の人と共有するために写真を保存したと述べている。

  O これはS（Oの友だち）と遊んでて，そしたら缶がひっついて，Sの額に。
  岡部 へぇー。でこれはどうなるの？ 誰かに送った？
  O 送ってないですね。これはちょっと面白いから残します。
  岡部 誰かに見せたのですか？
  O 友だちに見せた。

　これらの事例は，日常的な断片の「フォト・ジャーナリズム」とでもよぶべきプラクティスを示しており，これによって，日常は「ニュース価値のある」サイトへと移行する（Okabe & Ito, 2003）。ネタ写真は，画像アップロードサイトやブログ，SNSにもアップされる。しかし概して，ネタ写真は親しい人どうしでやりとりされ，かつ，その写真は友だちや家族間で「のみ」価値あるものである場合が多い。ネタ写真の多くは瑣末なものかもしれないが，特定のコミュニティにとっては，ニュースサイトの最新ヘッドラインと同等に，重要で興味深い視覚情報となり得る。

4節　まとめ

　カメラ付ケータイは，デジタルカメラなどの一般的なカメラとは，社会的，文化的ポジションが若干異なる。一般的なカメラで撮影された写真に比べて，ケータイで撮影された写真は，日常的，偏在的で，短命である。伝統的に，カメラは，集合写真や特定の風景など，何か特別な瞬間をおさめる「三人称的な役割」を有する。対照的に，カメラ付ケータイは，日常生活の，なにげないつかの間の断片を「一人称的に」キャプチャーするテクノロジーとして用いられる。今や，日常的な場は，個人的なヴィジュアル・アーカイビングの場へと移行している。同時に，親しい人どうしで共有される潜在的な「ニュース価値のある」場へと拡張している。
　視覚情報の共有は，メールのやりとりに比べると，より選択的で，親しい間柄でなされる。ケータイ利用者は，このようなヴィジュアル・シェアリングの「社会的プロトコル」を意識しながら，たとえば恋人どうし，ケータイ写真を送り合って楽しんでいるようである。カメラ付ケータイは，個々人の生活の「視覚的な物語化（visual storytelling）」を可能にしたが，写真を送り合うことで，相手の生活を視覚的にとらえることも可能にする。伊藤（Ito, 2005a）の，モブログ（moblog）を用いたケータイ

写真の共有に関する調査では，特に恋人どうしのような関係において，お互いの状況がわかるような写真を頻繁にアップロードするようすがみてとれる。また，その調査協力者たちは「自分がその時何をしていたかを（リアルタイムでなくとも）相手と共有したい」と述べており，ヴィジュアル・シェアリングを楽しんでいる姿がみてとれる。

このような2者間のヴィジュアル・シェアリングは，互いの「視点」へと，偏在的にアクセスすることにつながる。他者の視点にアクセスすることの楽しさ，このことは，映画「Being John Malkovich」（邦題「マルコヴィッチの穴」，Spike Jones監督）を想い起こさせる。この映画では，不思議な「穴」の先につながる，俳優ジョン・マルコヴィッチの「目」をとおして，「マルコヴィッチの見る日常」を知覚する奇異な経験と，それに対して強い興奮を覚える主人公らの姿が描かれている。カメラ付ケータイというテクノロジーと，私たちの日々のプラクティスをとおした，「他者の見る日常を見る」ささやかな楽しみは，「マルコヴィッチの穴」で描かれた感覚に似ているのかもしれない。

文　献

阿部由貴子　1998　Monthly Report　パーソナル通信メディアの普及と親子の通信価値観　LDI report（6月号），5-30. ライフデザイン研究所
相澤正夫　2000　「ケータイ」にひとこと　日本語学，**229**，79-80. 明治書院
Akiyoshi, M. 2004　Unmediating Community : The Non-Diffusion of the Internet in Japan, 1985-2002. Ph. D Dissertation. University of Chicago.
Appadurai, A. 1996　*Modernity at Large : Cultural Dimensions of Globalization.* Minneapolis : University of Minnesota Press. 門田健一（訳）　2004　さまよえる近代―グローバル化の文化研究　平凡社
Barnes, S. & Huff, S. 2003　Rising Sun : iMode and the Wireless Internet. *Communications of the ACM*, **46**（11），79-84.
Baudrillard, J. 1986　*Amerique.* Paris : Editions Grasset & Fasquelle. 田中正人（訳）　1988　アメリカ―砂漠よ永遠に　法政大学出版局
Beck, U., Giddens, A. & Lash, S. 1994　*Reflexive Modernization : Politics, Tradition and Aesthetics in the Modern Social Order.* Polity Press. 松尾清文・小幡正敏・叶堂隆三（訳）　1997　再帰的近代化―近現代における政治，伝統，美的原理　而立書房
Berger, P. & Luckmann, T. 1966　*The Social Construction of Reality : A Treatise in the Sociology of Knowledge.* New York : Bantam Dell. 山口節郎（訳）　2003　現実の社会的構成―知識社会学論考　新曜社
Bernard, H. R., Killworth, P., Johnsen, E., Shelley, G. A., McCarty, C. & Robinson, S. 1990　Comparing four Different Methods for Measuring Personal Networks. *Social Networks*, **12**, 179-216.
ビーグル（http : //bgr.jp）
Bijker, W. E. 1992　The Social Construction of Fluorescent Lighting, or How an Artifact was Invented in its Diffusion Stage. In W. E. Bijker & J. Law（Eds.），1992 *Shaping Technology / Building Society : Studies in Sociotechnical Change.* Cambridge, M. A. : MIT Press. Pp. 75-104.
Bijker, W. E. & Law, J.（Eds.）1992　*Shaping Technology/Building Society : Studies in Sociotechnical Change.* Cambridge, M. A. : MIT Press.
Bijker, W. E., Thomas, P. H. & Pinch, T. 1993　*The Social Construction of Technological Systems.* Cambridge, M. A. : MIT Press.
Bijker, W. E., Thomas P. H. & Trevor, P. 1987　*The Social Construction of Technological Systems : New Directions in Sociology and History of Technology.* Cambridge, M. A. : MIT Press.
Bødker, S. & Grønbœk, K. 1995　Users and Designers in Mutual Activity : An Analysis of Cooperative Activities in Systems Design. In Y. Engeström & D. Middleton（Eds.），*Cognition and Communication at Work.* Cambridge : Cambridge University Press. Pp. 130-158.
Brown, B. & O'Hara, K. 2003　Place as a Practical Concern of Mobile Workers. *Environment and Planning* A, **35**（9），1565-1587.
Button, G. & Harper, R. H. R. 1993　Taking the organization into Accounts. In G. Button（Ed.），*Technology in Working Order : Studies of Work, Interaction, and Technology.* New York : Routledge. Pp. 98-107.
Callon, M. 1986　Some Elements of a Sociology of Translation. In J. Law（Ed.），*Power, Action and Belief : A New Sociology of Knowledge.* London : Routledge and Kegan Paul. Pp. 196-233.
Callon, M. & Law, J. 1997　After the Individual in Society : Lessons on Collectivity from Science, Technology and Society. *Canadian Journal of Society*, **22**, 165-182. 林隆之（訳）　個と社会の区分を超えて　岡田猛・田村均・戸田山和久・三輪和久（編著）　科学を考える　北大路書房　Pp. 238-257.
Castells, M. 1996　*The Rise of the Network Society.* Vol. I. Oxford : Blackwell.
Castells, M. 2000　*The Rise of the Network Society*（second ed.）. Oxford : Blackwell.
Castells, M., Tubella, I., Sancho, T., Diaz de Isla, I. & Wellman, B. 2003　*The Network Society in Catalonia : An Empirical Analysis.* Barcelona : Universitat Oberta de Catalunya.
Chae, M. & Kim, J. 2003　What's so Different about the Mobile Internet? *Communications of the ACM*, **46**(12), 240-247.
Chen, W., Boase, J. & Wellman, B. 2002　The Global Villagers : Comparing Internet Users and Uses around the World. In B. Wellman & C. Haythornthwaite（Eds.），*The Internet in Everyday Life.* Oxford : Blackwell. Pp. 74-113.
Chen, W. & Wellman, B. 2004a　Charting Digital Divides : Within and between Countries. In W. Dutton, B. Kahin,

R. O'Callaghan & A. Wyckoff (Eds.), *Transforming Enterprise*. Cambridge, M. A.: MIT Press. Pp. 467-498.
Chen, W. & Wellman, B. 2004b Charting and Bridging Digital Divides : Comparing Socioeconomic, Gender, Life Stage, Ethnic and Rural-Urban Internet Access in Eight Countries. Report to the AMD Global Consumer Advisory Board, October. http://www.amd.com/us-en/Weblets/0,,7832_8524,00.html#charting
Chomsky, N. 1975 *Reflections on Language : The Whidden Lectures*. New York : Random House. 井上和子 (訳) 1979 言語論——人間科学的省察 大修館書店
Chomsky, N. 1986 *Knowledge of Language : Its Nature, Origin, and Use*. Westport : Praeger.
Churchill, E. F. & Wakeford, N. 2002 Framing Mobile Collaborations and Mobile Technologies. In B. Brown, N. Green & R. Harper (Eds.), *Wireless World : Social and Interactional Aspects of the Mobile Age*. London : Springer-Verlag. Pp. 154-179.
Clarke, A. & Fujimura, J. 1992 *The Right Tools for the Job : At Work in Twentieth-Century Life Sciences*. Princeton : Princeton University Press.
Clifford, J. 1997 *Routes : Travel and Translation in the Late Twentieth Century*. Cambridge, M. A.: Harvard University Press.
Cockburn, C. & Dilic, R.F. (Eds.) 1994 *Bringing Technology Home–Gender and Technology in a Changing Europe*. Open University Press.
Cohen, S. 1972 *Folk Devils and Moral Panics*. London : MacGibbon and Kee.
Crook, S. 1998 Minotaurs and Other Monsters : 'Everyday Life' in Recent Social Theory, in Sociology. *Journal of British Sociological Association*, **32**(3), 523-540.
サイワールド (cyworld) (http://cyworld.nate.com/main 2/index.htm)
Deal, T. & Kennedy, A. 1982 *Corporate Cultures*. Reading : Addison-Wesley. 城山三郎 (訳) 1987 シンボリック・マネジャー 新潮社
電通総研 2000 「ケータイ」で見えてきた日本型情報革命 電通総研レポート, **5**, 1-42.
Dixon, N. 2000 *Common Knowledge : How Companies Thrive by Sharing What They Know*. Boston : Harvard Business School Press. 梅本勝博・末永聡・遠藤温 (訳) 2003 ナレッジ・マネジメント5つの方法——課題解決のための「知」の共有 生産性出版
Duranti, A. & Goodwin, C. 1992 *Rethinking Context : Language as an Interactive Phenomenon*. Cambridge : Cambridge University Press.
Engeström, Y. & Middleton, D. 1996 *Cognition and Communication at Work*. Cambridge : Cambridge University Press.
Feld, S. 1982 Social Structural Determinants of Similarity among Associates. *American Sociological Review*, **47**, 797-801.
Feyerabend, P. 1975 *Against Method*. New York : Norton. 村上陽一郎・渡辺博 (訳) 1981 方法への挑戦——科学的創造と知のアナーキズム 新曜社
Fischer, C. S. 1992 *America Calling : A Social History of the Telephone to 1940*. Berkeley : University of California Press. 吉見俊哉・松田美佐・片岡みい子 (訳) 2000 電話するアメリカ——テレフォンネットワークの社会史 NTT出版
Foucault, M. 1975 *Surveiller et Punir : Naissance de la Prison*. Paris : Gallimard. 田村俶 (訳) 1977 監獄の誕生——監視と処罰 新潮社
フレンドスター (friendster) (http://www.friendster.com/)
藤本憲一 1985 生成言語理論の哲学的基礎——チョムスキーvs.クワイン論争を中心に 大阪大学大学院人間科学研究科修士論文 (未公刊)
藤本憲一 1997 ポケベル少女革命——メディア・フォークロア序説 エトレ
藤本憲一 1998 「モバイル"mobile"」の文化社会学——「移動体」300年史における「家→動→体」のメディア変容 ファッション環境, **7**(4), 20-28. ファッション環境学会
藤本憲一 1999 匿名・雑音・寄生——ベル友をめぐるXとYの図像論理学 現代風俗研究会 (編) 不健康の悦楽・健康の憂鬱 現代風俗'98-'99 Pp.148-161.
Fujimoto, K. 2000 Syntony, Distony, Virtual Sisterhood, and Multipling Anonymous Personalities : Invisible Pseudo-Kinship Structure through Mobile Media Terminal's Literacy. In T. Umesao, W. Kelly & M. Kubo (Eds.), Infomation and Communication. *Senri Ethnologocal Studies*, **52**, 117-141. National Museum of Ethnology.
Fujimoto, K. 2002a Will Mobile Media Terminals Replace Traditional Pleasures in the Information Society? In D. Warburton, E. Sweeney & ARISE (Associates for Research into the Science of Enjoyment) (Eds.), *The Senses, Pleasure and Health*. Reading : University of Reading. Pp. 115-118.

藤本憲一　2002b　黄声濁声—"キャ〜"と"ダミ"をめぐるケータイ空間/文学論　斎藤美奈子（編）　21世紀文学の創造4　脱文学と超文学　岩波書店　Pp. 213-245.
藤本憲一　2002c　ケータイの流行学　岡田朋之・松田美佐（編）　ケータイ学入門　有斐閣　Pp. 151-172.
藤本憲一　2002d　メディアと感性情報—ケータイ学から歓声学まで　繊維と工業, **58**(12), 316-319. 繊維学会
藤本憲一（編）2003a　テリトリー・マシン　現代風俗2003　現代風俗研究会
藤本憲一　2003b　寝室に渦巻く"かわいい"ケータイ空間　吉田集而・睡眠文化研究所（編）　眠り衣の文化誌　冬青社　Pp. 124-156.
藤本憲一　2004　啓蒙の弁証法から見たケータイの野蛮と美学　情報美学研究（武庫川女子大学生活美学研究所）, **1**, 4-8.
藤本憲一　2005　やましさのイデオロギー　日本記号学会（編）　新記号論叢書セミオトポス2　ケータイ研究の最前線　慶應義塾大学出版会　Pp. 148-167
藤本憲一　2006　ケータイ文化人類学の可能性　国立民族学博物館（編）　みんぱく, **30**(7), 2-3.
Fujimura, J. 1996　*Crafting Science: A Sociohistory of the Quest for the Genetics of Cancer*. Cambridge, M. A.: Harvard University Press.
福富忠和　2003　ヒット商品の舞台裏　アスキー
Funk, J. L. 2001　*The Mobile Internet*. Pembroke, Bermuda: ISI Publications.
Gadamer, H. G. 1960　*Wahrheit und Methode*. Tübingen: Mohr. 轡田收（訳）　1986　真理と方法1　哲学的解釈学の要綱　法政大学出版局
du Gay, P., Hall, S., Janes, L., Mackay, H. & Negus, K. 1997　*Doing Cultural Studies*. London: Sage Publications. 暮沢剛巳（訳）　2000　実践カルチュラル・スタディーズ　大修館書店
Gee, J. P. 1990　*Social Linguistics and Illiteracies: Ideology in Discourse*. The Falmer Press.
Geertz, C. 1983　*Local Knowledge: Further Essays in Interpretive Anthropology*. New York: Basic Books. 梶原景昭・小泉潤二・山下晋司・山下淑美（訳）　1991　ローカル・ノレッジ—解釈人類学論集　岩波書店
Geser, H. 2004　Towards a Sociological Theory of the Mobile Phone. Department of Sociology, Zurich University. September. http://socio.ch.mobile/t_geserl.htm
Giddens, A. 1990　*The Consequences of Modernity*. Stanford University Press. 松尾精文・小幡正敏（訳）1993　近代とはいかなる時代か？—モダニティの帰結　而立書房
Giddens, A. 1991　*Modernity and Self-Identify: Self and Society in the Late Modern Age*. Polity Press.
Giddens, A. 1992　*The Transformation of Intimacy: Sexuality, Love and Eroticism in Modern Societies*. Diane Pub Co. 松尾精文・松川昭子（訳）　1995　親密性の変容—近代社会におけるセクシュアリティ, 愛情, エロティシズム　而立書房
Goffman, E. 1959　*The Presentation of Self in Everyday Life*. Garden City, N.Y.: Doubleday. 石黒毅（訳）　1974　行為と演技—日常生活における自己呈示　誠信書房
Goffman, E. 1963　*Behavior in Public Places: Notes on the Social Organization of Gatherings*. New York: Free Press. 丸木恵祐・本名信行（訳）1980　集まりの構造—新しい日常行動論を求めて　誠信書房
Goodwin, C. & Ueno, N.　2000　Vision and Inscription in Practice. *Mind, Culture and Activity*, **7** (1-2), 1-3.
Greer, S. 1962　*The Emerging City*. New York: Free Press.
Grinter, R. E. & Eldridge, M. A. 2001　y do tngrs luv 2 txt msg? In W. Prinz, M. Jarke, Y. Rogers, K. Schmidt & V. Wulf（Eds.）, *Seventh European Conference on Computer-Supported Cooperative Work*. Bonn: Kluwer Academic Publishers. Pp. 219-238.
Gumpert, G. 1987　*Talking Tombstones and Other Tales of Media Age*. New York: Oxford University Press. 石丸正（訳）　1990　メディアの時代　新潮社
Gupta, A. & Ferguson, J. 1992　Space, Identity, and the Politics of Difference. *Cultural Anthropology*, **7**, 6-23.
羽渕一代　2002a　ケータイに写る「わたし」　岡田朋之・松田美佐（編）　ケータイ学入門—メディア・コミュニケーションから読み解く現代社会　有斐閣　Pp. 101-121.
羽渕一代　2002b　メディア環境の変容と恥　教育と医学の会（編）　教育と医学, **50**(8), 44-50. 慶應義塾大学出版会
羽渕一代　2003　携帯電話利用とネットワークの同質性　人文社会論叢（社会科学篇）(弘前大学人文学部), **9**, 73-83.
羽渕一代　2005　青年の恋愛アノミー　岩田考・羽渕一代・菊池裕生・苫米地伸（編）　若者のコミュニケーション・サバイバル—親密さのゆくえ　恒星社厚生閣　Pp. 77-90.
Hampton, K. N. 2001　Living the Wired Life in the Wired Suburb: Netville, Glocalization and Civic Society. Doctoral Dissertation, Department of Sociology, University of Toronto.

Hampton, K. N. & Wellman, B. 2003 Neighboring in Netville : How the Internet Supports Community and Social Capital in a Wired Suburb. *City and Community,* **2**(3), 277-311.
原清治・高橋一夫 2003 携帯電話を利用した双方向授業のあり方に関する実証的研究 関西教育学会紀要,**27**, 96-100.
Haraway, D. 1991 *Simians, Cyborgs, and Women : The Reinvention of Nature.* New York : Routledge. 高橋さきの(訳) 2000 猿と女とサイボーグ—自然の再発明 青土社
橋元良明 1998 パーソナル・メディアとコミュニケーション行動—青少年にみる影響を中心に 竹内郁郎・児島和人・橋元良明(編著) メディア・コミュニケーション論 北樹出版 Pp. 117-140.
Hashimoto, Y. 2002 The Spread of Cellular Phones and their Influence on Young People in Japan. In the University of Tokyo, the Institute of Socio-Information and Communication Studies (Ed.), *Review of Media, Information and Society,* **7**, 97-110.
橋元良明・小松亜紀子・栗原生輝・班目孝行・アヌラーグ・カシャブ 2001 首都圏若年層のコミュニケーション行動—インターネット,携帯電話を中心に 東京大学社会情報研究所調査研究紀要,**16**, 94-210.
橋元良明・是永論・石井健一・辻大介・中村功・森康俊 2000 携帯電話を中心とする通信メディア利用に関する調査研究 東京大学社会情報研究所調査研究紀要,**14**, 83-192.
橋元良明・辻大介・福田充・森康俊 1997 大学生の通信行動実態—1週間の全行動記録調査をベースに 東京大学社会情報研究所調査研究紀要,**9**, 105-157.
Haythornthwaite, C. & Wellman, B. 1998 Work, Friendship and Media Use for Information Exchange in a Networked Organization. *Journal of the American Society for Information Science,* **49** (12), 1101-1114.
Hegel, G. W. F. 1807 *Phäenomenologie des Geistes.* 樫山欽四郎(訳) 1997 精神現象学(上・下) 平凡社
平野秀秋・中野収 1975 コピー体験の文化 時事通信社
Hogan, B. 2003 Media Multiplexity : An Examination of Differential Communication Usage. Presented to the Association of Internet Researchers Conference, Toronto, October.
Horkheimer, M. & Adorno, T. 1947 *Dialektik der Aufkrärung.* Querido Verlag. 徳永恂(訳) 1990 啓蒙の弁証法—哲学的断想 岩波書店
細川周平 1981 ウォークマンの修辞学 朝日出版社
Hughes, T. P. 1979 The Electrification of America : The System Builders. *Technology and Culture,* **20**(1), 124-162.
Hutchins, E. 1990 The Technology of Team Navigation. In J. Galegher, R. Kraut & C. Egido (Eds.), *Intellectual Teamwork : Social and Technical Bases for Cooperative Work.* Hilsdale, N. J. : Lawrence Erlbaum Associates. Pp. 191-220. 宮田義郎(訳) 1992 チーム航行のテクノロジー 安西祐一郎・石崎俊・大津由紀雄・波多野宜余夫・溝口文雄(編) 認知科学ハンドブック 共立出版 Pp. 21-35.
池田謙一 2002 携帯電話・PHS利用パターンの社会心理 内閣府政策統括官(編) 第4回情報化社会と青少年に関する調査報告書 情報化社会と青少年 Pp. 287-301.
imaHima 今ヒマ・友ナビ http://www.imahima.co.jp/
井上章一 1989 ノスタルジック・アイドル 二宮金次郎—モダン・イコノロジー 新宿書房
IPSe 2003 *Third Annual Consumer Report : Survey Results from Research on Mobile Phone Usage.* IPSe Communications.
石田佐恵子 1998 有名性という文化装置 勁草書房
石黒格 2003 スノボール・サンプリング法による大規模調査とその有効性について—02弘前調査データを用いた一般的信頼概念の検討 人文社会論叢(社会科学篇)(弘前大学人文学部),**9**, 85-98.
石井久雄 2003 携帯電話で結ばれた青少年の人間関係の特質—「フルタイム・インティメート・コミュニティ」概念をめぐって 子ども社会研究,**9**, 42-59.
Ishii, K. 1996 PHS : Revolutionizing Personal Communication in Japan. *Telecommunications Policy,* **20**(7), 497-506.
Ishii, K. 2004 Internet Use via Mobile Phone in Japan. *Telecommunication Policy,* **28**(1), 43-58.
石川幹人 2000 メディアがもたらす環境変容に関する意識調査—電車内の携帯電話使用を例にして 情報文化学会誌,**7**(1), 11-20.
伊藤雅之 2002 ネット恋愛のスピリチュアリティ 樫尾直樹(編) スピリチュアリティを生きる せりか書房 Pp. 28-45.
Ito, M. 2005a Intimate Visual Co-Presence. In *Pervasive Image Capture and Sharing Workshop, Ubiquitous Computing Conference.* Tokyo.
Ito, M. 2005b Introduction : Personal, Portable, Pedestrian. In M. Ito, D. Okabe & M. Matsuda (Eds.), *Personal, Portable, Pedestrian : Mobile Phones in Japanese Life.* Cambridge, M. A. : MIT Press. Pp. 1-16.

Ito, M. 2005c Mobile Phones, Japanese Youth, and the Re-Placement of Social Contact. In R. Ling & P. Pedersen (Eds.), Mobile Communications : Re-Negotiation of the Social Sphere. London : Springer. Pp. 134-148.
Ito, M., Okabe, D. & Matsuda, M. (Eds.) 2005 *Personal, Portable, Pedestrian : Mobile Phones in Japanese Life.* Cambridge, M. A. : MIT Press.
岩田考 2001 携帯電話の利用と友人関係—ケイタイ世代のコミュニケーション 深谷昌志（監修） モノグラフ・高校生 vol.63 12-33. ベネッセ教育研究所
角野幸博・藤本憲一・橋爪紳也・伊東道生（編著） 1994 大阪の表現力—巨大看板から大阪弁までプレゼン都市の魅力を探る パルコ出版
Kamimura, S. & Ida, M. 2002 Will the Internet take the Place of Television? : From a Public Opinion Survey on "The Media in Daily Life". *Broadcasting Culture & Research,* **19**. NHK Broadcasting Culture Research Institute. http : //www.nhk.or.jp/bunken/book-en/b4-e.html
Kasesniemi, E. -L. & Rautiainen, P. 2002 Mobile Culture of Children and Teenagers in Finland. In J. E. Katz & M. Aarkus（Eds.）, *Perpetual Contact : Mobile Communication, Private Talk, Public Performance*. Cambridge : Cambridge University Press. Pp. 170-192. 岡田朋之・鶴本花織（訳） 2003 フィンランドにおける子どもと10代のモバイル文化 富田英典（監訳） 絶え間なき交信の時代—ケータイ文化の誕生 NTT出版 Pp. 220-253.
鹿島茂 2000 セーラー服とエッフェル塔 文藝春秋
樫村愛子 2002 代替的生活世界的コミュニケーションの展開 田邊信太郎・島薗進（編） つながりの中の癒し 専修大学出版局 Pp. 211-249.
樫村政則（編） 1989 「伝言ダイヤル」の魔力—電話狂時代をレポートする JICC出版
片桐雅隆 1987 親密的相互作用と匿名的相互作用—シンボリック相互作用論の基本枠組の再考をめざして 人文研究（社会学）（大阪市立大学文学部紀要）, **39**(9), 23-42.
片桐雅隆 1991 変容する日常生活—私化現象の社会学 世界思想社
片桐雅隆 1996 プライバシーの社会学—相互作用・自己・プライバシー 世界思想社
加藤文俊 1998 電子ネットワークのなかの視線 井上輝夫・梅т理郎（編） メディアが変わる 知が変わる—ネットワーク環境と知のコラボレーション 有斐閣 Pp. 121-141.
加藤文俊 2005 フィールドワークの想像力—POSTによる体験学習の試み 日本シミュレーション＆ゲーミング学会全国大会論文報告集, 2005年秋号, 89-92.
加藤文俊 2006 寅さんの見た風景を採集する—カメラ付きケータイをもちいたフィールドワークの試み 現代風俗研究会（編） 現代風俗学研究, **12**, 37-45.
Kato, F. 2006 Seeing the "Seeing" of Others : Environmental Knowing through Camera-phones. In K. Nyíri (Ed.), *Mobile Understanding : The Epistemology of Ubiquitous Communication*. Vienna : Passagen Verlag. Pp. 183-195.
Kato, F., Okabe, D., Ito, M. & Uemoto, R. 2005 Uses and Possibilities of the Keitai Camera. In M. Ito, D. Okabe & M. Matsuda（Eds.）, *Personal, Portable, Pedestrian : Mobilephones in Japanese Life*. Cambridge, M. A. : MIT Press. Pp. 301-310.
加藤文俊・上本竜平 2003 カメラ付きケータイの利用と可能性—"あたらしい写真"とコミュニケーション（未公刊）
加藤晴明 2001 メディア文化の社会学 福村出版
加藤晴明 2003 電話風俗とテリトリー 藤本憲一（編） テリトリー・マシン 現代風俗2003 現代風俗研究会
Katz, J. E. (Ed.) 2003 *Machines That Become Us : The Social Context of Personal Communication Technology*. New Brunswick, NJ. : Transaction Publishers.
Katz, J. E. & Aakhus, M. (Eds.) 2002 *Perpetual Contact*. Cambridge : Cambridge University Press. 富田英典（監訳） 2003 絶え間なき交信の時代—ケータイ文化の誕生 NTT出版
Kawatoko, Y. 2003 Machines as a Social System. *Journal of the Center for Information Studies,* **5**, 20-24.
川浦康至 1992 携帯・自動車電話とコミュニケーション空間 横浜市立大学論叢人文科学系列, **43**(2・3), 307-331.
香山リカ 2004 恋愛不安 講談社
警察庁広報資料 2003 平成14年中のいわゆる出会い系サイトに関係した事件の検挙状況について（平成15年2月6日）
警察庁 1996 平成8年版 警察白書
木村忠正 2001a デジタル・デバイドとは何か—コンセンサス・コミュニティをめざして 岩波書店
木村忠正 2001b インターネットとiモード系携帯電話の狭間—PACS（ポスト高度消費社会）としての情報ネットワーク社会へ 日本語学, **241**, 54-71. 明治書院

木村裕一　1994　あらしのよるに　講談社（1994〜2005「シリーズ　あらしのよるに」全7巻）
Kindberg, T., Spasojevic, M., Fleck, R. & Sellen, A. 2004 How and Why People Use Camera Phones, Retrieved (http://www.hpl.hp.com/techreports/2004/HPL-2004-216.html).
金相美　2003　携帯電話利用とソーシャル・ネットワークとの関係―在日留学生対象の調査結果を中心に　東京大学社会情報研究所紀要，**65**，363-394.
Kioka, Y. 2003 Dating Sites and the Japanese experience. Children, Mobile Phones and the Internet: the Mobile Internet and Children, Proceedings of the Experts. Meeting in Tokyo, Japan, Thursday 6 th and Friday 7 th March 2003, Co-hosted by Childnet International and the Internet Association, Japan. (http://www.iajapan.org/hotline/mobilepdf/4_kioka1.pdf)
北田暁大　2002　広告都市・東京―その誕生と死　廣済堂出版
小林宏一　1995　マルチチャンネル時代からマルチメディア時代へ放送への挑戦と方法からの挑戦　放送学研究，**45**，7-65.
小林多寿子　1997　一万歩の思想―歩く人たちの都市風俗誌　現代風俗研究会（編）　現代風俗学研究，**3**，91-113.
小林哲夫　1995　僕たちテレクラで知り合いました　別冊宝島231　結婚のオキテ　宝島社　Pp. 73-84.
小檜山賢二　2005　ケータイ進化論　NTT出版
Kohiyama, K. 2005 A Decade in the Development of Mobile Communications in Japan (1993–2002). In M.Ito, D. Okabe & M.Matsuda (Eds.), *Personal, Portable, Pedestrian : Mobile Phones in Japanese Life*. Cambridge, M. A.: MIT Press. Pp. 61-74.
Koku, E., Nazer, N. & Wellman, B. 2001 Netting Scholars: Online and Offline. *American Behavioral Scientist*, **44** (10), 1750-1772.
Koku, E. & Wellman, B. 2004 Scholarly Networks as Learning Communities: The Case of Technet. In S. Barab, R. Kling & J. Gray (Eds.), *Designing for Virtual Communities in the Service of Learning*. Cambridge: Cambridge University Press. Pp. 299-337.
今和次郎（著）　1987　考現学入門　藤森照信（編）　筑摩書房
Kopomaa, T. 2000 *The City in Your Pocket : The Birth of the Mobile Information Society*. Helsinki: Gaudeamus. 川浦康至・溝渕佐知・山田隆・森祐治（訳）　2004　ケータイは世の中を変える―携帯電話先進国フィンランドのモバイル文化　北大路書房
Koskinen, I. 2004 Seeing with Mobile Images: Towards Perpetual Visual Contact. In K. Nyíri (Ed.), *A Sense of Place : The Global and the Local in Mobile Communication*. Vienna: Passagen Verlag. Pp. 339-347.
小谷敏（編）　1993　若者論を読む　世界思想社
小寺敦之　2002　高校生・大学生の携帯電話利用に関する調査結果と分析　国際文化学，**6**，119-142.
Krogh, G. Von, Ichijo, K. & Nonaka, I. 2000 *Enabling Knowledge Creation : How to Unlock the Mystery of Tacit Knowledge and Release the Power of Innovation*. Oxford: Oxford University Press. 野中郁次郎・一條和生（訳）　2001　ナレッジ・イネーブリング―知識創造企業への五つの実践　東洋経済新報社
Kuhn, T. 1962, 1970 (second ed.) *The Structure of Scientific Revolutions*. Chicago: University of Chicago Press. 中山茂（訳）　1971　科学革命の構造　みすず書房
Kuhn, T. 1977 *Essential Tension*. Chicago: University of Chicago Press. 安孫子誠也・佐野正博（訳）　1998　科学革命における本質的緊張―トーマス・クーン論文集　みすず書房
栗原正輝　2003　若者の対人関係における携帯メールの役割　情報通信学会誌，**21**(1)，87-94.
栗田宣義　1999　プリクラ・コミュニケーション―写真シール交換の計量社会学的分析　マス・コミュニケーション研究，**55**，131-152.
黒葛原愛　2004　若者のコミュニケーションと電子メディア―ケータイ・メールにみる現状分析からの考察　2003年度大妻女子大学修士論文（未公刊）
Latour, B. 1987 *Science in Action*. Cambridge, M. A.: Harvard UniversityPress. 川崎勝・高田紀代志（訳）　1999　科学が作られているとき―人類学的考察　産業図書
Laurier, E. 2002 The Region as a Socio-Technical Accomplishment of Mobile Workers. In B. Brown, N. Green & R. Harper (Eds.), *Wireless World : Social and Interactional Aspects of the Mobile Age, Computer Supported Cooperative Work*. London: Springer-Verlag. Pp. 46-61.
Lave, J. 1988 *Cognition in Practice : Mind, Mathematics and Culture in Everyday Life*. Cambridge: Cambridge University Press. 無藤隆・山下清美・中野茂・中村美代子（訳）　1995　日常生活の認知行動―ひとは日常生活でどう計算し，実践するか　新曜社
Levinson, P. 1999 *Digital McLuhan : A Guide to the Information Millenium*. Routledge. 服部桂（訳）　2000　デジタル・マクルーハン―情報の千年紀へ　NTT出版

Lin, N. 2001 *Social Capital : A Theory of Social Structure and Action*. Cambridge : Cambridge University Press.
Ling, R. 1998 One Can Talk about Common Manners! : The Use of Mobile Phones in Inappropriate Situations. *Teleektronikk*, **94**, 65-76.
Ling, R. 2001 Adolescent Girls and Young Adult Men : Two Sub-cultures of the Mobile Telephone. *R & D Report*, **34**
Ling, R. 2002 The Social Juxtaposition of Mobile Telephone Conversations and Public Spaces. In Paper presented at the Conference on the Social Consequence of Mobile Telephones. Chunchon : Korea.
Ling, R. 2004 *The Mobile Connection : The Cell Phone's Impact on Society*. San Mateo, C. A. : Morgan Kaufmann.
Ling, R., & Julsrud, T. 2005 Grounded Genres in Multimedia Messaging. In K, Nyíri（Ed.）, *A Sense of Place : The Global and the Local in Mobile Communication*. Vienna : Passagen Verlag. Pp. 329-338.
Ling, R. & Yttri, B. 2002 Hyper-coordination via mobile phones in Norway. In J. E. Katz & M. Aakhus（Eds.）, *Perpetual Contact : Mobile Communication, Private Talk, Public Performance*. Cambridge : Cambridge University Press. Pp. 139-169. 羽渕一代（訳）2003 ノルウェーの携帯電話を利用したハイパー・コーディネーション 立川敬二（監修）富田英典（監訳）絶え間なき交信の時代―ケータイ文化の誕生 NTT出版 Pp. 179-219.
Livingstone, S. 1992 The Meaning of Domestic Technologies : A Personal Construct Analysis of Familial Gender Relations. In R. Silverstone & E. Hirsch（Eds.）, *Consuming Technologies : Media and Information in Domestic Space*. Routledge. Pp. 113-130.
前田博夫 2001 高校生は携帯電話"依存症"？―学校生活と携帯電話は共存できるのか？ 望星, **32**（4 373）東海教育研究所 44-49.
Mannheim, K. 1929 *Ideologie und Utopie*. Frankfurt am Main : Klostermann. 徳永恂（訳） 1971 イデオロギーとユートピア 中央公論新社
Marx, G. T. 1999 What's in a Name? Some Reflections on the Sociology of Anonymity. *The Information Society,* **15**（2）, 99-112.
正高信男 2003 ケータイを持ったサル―「人間らしさ」の崩壊 中央公論新社
マッチコム・モバイル（Match.com mobile）（http : //mobile.match.com/Homepage.jsp）
松葉仁 2002 ケータイの中の欲望 文藝春秋
松田美佐 1996a 携帯電話利用のケース・スタディ 東京大学社会情報研究所調査研究紀要, **7**, 167-189.
松田美佐 1996b 普及期におけるメディアの噂―携帯電話と電話を例として 東京大学社会情報研究所紀要, **52**, 25-46.
松田美佐 1996c ジェンダーの観点からのメディア研究再考―ジェンダーとメディアの社会的構成に焦点をあてながら マス・コミュニケーション研究, **48**, 190-203.
松田美佐 1997 都市伝説―ケータイの電磁波がアブナイ 富田英典・藤本憲一・岡田朋之・松田美佐・高広伯彦（著）ポケベル・ケータイ主義！ ジャストシステム Pp. 142-164.
松田美佐 1999a 若者携帯電話文化論 コミュニケーション, **81** NTT出版 22-25.
松田美佐 1999b パーソナライゼーション 東京大学社会情報研究所（編）社会情報学Ⅱ メディア 東京大学出版会 Pp. 157-175.
松田美佐 2000a 若者の友人関係と携帯電話利用―関係希薄化論から選択的関係論へ 社会情報学研究, **4**, 111-122.
松田美佐 2000b ケータイによる電子メール急増とその影響 日本語学, **229**, 46-55. 明治書院
松田美佐 2001a パーソナルフォン・モバイルフォン・プライベートフォン―ライフステージによる携帯電話利用の差異 川浦康至・松田美佐（編）現代のエスプリ405 携帯電話と社会生活 至文堂 126-138.
松田美佐 2001b 大学生の携帯電話・電子メール利用状況2001 情報研究, **26**, 167-179.
松田美佐 2002 モバイル社会のゆくえ 岡田朋之・松田美佐（編）ケータイ学入門―メディア・コミュニケーションから読み解く現代社会 有斐閣 Pp. 205-227.
松田美佐 2003 モバイル・コミュニケーション文化の成立 伊藤守・小林宏一・正村俊之（編）シリーズ社会情報学への接近2 電子メディア文化の深層 早稲田大学出版部 Pp. 173-194.
Matsuda, M 2005 Mobile Communication and Selective Sociality. In M. Ito, D. Okabe & M. Matsuda（Eds.）, *Personal, Portable, Pedestrian : Mobile Phones in Japanese Life*. Cambridge, M. A. : MIT Press. Pp. 123-142.
松田美佐・富田英典・藤本憲一・羽渕一代・岡田朋之 1998 移動体メディアの普及と変容 東京大学社会情報研究所紀要, **56**, 89-104.
松井剛 1998 商品の社会的定義の歴史的展開(1) 日本におけるポケットベルのイメージを事例として 商品研究, **48**(3・4), 25-37.
松井剛 1999a 商品の社会的定義の歴史的展開(2) 日本におけるポケットベルのイメージを事例として 商品研

究, **49**(1・2), 27-36.
松井剛 1999b 商品の社会的定義の多様性―ポケットベルを事例として 組織科学, **33**(2), 105-115.
松永真理 2000 iモード事件 角川書店
松永真理 2001 電話からインターネットへ―誰でもiモード 川浦康至・松田美佐（編）現代のエスプリ405 携帯電話と社会生活 至文堂 58-62.
McLuhan, M. 1962 *The Gutenberg Galaxy: The Making of Typographic Man*. Toronto: University of Toronto-Press. 森常治（訳）1986 グーテンベルクの銀河系―活字人間の形成 みすず書房
Meguro, Y. 1992 Between the Welfare and Economic Institutions: Japanese Families in Transition. *International Journal of Japanese Sociology*, **1** (Oct.), 35-46.
Meyrowitz, J. 1985 *No Sense of Place: The Impace of Electronic Media on Social Behavior*. New York: Oxford University Press. 安川一・高山啓子・上谷香陽（訳）2003 場所感の喪失（上）電子メディアが社会的行動に及ぼす影響 新曜社
三上俊治 2001 携帯電話のマナーにみる公私のゆらぎ 川浦康至・松田美佐（編）現代のエスプリ405 携帯電話と社会生活 至文堂 96-105.
三上俊治・是永論・中村功・見城武秀・森康佐・柳澤花芽・森康子・関谷直也 2001 携帯電話・PHSの利用実態2000 東京大学社会情報研究所調査研究紀要, **15**, 145-235.
Milgram, S. 1977 *The Individual in a Social World: Essays and Experiments*. Masschusetts: Addison-Wesley Publishing Company.
Miller, D. & Slater, D. 2000 *The Internet: An Ethnographic Approach*. Oxford: Berg.
Mitra, A. 2003 Online Communities, Diasporic. In K. Christensen & D. Levinson (Eds.), *Encyclopedia of Community*. Thousand Oaks. CA: Sage. Pp. 1019-1020.
宮台真司 1994 制服少女たちの選択 講談社
三宅和子 2000 ケータイと言語行動・非言語行動 日本語学, **229**, 6-17. 明治書院
宮木由貴子 1999 青年層の通信メディア利用と友人関係 LDI report（7月号）, 27-51. ライフデザイン研究所
宮木由貴子 2001 現代の小中学生の携帯電話利用―親子の意識・実態調査, 学校調査から LDI report（4月号）, 21-41. ライフデザイン研究所
Miyaki, Y. 2005 Keitai Use among Japanese Elementary and Junior High School Students. In M.Ito, D. Okabe & M.Matsuda (Eds.), *Personal, Portable, Pedestrian: Mobile Phones in Japanese Life*. Cambridge, M. A.: MIT Press. Pp. 277-299.
宮田加久子 2001 携帯電話利用と対人関係―年齢と性別の視点から 明治学院大学社会学部附属研究所年報, **31**, 65-80.
ミクシィ プレスリリース 2006 http://mixi.co.jp/press.html
モバイル・コミュニケーション研究会 2002 携帯電話利用の深化とその影響 科学研究費：携帯電話利用の深化とその社会的影響に関する国際比較研究 初年度報告書（日本における携帯電話利用に関する全国調査結果）
森久美子・石田靖彦 2001 迷惑の生成と受容に関する基礎的研究―普及期の携帯電話マナーに関する言説分析 愛知淑徳大学論集コミュニケーション学部篇1 Pp.77-92.
森岡正博 1993 意識通信 筑摩書房
Morita, A. with Reingold, E. M. & Shimomura, M. 1986 *Made in Japan: Akio Morita and SONY*. New York: E.P. Dutton. 下村満子（訳）1987 メイド・イン・ジャパン―わが体験的国際戦略 朝日新聞社
Morley, D. 1986 *Family Television: Cultural Power and Domestic Leisure*. Comedia / Routledge.
Morley, D. & Robins, K. 1995 *Spaces of Identities: Global Media, Electronic Landscapes and Cultural Boundaries*. London: Routledge.
Murtagh, G. M. 2002 Seeing the "Rules": Preliminary Observations of Action, Interaction and Mobile Phone Use. In B. Barry, R.Harper & G. Nicola (Eds.), *Wireless World: Social and Interactional Aspects of the Mobile Age*. London: Springer-Verlag. Pp. 81-91.
Myerson, G. 2001 *Heidegger, Habermas and the Mobile Phone*. Melbourne: Totem Books. 武田ちあき（訳）2004 ハイデガーとハーバマスと携帯電話 岩波書店
Mynatt, E., Adler, A., Ito, M. & O'Day, V. 1997 Network Communities: Something Old, Something New, Something Borrowed... *Computer Supported Cooperative Work*, **6**, 1-35.
内閣府大臣官房政府広報室 2003 月刊世論調査 2月号
内閣府政策統括官 2002 第4回情報化社会と青少年に関する調査報告書 情報化社会と青少年 大蔵省印刷局
仲島一朗・姫野桂一・吉井博明 1999 移動電話の普及とその社会的意味 情報通信学会誌, **16**(3), 79-92.
中村功 1996a 携帯電話の「利用と満足」―その構造と状況依存性 マス・コミュニケーション研究, **48**, 146-

159.
中村功　1996b　若者の人間関係とポケットベル利用　日本社会心理学会第37回大会発表論文集
中村功　1996c　電子メディアのパーソナル化—その過程と利用変化の特質　東京大学社会情報研究所（編）　情報行動と地域情報システム　東京大学出版会　Pp. 168-194.
中村功　1997　移動体通信メディアが若者の人間関係および生活行動に与える影響—ポケットベル・PHS 利用に関するパネル調査の試み　平成 8 年度情報通信学会年報, 27-40.
中村功　2001a　携帯メールの人間関係　東京大学社会情報研究所（編）　日本人の情報行動　東京大学出版会　Pp. 285-303.
中村功　2001b　現代の流言—「携帯ワンギリ広告」の例　松山大学論集, **13**(5), 295-333.
中村功　2001c　携帯電話の普及過程と社会的意味　川浦康至・松田美佐（編）　現代のエスプリ405　携帯電話と社会生活　至文堂　285-303.
中村功　2003　携帯メールと孤独　松山大学論集, **14**(6), 85-99.
中村功・廣井脩　1997　携帯電話と119番通報　東京大学社会情報研究所調査研究紀要, **9**, 87-103.
中野佐知子　2002　インターネット利用とテレビ視聴の今後—携帯電話による若者のコミュニケーション革命「IT 時代の生活時間調査」から(3)　放送研究と調査, **52**（8 615）, 126-137. 日本放送出版協会
Natanson, M. 1978　The Problem of Anonymity in the Thought of Alfred Schutz. In J. Bien (Ed.), *Phenomenology and the Social Science: A Dialogue.* Nijhoff. 60-73.
夏野剛　2000　ｉモード・ストラテジー—世界はなぜ追いつけないか　日経 BP 企画
夏野剛　2002　ア・ラ・ｉモード—ｉモード流ネット生態系戦略　日経 BP 企画
Newman, S. 1998　Here, There and Nowhere at ALL: Distribution, Negotiation, and Virtuality in Postmodern Ethnography and Engineering. *Knowledge and Society*, **11**, 235-267.
日本音楽著作権者協会（JASRAC）　2005　平成16年度使用料等徴収額　http://www.jasrac.or.jp/release/05/05_2.html
西岡郁夫　2003　携帯電話のマナーは日本が世界一？　http://bizplus.nikkei.co.jp/colm/colCh.cfm?i=t_nishioka33
野村総合研究所　2003a　News Release：ADSL がインターネット利用回線でトップの座を獲得、EC 市場規模が 1 兆円に—情報通信利用に関する第13回実態調査を実施　http://www.nri.co.jp/news/2003/030501_1.html
野村総合研究所　2003b　情報通信利用者動向の調査
Nozawa, S. 1996　Aspects Spatiaux de Liens Personnels dans le Japon Moderne. *Bulletin de la Societe Neuchateloise de Geographie*, **40**, 83-97.
NTTドコモ　1999　ドコモレポート　No. 8
小田公美子　2000　ケータイが食った若者消費　エコノミスト, **78**（27 3457）48. 毎日新聞社
小川博司　1979　非名・没名・無名—現代社会における「匿名性」の諸相　ソシオロゴス, **3**, 82-97.
小川博司　1980　「匿名性」と社会の存立—A・シュッツの「匿名性」の概念をめぐって　社会学評論, **123**, 17-30.
Okabe, D. & Ito, M. 2003　Camera Phones Changing the Definition of Picture-worthy. *Japan Media Review.* http://www.ojr.org/japan/wireless/1062208524.php.
岡田朋之　1993　伝言ダイヤルという疑似空間　川浦康至（編）　現代のエスプリ306　特集・メディアコミュニケーション　至文堂
岡田朋之　1997　ポケベル・ケータイの「やさしさ」　富田英典・藤本憲一・岡田朋之・松田美佐・高広伯彦（著）　ポケベル・ケータイ主義！　ジャストシステム　Pp. 76-96.
岡田朋之・羽渕一代　1999　移動体メディアに関する街頭調査の記録（抜粋）　武庫川女子大学生活美学研究所紀要, **9**, 132-153.
岡田朋之・松田美佐（編）　2002　ケータイ学入門：メディア・コミュニケーションから読み解く現代社会　有斐閣
岡田朋之・松田美佐・羽渕一代　2000　移動電話利用におけるメディア特性と対人関係—大学生を対象とした調査事例より　平成11年度情報通信学会年報　43-60.
岡田朋之・富田英典　1999　移動電話に関する街頭調査の記録（抜粋）　組織とネットワーク研究班（編）　研究双書　第112巻　組織とネットワークの研究　関西大学経済・政治研究所　208-233.
小此木啓吾　2000　「ケータイ・ネット人間」の精神分析　朝日新聞社
奥野卓司　2000　第三の社会　岩波書店
Ono, H. & Zavodny, M. 2004　Gender Differences in Information Technology Usage: A U.S.-Japan Comparison. Working paper 2004-2, Federal Reserve Bank of Atlanta, Georgia. January. P. 34
大橋薫　1987　「匿名性」と非行　犯罪と非行, **72**, 2-20.

大平健　1995　やさしさの精神病理　岩波書店
太田洋　2001 "メールの J-PHONE"誕生秘話　浅羽道明（編）　別冊宝島 Real　014号　「携帯電話的人間」とは何か　宝島社　Pp. 106-108.
Orr, J. 1996　*Talking about Machines : An Ethnography of a Modern Job*. Ithaca, N.Y. : Cornell University Press.
Otani, S. 1999　Personal Community Networks in Contemporary Japan. In B. Wellman (Ed.), *Networks in the Global Village*. Boulder, Colorado : Westview Press. Pp. 279-297.
Pinch, T. & Bijker, W. 1993　The Social Construction of Facts and Artifacts : Or How the Sociology of Science and the Sociology of Technology Might Benefit Each Other. In E. Wiebe, T. Bijker, P. Hughes & T. Pinch (Eds.), *The Social Construction of Technological Systems*. Cambridge, M. A. : MIT Press. Pp. 17-51.
Plant, S. 2001　On the Mobile, the Effects of Mobile Telephones on Social and Individual Life. *Receiver magazine*. http://www.receiver.vodafone.com
Plant, S. 2002　On the Mobile : The Effects of Mobile Telephones on Social and Individual Life. Motorola. http://www.motorola.com/mot/doc/0/234_MotDoc.pdf
Plummer, K. 1983　*Documents of Life : An Introduction to the Problems and Literature of a Humanistic Method*. London : G. Allen & Unwin.　原田勝弘・下田平裕身・川合隆男（訳）　1991　生活記録（ライフドキュメント）の社会学―方法としての生活史研究案内　光生館
Plummer, K. 2001　*Documents of Life 2 : An Invitation to a Critical Humanism*. London : Sage.
Popper, K. 1994　*The Myth of the Framework*. New York : Routledge　ポパー哲学研究会（訳）　1998　フレームワークの神話―科学と合理性の擁護　未來社
Quan-Haase, A., Wellman, B., Witte, J. & Hampton, K. 2002　Capitalizing on the Internet : Network Capital, Participatory Capital, and Sense of Community. In B. Wellman & C. Haythornthwaite (Eds.), *The Internet in Everyday Life*. Oxford : Blackwell. Pp. 291-324.
Quine, W.O. 1981　*Theories and Things*. Cambridge, M. A. : Harvard University Press.
Rakow, L.F. 1988　Woman and the Telephone : The Gendering of a Communication Technology. In C. Kramarae (Ed.), *Technology and Women's Voice*. Routledge. Pp. 207-228.
Rakow, L.F. & Navarro, V. 1993　Remote Mothering and the Parallel Shift : Woman Meet the Cellular Telephone. *Critical Studies in Mass Communication,* 10, 114-157.　松田美佐（訳）　2000　リモコンママの携帯電話　川浦康至・松田美佐（編）　現代のエスプリ405　携帯電話と社会生活　至文堂　106-123.
Rheingold, H. 2002　*Smart Mobs : The Next Social Revolution*. Cambridge, M. A. : Perseus.　公文俊平・会津泉（訳）　2003　スマートモブズ―"群がる"モバイル族の挑戦　NTT出版
Rivière, C.A. & Licoppe, C. 2003　From Voice to Text : Continuity and Change in the Use of Mobile Phones in France and Japan. International Sunbelt Social Network Conference. Cancun, Mexico, February.
Rogers, E. M. 1986　*Communication Technology : The New Media in Society*. New York : Free Press.　安田寿明（訳）1992　コミュニケーションの科学―マルチメディア科学の基礎理論　共立出版
Said, E.W. 1978　*Orientalism*. New York : Georges Borchardt.　今沢紀子（訳）　1993　オリエンタリズム　平凡社
斎藤卓也・鈴木祐太　2005　和次郎カウンター（version 1.0）　ケータイ用アプリケーション　慶應義塾大学環境情報学部　加藤文俊研究室
酒井順子　1995　ケータイ嫌いの独白　広告, **308**, 17.
Schegloff, E. 2002　Beginnings in the telephone. In J. E. Katz & M. Aakhus (Eds.), *Perpetual Contact : MobileCommunication, Private Talk, Public Performance*. Cambridge : Cambridge University Press. Pp. 284-300.　平英美（訳）2003　電話の開始部　立川敬二（監修）　富田英典（監訳）　絶え間なき交信の時代　ケータイ文化の誕生　NTT出版　Pp. 370-389.
Schutz, A. 1940　Phenomenology and Social Sciences. In M. Farber (Ed.), *Philosophical Essays in Memory of Edmund Husserl*. Cambridge, M. A. : Harvard University Press.　→1962　M. Natanson (Ed.), *Collected Papers 1 : The Problem of Social Reality*. Martinus Nijihoff.　渡部光・那須寿・西原和久（訳）　1983　現象学と社会科学　アルフレッド・シュッツ著作集　第１巻　社会的現実の問題Ｉ　マルジュ社
Schwarz, H. 2001　Techno-Locales : Social Spaces and Places at Work. Paper presented at the Annual Meeting of the Society for the Social Studies of Science, Cambridse, M. A.
宣伝会議（編）　2005　実践!!モバイルリサーチ―携帯電話がリサーチを変える　宣伝会議
Serres, M. 1980　*Le Parasite*. Paris : Editions Grasset & Fasquelle.　及川馥・米山親能（訳）　1987　パラジット―寄食者の論理　法政大学出版局
Shafer, M. 1977　*The Tuning of the World*. Toronto : McClelland and Stewart.　鳥越けい子・庄野泰子・若尾裕・小川博司・田中直子（訳）　1986　世界の調律―サウンドスケープとは何か　平凡社

渋井哲也　2003　出会い系サイトと若者たち　洋泉社
Shimizu, A. 2006　How Japanese Young People Present Oneself with Camera Phones in a Learning Community. An International Conference : Cultural Space and Public Sphere in Asia. Pp. 198-210. Seoul.
新教育社会学辞典　1986　東洋館出版社　P. 679
Silverstone, R. & Haddon, L. 1996　Design and the Domestication of Information and Communication Technologies : Technical Change and Everyday Life. In R. Mansell & R. Silverstone (Eds.), *Communication by Design : The Politics of Information and Communication Technologies*. Oxford University Press. Pp. 44-74.
Silverstone, R. & Hirsch, E. (Eds.) 1992　*Consuming Technologies : Media and Information in Domestic Spaces*. Cambridge, M. A. : MIT Press.
Silverstone, R., Hirsch, E. & Morley, D. 1992　Information and Communication Technologies and the Moral Economy of the household. In R. Silverstone & E. Hirsch (Eds.), *Consuming Technologies : Media and Information in Domestic Space*. Routledge. Pp. 15-31.
Simmel, G. 1909　*Bruke und Tur. Der Tag*. 15　鈴木直（訳）　1999　橋と罪　北川東子（編訳）　ジンメル・コレクション　筑摩書房
Simmel, G. 1917　*Grundfragen der Soziologie : Individuum und Gesellschaft*. Sammlung Göschen, Berlinund Leipzip : Walter de Gruyter.　清水幾太郎（訳）　1979　社会学の根本問題　岩波書店
Skog, B. 2002　Mobiles and the Norwegian Teen : Identity, Gender and Class. In E. James, J.E. Katz & M.A. Aakhus (Eds.), *Perpetual Contact : Mobile Communication, Private Talk, Public Performance*. Cambridge : Cambridge University Press. Pp. 255-273.
Smith, M. 2000　Some Social Implications of Ubiquitous Wireless Networks. *ACM MobileComputing and Communications Review*, **4**(2), 25-36.
Sontag, S. 1977　*On Photography*. New York : Farrar, Straus and Giroux.　近藤耕人（訳）　1979　写真論　晶文社
総務省（編）　2002　平成14年版　情報通信白書　ぎょうせい
総務省（編）　2003　平成15年版　情報通信白書　ぎょうせい
総務省（編）　2005　平成17年版　情報通信白書　ぎょうせい
総務省（編）　2006　平成18年版　情報通信白書　ぎょうせい
総務省情報通信政策局　2003　平成14年度通信利用動向調査報告書（世帯編）
総務庁青少年対策本部　2000　青少年と携帯電話等に関する調査研究報告書
Spigel, L. 1992　*Make Room for TV : Television and the Family Ideal in Postwar America*. University of Chicago Press.
Suchman, L. 1987　*Plans and Situated Actions*. Cambridge : Cambridge University Press.　佐伯胖（監訳）　1989　プランと状況的行為─人間-機械コミュニケーションの可能性　産業図書
末増亨・城仁士　2000　携帯電話がパーソナルスペースに及ぼす影響　人間科学研究, **8**(1), 67-77.
すもも（http://sumomo.fm/）
社会学小辞典　1977　有斐閣　P. 293
高田公理　2003　なぜ「ただの水」が売れるのか─嗜好品の文化論　PHP研究所
高広伯彦　1997a　ぼくたちのマルチメディア、ポケベル─束縛のメディアから解放のメディアへ　富田英典・藤本憲一・岡田朋之・松田美佐・高広伯彦（著）　ポケベル・ケータイ主義！　ジャストシステム　Pp. 32-58.
高広伯彦　1997b　38年目のメディア　テレコム社会科学賞学生賞入賞論文集, **6**, 1-91. 電気通信普及財団
武田徹　2002　若者はなぜ「繋がり」たがるのか─ケータイ世代の行方　PHP研究所
武山政直・猪又研介　2002　携帯電話を用いた授業ライブアンケート　武蔵工業大学環境情報学部情報メディアセンタージャーナル, **3**, 70-77.
田丸恵理子・上野直樹　2002　社会─道具的ネットワークの構築としてのデザイン　日本デザイン学会誌, **9**(3), 14-21.
Taylor, A. & Harper, R. 2003　The Gift of the Gab? A Design Oriented Sociology of Young People's Use of Mobiles. *Computer Support Cooperative Work*, **12**, 267-296.
Tedlock, D. & Mannheim, B. 1995　*The Dialogic Emergence of Culture*. University of Illinois Press.
Tkach-Kawasaki, L. 2003　Internet in East Asia. In K. Christensen & D. Levinson (Eds.), *Encyclopedia of Community*. Thousand Oaks, C. A. : Sage. Pp. 794-798.
東京都生活文化局都民協働部青少年課　1997　平成9年度青少年健全育成基本調査
富田英典　1994　声のオデッセイ：ダイヤル Q^2 の世界─電話文化の社会学　恒星社厚生閣
富田英典　1997a　ベル友という関係　富田英典・藤本憲一・岡田朋之・松田美佐・高広伯彦（著）　ポケベル・ケータイ主義！　ジャストシステム　Pp. 14-17.

富田英典　1997b　メディアの中の「匿名性」と親密性　富田英典・藤本憲一・岡田朋之・松田美佐・高広伯彦（著）　ポケベル・ケータイ主義！　ジャストシステム　Pp. 23-27.
富田英典　1997c　「自由と孤独」とケータイ　富田英典・藤本憲一・岡田朋之・松田美佐・高広伯彦（著）　ポケベル・ケータイ主義！　ジャストシステム　Pp. 59-75.
富田英典　1997d　メディア-コミュニケーションの変容—Intimate Strangerの時代　社会学部論集（佛教大学社会学部），**30**, 49-64.
富田英典　2002a　都市空間とケータイ　岡田朋之・松田美佐（編）　ケータイ学入門—メディア・コミュニケーションから読み解く現代社会　有斐閣　Pp. 49-68.
富田英典　2002b　ケータイ・コミュニケーションの特性　岡田朋之・松田美佐（編）　ケータイ学入門—メディア・コミュニケーションから読み解く現代社会　有斐閣　Pp. 75-95.
富田英典・藤本憲一・岡田朋之・松田美佐・高広伯彦　1997　ポケベル・ケータイ主義！　ジャストシステム
富田英典・藤村正之（編）　1999　みんなぼっちの世界—若者たちの東京・神戸90's・展開編　恒星社厚生閣
當眞千賀子　1997　社会文化的，歴史的営みとしての談話　茂呂雄二（編）　対話と知　新曜社
辻大介　1999　若者のコミュニケーションの変容と新しいメディア—子ども・青少年とコミュニケーション　北樹出版　Pp. 11-27.
辻大介　2003a　若者における移動体通信メディアの利用と家族関係の変容—「ケータイ」される家族関係のゆくえを探る　21世紀高度情報化，グローバル化社会における人間・社会関係　関西大学経済・政治研究所研究双書　Pp. 73-92.
辻大介　2003b　若者の友人・親子関係とコミュニケーションに関する調査研究概要報告書　関西大学社会学部紀要，**34**(3), 373-389. http://www2.ipcku.kansai-u.ac.jp/~tsujidai/paper/r02/index.htm
辻大介・三上俊治　2001　大学生における携帯メール利用と友人関係　平成13年度情報通信学会大会個人研究発表配付資料
辻泉　2003　携帯電話を元にした拡大パーソナル・ネットワーク調査の試み—若者の友人関係を中心に　社会情報学研究，**7**, 97-111.
塚本潔　2000　ケータイが日本を救う！　宝島社
網島理友　1992　平成二点観測8　携帯電話　トイレの中でまで使うなよな！　週刊朝日1992年2月28日，62-63.
角山栄　1980　茶の世界史—緑茶の文化と紅茶の社会　中央公論新社
角山栄　1984　時計の社会史　中央公論新社
都築誉史・木村泰之　2000　大学生におけるメディア・コミュニケーションの心理的特性に関する分析—対面，携帯電話，携帯メール，電子メールの比較　応用社会学研究，**42**, 15-24.
UCLA Center for Communication Policy 2003　UCLA Internet Report : Surveying the Digital Future, Year Three. Available online at : http://www.ccp.ucla.edu
Ueda, A. (Ed.) 1994　*The Electric Geisya : Exploring Japan's Popular Culture*. Tokyo : Kodansha International.
Ueno, N. & Kawatoko, Y. 2003　Technologies Making Space Visible. *Environment and Planning A*, **35**, 1529-1545.
上野直樹・田丸恵理子　2002　情報エコロジーにもとづいたシステムのデザイン　武蔵工大環境情報学部情報メディアセンタージャーナル，**3**, 2-9.
鵜飼正樹・永井良和・藤本憲一（編）　2000　戦後日本の大衆文化　昭和堂
Van House, N., Davis, M., Ames, M., Finn, M. & Viswanathan, V. 2005　The Uses of Personal Networked Digital Imaging : An Empirical Study of Cameraphone Photos and Sharing. In CHI. Portland, Oregon : ACM. Pp. 1853-1856.
Video Research 2002　*Mobile Phone Usage Situation*. Tokyo : Video Research
渡辺明日香　2000　携帯電話・PHSを使いこなす人はおしゃれ消費も大—女子大生ファッション&コスメ&ライフスタイルアンケートより　化粧文化，**40**, 98-111.
Watts, D. J. 2002　*Six Degrees : The Science of a Connected Age*. New York : Norton.
Weilenmann, A. & Larsson, C. 2002　Local Use and Sharing of Mobile Phones. In B. Brown, N. Green & R. Harper (Eds.), *Wireless World : Social and Interactional Aspects of the Mobile Age, Computer Supported Cooperative Work*. London : Springer-Verlag. Pp. 92-107.
Wellman, B. 1979　The community question. *American Journal of Sociology*, **84**, 1201-1231.
Wellman, B. 1988　Structure Analysis : From Method and Metaphor to Theory and Substance. In B. Wellman & B. Berkowitch (Eds.), *Social Structures : A Network Approach*. Cambridge : Cambridge University Press. Pp. 19-61.
Wellman, B. 1992　Men in Networks : Private Communities, Domestic Friendships. In P. Nardi (Ed.), *Men's Friendships*. Newbury Park, C. A. : Sage. Pp. 74-114.

Wellman. B. 1997 An Electronic Group is Virtually a Social Network. In S. Kiesler (Ed.), *Culture of the Internet*. Mahwah, N. J.: Lawrence Erlbaum. Pp. 179-205.
Wellman, B. (Ed.) 1999 *Networks in the Global Village*. Boulder, C. O.: Westview.
Wellman, B. 2001 Physical Place and Cyberspace: the Rise of Personalized Networks. *International Urban and Regional Research*, **25**(2), 227-252.
Wellman, B. 2002 Little Boxes, Glocalization, and Networked Individualism. In M. Tanabe, P. van den Besselaar & T. Ishida (Eds.), *Digital cities II: Computational and Sociological Approaches*. Berlin: Springer. Pp. 10-25.
Wellman, B. 2003 Glocalization. In K. Christensen & D. Levinson (Eds.), *Encyclopedia of Community*. Thousand Oaks, C. A.: Sage, Pp. 559-562.
Wellman, B., Boase, J. & Chen, W. 2002 The Networked Nature of Community on and off the Internet. *IT and Society*, **1**(1), 151-165.
Wellman, B. & Haythornthwaite, C. (Eds.) 2002 *The Internet in Everyday Life*. Oxford: Blackwell.
Wellman, B. & Hogan, B. 2004 The Immanent Internet. In J. MacKay(Ed.), *Netting Citizens: Exploring Citizenship in a Digital Age*. Edinburgh: St. Andrews Press. Pp. 54-80.
Wellman, B. & Leighton, B. 1979 Networks, Neighborhoods and Communities. *Urban Affairs Quarterly*, **14**, 363-390.
Wellman, B., Quan-Haase, A., Boase, J., Chen, W., Hampton, K., Diaz de Isla, I. & Miyata, K. 2003 The Social Affordances of the Internet for Networked Individualism. *Journal of Computer Mediated Communication*, **8**(3), www.ascusc.org/jcmc/vol 8 /issue 3 /wellman.html.
Wellman, B. & Wortley, S. 1990 Different Strokes from Different Folks: Community Ties and Social Support. *American Journal of Sociology*, **96**, 558-588.
White, M.I. 2002 *Perfectly Japanese: Making Families in an Era of Upheaval*. Berkeley: University of California Press.
Wired News 2005 韓国で大人気のソーシャルネット『サイワールド』 2005年8月8日 2：00am PT http://hotwired.goo.ne.jp/news/culture/story/20050810201.html
Wittgenstein, L. 1953 *Philosophische Untersuchungen (Philosophical Investigations)*. Oxford: Blackwell 藤本隆志（訳） 1976 ウィトゲンシュタイン全集 8 哲学探究 大修館書店
山岸美穂・山岸健 1999 音の風景とは何か―サウンドスケープの社会誌 NHKブックス
山岸俊男 1998 信頼の構造―こころと社会の進化ゲーム 東京大学出版会
Yan, X. 2003 Mobile Data Communications in China. *Communications of the ACM*, **46**(12), 81-85.
柳田国男 1931 明治大正史 世相篇 講談社
吉井博明 2001 若者の携帯電話行動 川浦康至・松田美佐（編） 現代のエスプリ405 携帯電話と社会生活 至文堂 85-95.
吉見俊哉 1998 「メイド・イン・ジャパン」―戦後日本における「電子立国」神話の起源 嶋田厚・吉見俊哉・柏木博（編） 情報社会の文化 3 デザイン・テクノロジー・市場 東京大学出版会 Pp.133-174.
吉見俊哉・若林幹夫・水越神 1992 メディアとしての電話 弘文堂
郵政省（編） 1994 平成 6 年版 通信白書 大蔵省印刷局
郵政省（編） 1997 平成 9 年版 通信白書 大蔵省印刷局
郵政省（編） 2000 平成12年版 通信白書 ぎょうせい
湯沢雍彦 1995 図説 家族問題の現在 NHKブックス

事項索引

■——あ
アーカイビング 240, 242
IT革命 15, 16
アクター・ネットワーク理論 168, 195
「集まり」の拡張（augmented"flesh meet"） 222, 225, 231

■——い
インスタント・メッセンジャー 155, 161
インティメイト・ストレンジャー 80, 124, 149, 150, 155, 163

■——う
ヴィジュアル・アーカイビング 245
ヴィジュアル・アーカイブ 241
ヴィジュアル・シェアリング 242, 246

■——え
SMS（short message service） 18
SNS→ソーシャル・ネットワーキング・サービス
絵文字 57

■——お
音の風景（サウンドスケープ） 40, 92
親子関係 14, 189, 191
オヤジ 50-52, 55, 65, 66, 68, 69

■——か
家事 185-188, 196
家族 14, 80, 81, 102, 184, 185, 188, 189, 191-194
家庭 87, 116, 181-187, 190, 192-194, 197
家庭化／ドメスティケーション（domestication） 43, 44, 183, 195
カメラ付きケータイ 3, 88, 89, 92, 93, 95, 238-240
関係性のしがみつき 124, 134
関与 171, 172
関与シールド（involvement shield） 171, 173

■——き
技術システムの社会的構成（social construction of technological systems） 174
協同作業 202, 203, 214
協同的（な）活動 200, 201, 203, 214

■——け
ケータイ依存 78, 79

ケータイ・イメージ 71, 75
ケータイ・インターネット 2, 15, 16, 18, 20, 21, 31, 37, 39, 121, 160, 162
ケータイ中毒 61
ケータイ・メール 37, 59, 77, 85, 103-105, 107, 108, 110, 111, 113, 114, 116, 118, 127, 131, 132, 135, 225, 226, 228-230, 234-236
ケータイ・リテラシー 89

■——こ
公共空間 2, 3, 5, 6, 167, 168, 171, 176, 177, 179
公共交通機関 6, 167, 175
コール・センター・システム 209, 211-213
コギャル 2, 7, 8, 50-52, 55, 57, 66, 69
個人化 136
コミュニケーションダイアリー 222, 226, 227, 233, 240

■——さ
再帰的近代化 136
再帰的自己自覚的プロジェクト（The reflexive project of self） 136, 137
サウンドスケープ→音の風景
サポート 108-110, 113, 114, 117

■——し
GSM（Global System for Mobile Communication） 18
GPS（機能） 90, 95
ジェンダー 14, 15, 181-184, 189, 190, 193, 194, 197
ジェンダー秩序 195
識別可能性（identifiability） 140, 141, 143, 144
ジベタリアン 2, 7, 8
社会技術的統一体 15, 179, 196
社会構成主義 25, 63, 200
社会（的）秩序（social order） 221, 224, 236
社会調査 87, 91, 94, 96
社会的アクター 174, 175, 177, 178
社会的構成 168, 174
社会的な出会い（social encounters） 221
社会的な場（social setting） 223
社会的ネットワーク 12, 99-101, 105, 108, 110-114, 118-120, 203, 214
社会―道具的ネットワーク 201, 202, 207
社交性 117, 140, 146, 147, 149
写メール 41, 57, 58, 87
嗜好品 59-63

主婦　68, 179, 181, 182, 184–189, 192–197
状況論者（situationists）　224
ショート・メッセージ　18, 19
親密性　84, 123, 124, 134, 135, 140, 142, 147–150, 154, 162, 163

■──── せ
制度（的）空間　72, 84, 85
セルフ・ディスパッチ・システム（self-dispatch system）　209–217, 219, 220
選択縁　73
選択可能性　124, 133, 138
選択的関係論　12, 14
選択的人間関係　11, 237

■──── そ
ソーシャル・サポート　100
ソーシャル・ネットワーキング・サービス（Social Networking Service：SNS）　158, 159, 160, 162, 245
存在論的不安　132

■──── た
代替可能性　124, 133
対面空間　72, 75, 80
対面（メディア）至上主義　73
対面至上主義　74
対面神話　9, 76–79, 82, 83
ダイヤルQ2　152–154

■──── ち
着メロ　18, 33, 39, 40, 57, 167
注目に値する（noteworthy）　244

■──── つ
強い紐帯　110–116
強いつながり　108

■──── て
出会い　80, 121–124, 128–133, 137, 138
出会い系　9, 80, 121–123, 130, 131, 154, 156, 157, 159, 161, 162, 181
出会い系サイト　81, 121, 122, 130, 131, 156, 157
テクノサイエンス研究　200
テクノソーシャル　221, 223–226, 228, 229, 231, 234, 236, 239
テクノ・ナショナリズム　2, 15–17
テクノロジー　168
デザイン　217, 218
デザイン・プロセス　216, 218
デジタル・デバイド　15, 16, 119

テリトリー・マシン（居場所機械）　47, 58, 62, 65, 67, 68
テレクラ　9, 151–153
テレ・コクーン（telecocoon）　124, 135, 138
伝言ダイヤル　151, 152

■──── と
匿名性（anonymity）　73, 140–150, 154, 158, 159, 162, 163
匿名の人間関係　7, 9
ドメスティケーション→家庭化

■──── な
ながらメール　50, 55
ながらモビリズム　50–52, 55

■──── に
二世界問題　72, 75, 76
二宮金次郎　50
ニュース価値のある（newsworthy）　243, 245

■──── ね
ネット恋愛　154
ネットワーク化された個人主義　100, 117–120
ネットワークでつながれた個人主義　116

■──── は
パーソナル化　26, 27, 29
バーチャルな場の共有感（ambient virtual co-presence）　221, 225, 228
場の共有感　244
パラダイム　47–50, 56, 62, 63, 67–69
番通選択　10, 12, 14
反ユビキタス　47, 62

■──── ひ
PHS　1–3, 7, 10, 11, 18, 28, 29, 36, 37, 41, 42
PCメール　103–105, 107, 108, 110, 111, 113, 114, 118
非制度（的）空間　72

■──── ふ
フィールド調査　90, 91
不関与の規範（norms of noninvolvement）　5, 54
プリクラ（プリント倶楽部）　7, 41–43
フルタイム・インティメイト・コミュニティ　13, 229, 244
ブログ　92, 158–160, 245

■──── へ
ベル友　9, 10, 20, 128, 129, 134, 150, 154

■――ほ

ポケコトバ　35
ポケットボード　37
ポケベル　4, 7-11, 18, 19, 27-29, 33-39, 42, 58, 75, 128, 129, 154, 225
ポケベル少女革命　47, 50, 51, 59, 62, 66
ポッドウォーカー　92
ポッド・キャスティング　92

■――ま

マナー　2, 5-8, 56, 61, 168, 170, 171, 174, 176-178, 180, 221, 233
マナーモード　39
マルチメディア　31-33, 35, 37, 39, 40, 60
マルチメディア化　31, 32

■――め

メールチャット（mobile text chat）　221, 225, 226
メディア空間　72, 75, 80, 85, 86
メディア至上主義　74
メディア・リテラシー　20, 74

■――メ

メル友　54, 128, 129, 138, 150

■――も

文字メッセージ　33, 34, 36, 37, 43
物語　71, 74, 75, 78-83, 85, 86
モバイル化された社会　115
モバイル・カメラ　40
モバイル・テクスト・チャット　19
モバイル・メディア・リテラシー　47, 56
モブログ（mob-log）　92, 93, 239, 245
モラル・パニック（Moral panic）　2, 7, 121

■――ゆ

ユビキタス　68

■――よ

弱い紐帯　110-116
弱いつながり　108

■――わ

ワークプレイス　200-203, 211, 214, 220
和次郎カウンター　89

人名索引

●――あ

相澤正夫　2
アドルノ（Adorno, T.）　61, 68

●――い

石川幹人　6
石田佐恵子　8
伊藤瑞子／イトウ（Ito, M.）　2, 19, 22, 245
イットリ（Yttri, B.）　137
岩田考　12

●――う

ヴァンハウス（Van House, N.）　238
ウィトゲンシュタイン（Wittgennstein, L.）　48
上野直樹　22

●――え

エルドライド（Eldridge, M. A.）　222

●――お

大橋薫　142
大平健　10
岡田朋之　2, 11
岡部大介　19
小川博司　141, 142, 144
奥野卓司　30
小此木啓吾　121

●――か

カインドバーグ（Kindberg, T.）　239
カステル（Castells, M.）　136
カセスニエミ（Kasesniemi, E. L.）　33
片桐雅隆　142
ガダマー（Gadamer, H.G.）　48
加藤晴明　9
川浦康至　3-5
ガンパート（Gumpert, G.）　40

●――き

北田暁大　12
ギデンズ（Giddens, A.）　12, 136, 137, 148, 162
キャロン（Callon, M.）　202

●――く

クーン（Kuhn, T）　47-50

人名索引

栗田宣義 42
グリンター（Grinter, R. E.） 222
クワイン（Quine, W. O.） 49

● ─── こ
コスキネン（Koskinen, I.） 238
小林宏一 32
ゴフマン（Goffman, E.） 168, 170, 172, 223, 224
今和次郎 89

● ─── し
シェーファー（Shafer, M.） 40
シミズ（Shimizu, A.） 239
シュッツ（Schutz, A.） 141, 142, 144
城仁士 6
シルバーストーン（Shilverstone, R.） 43, 183
ジンメル（Simmel, G.） 123, 147, 148, 162

● ─── す
末増亨 6

● ─── せ
セール（Serres, M.） 49

● ─── そ
ソンダク（Sontag, S.） 88

● ─── た
高田公理 59
高広伯彦 34, 37
武田徹 6
田丸恵理子 22

● ─── ち
チャーチル（Churchill, E. F.） 214

● ─── つ
辻泉 12
辻大介 12, 14
角山栄 59

● ─── て
電通総研 16

● ─── と
土橋臣吾 179
富田英典 2, 5, 9, 11

● ─── な
仲島一朗 13, 243
中村功 11, 19, 28, 121, 175

ナタンソン（Natanson, M.） 141
夏野剛 31
ナバロ（Navarro, V.） 14

● ─── に
西岡郁夫 6
二宮金次郎 50, 55
ニューマン（Newman, S.） 201

● ─── は
ハーシュ（Hirsch, E.） 43
バイカー（Bijker, W. E.） 25, 174, 175
橋元良明 11, 12
ハッチンス（Hutchins, E.） 211, 212
バトン（Button, G.） 215
羽渕一代 8, 9, 11, 12, 229
ハラウェイ（Haraway, D.） 179

● ─── ふ
ファイヤアーベント（Feyerabend, P.） 49
フィッシャー（Fischer, C. S.） 25, 26, 184
フーコー（Foucault, M.） 201
フジムラ（Fujimura, J.） 178
藤本憲一 2, 11, 179

● ─── へ
ヘーゲル（Hegel, G.W.F.） 49
ベック（Beck, U.） 136

● ─── ほ
ボース（Boase, B.） 20
ボードリヤール（Baudrillard, S.） 61
ボトカー（Bødker, A.） 216
ホルクハイマー（Horkheimer, M.） 61, 68

● ─── ま
マークス（Marx, G. T.） 143-145, 149
松田美佐 10-12, 14, 167, 185, 189
松永真理 16, 31
マンハイム（Mannheim, K.） 47

● ─── み
三上俊治 6
水越伸 84
宮木由貴子 14
宮田加久子 20
ミルグラム（Milgram, S.） 5, 144

● ─── め
メイロウィッツ（Meyrowitz, J.） 223, 224

●───も
モバイル・コミュニケーション研究会　8, 21, 34, 125, 128, 183
盛田昭夫　17

●───よ
吉井博明　13
吉見俊哉　17, 29, 84

●───ら
ラウティアイネン（Rautiainen, P.）　33

ラコウ（Rakow, L. F.）　14

●───り
リビングストーン（Livingstone, S.）　190
リング（Ling, R.）　137, 239

●───ろ
ロー（Law, J.）　25, 202
ロジャース（Rogers, E. M.）　34

執筆者一覧(執筆順)

松田美佐	中央大学文学部准教授(序文)＊
岡田朋之	関西大学総合情報学部教授(序章)
藤本憲一	武庫川女子大学生活環境学部准教授(1章)
加藤晴明	中京大学社会学部教授(2章)
加藤文俊	慶應義塾大学環境情報学部准教授(3章)
宮田加久子	明治学院大学社会学部教授(4章)
J.ボース (Jeffery Boase)	The University of Tokyo, Graduate School of Humanities and Sociology, Department of Social Psychology, Postdoctral Researcher(4章)
B.ウェルマン (Barry Wellman)	University of Toronto, Department of Sociology, Professor(4章)
池田謙一	東京大学大学院人文社会系研究科教授(4章)
羽渕一代	弘前大学人文学部准教授(5章)
富田英典	佛教大学社会学部教授(6章)
岡部大介	慶應義塾大学政策・メディア研究科講師(7・10・11章)＊
伊藤瑞子	University of Southern California, Annenberg Center for Communication, Research Scientist(7・10・11章)＊
土橋臣吾	武蔵工業大学環境情報学部講師(8章)
田丸恵理子	富士ゼロックスヒューマンインターフェイスデザイン開発部(9章)
上野直樹	武蔵工業大学環境情報学部教授(9章)

＊印は編者

編者紹介

松田美佐（まつだ・みさ）
1968年　兵庫県伊丹市に生まれる
1996年　東京大学大学院人文社会系研究科博士課程単位修得満了
現在，中央大学文学部准教授
主著・論文
『ケータイ学入門』（岡田朋之との共編著）有斐閣　2002年
「モバイル・コミュニケーション文化の成立」伊藤守・小林宏一・正村俊之編『シリーズ社会情報学への接近2　電子メディア文化の深層』早稲田大学出版会　2003年
「カメラ付きケータイと監視社会」『バイオメカニズム学会誌』Vol. 28 No. 3　2004年

岡部大介（おかべ・だいすけ）
1973年　山形県鶴岡市に生まれる
1998年　横浜国立大学教育学研究科修了
2001年　昭和女子大学生活機構研究科単位取得満了
横浜国立大学教育人間科学部助手を経て，現在，慶應義塾大学政策・メディア研究科講師
主著・論文
"Everyday Contexts of Camera Phone Use : Steps Toward Technosocial Ethnographic Frameworks." In Joachim Hoflich and Maren Hartmann Eds. *Mobile Communication in Everyday Life.* Berlin : Frank & Timme, 2006.
『デザインド・リアリティ―デザインされた現実』（共著）北樹出版　近刊
Personal, Portable, Pedestrian : Mobile Phones in Japanese Life（共著）　MIT Press, 2005

伊藤瑞子（いとう・みずこ）
1968年　京都府京都市に生まれる
1998年　Stanford University School of Education
2003年　Stanford University Department of Anthropology
現在, University of Southern California, Annenberg Center for Communication, Research Scientist
主著・論文
"Intimate Connections : Contextualizing Japanese Youth and Mobile Messaging." In Richard Harper, Leysia Palen and Alex Taylor Eds. *Inside the Text : Social Perspectives on SMS in the Mobile Age.* Kluwer, 2005.
"Mobile Phones, Japanese Youth, and the Re-placement of Social Contact." In Rich Ling and Per Pedersen Eds. *Mobile Communications : Re-negotiation of the Social Sphere.* New York : Springer-Verlag, 2005.
"Intertextual Enterprises : Writing Alternative Places and Meanings in the Media Mixed Networks of Yugioh." In Debborah Battaglia Ed. *Encountering the Extraterrestrial : Anthropology in Outer Spaces.* Duke University Press, 2005.
"Mobilizing Fun in the Production and Consumption of Children's Software." In *Annals of the American Academy of Political and Social Science.* 2005（597）: 82-102.
"Inhabiting Multiple Worlds : Making Sense of SimCity 2000 TM in the Fifth Dimension." In Robbie Davis-Floyd and Joseph Dumit Eds. *Cyborg Babies.* New York : Routledge, 1998.

ケータイのある風景
― テクノロジーの日常化を考える ―

| 2006年10月10日 | 初版第1刷発行 | 定価はカバーに表示 |
| 2007年 7月20日 | 初版第2刷発行 | してあります。 |

編　者　　松　田　美　佐
　　　　　岡　部　大　介
　　　　　伊　藤　瑞　子
発　行　所　　㈱北大路書房
〒603-8303　京都市北区紫野十二坊町12-8
　　　　　電　話　(075) 431-0361㈹
　　　　　FAX　(075) 431-9393
　　　　　振　替　01050-4-2083

Ⓒ 2006　　印刷・製本／亜細亜印刷㈱
検印省略　落丁・乱丁本はお取り替えいたします。
ISBN978-4-7628-2532-3　Printed in Japan